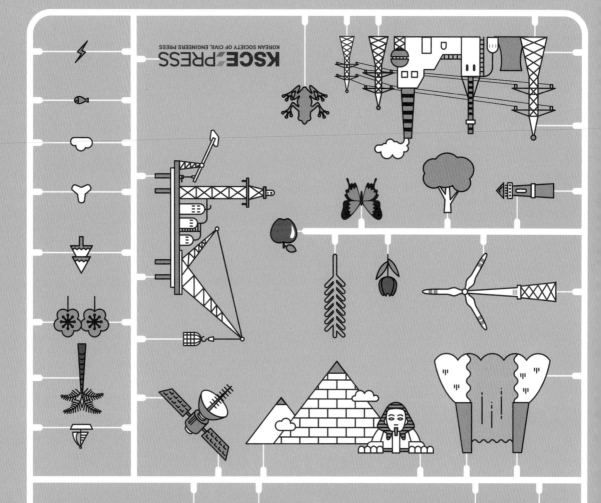

KSCE PRESS
KOREAN SOCIETY OF CIVIL ENGINEERS PRESS

개정판

2016년 대한민국학술원 선정 우수학술도서

토목공학

자연과 문명의 조화

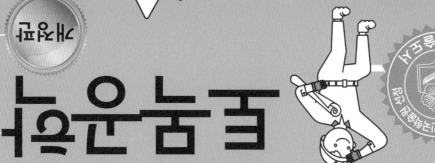

HARMONY OF NATURE AND CIVILIZATION CIVIL ENGINEERING

기획편

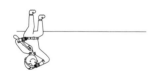

도서출판

작가와 문학의 조화

서 언

토목공학이라는 학문은 인류 역사와 그 궤를 함께하며 사람들에게 보다 안전하고 편리하며 깨끗한 삶의 환경을 제공하는 중요한 역할을 해 왔습니다. 우리 학회는 사회와 문명의 발전에 토목공학이 기여한 바를 국민들에게 알리기 위해 그동안 많은 노력을 기울여 왔습니다. 그 일환으로 심명필, 김문겸 두 전임 학회장님의 추진하에 각 분야의 전문가들이 함께 기획 및 집필하여, 2015년에 토목공학개론서 초판을 출간하게 되었습니다. 이 책은 출판되자마자 내용의 우수성을 인정받아 2016년 대한민국학술원의 우수학술도서로 선정되었습니다.

초판이 나온 지 3년 만에 개정판을 출판하기로 계획한 후, 340여 명에게 초판에 대한 인터넷 설문조사를 실시하고 그 결과를 내용에 적극 반영하고자 하였습니다. 그리고 초판에서 누락되었던 건설관리 전공에 대한 내용을 신설하였고, 일부 내용을 보완 및 삭제하였으며, 각 장의 마지막에 과제물을 수록하여 교재로 쓰는 경우 학생들에게 숙제로 내줄 수 있게 하였습니다. 또한 각 장의 난이도를 독자의 눈높이로 조정함과 동시에 내용의 오류를 수정함으로써 보다 알차고 정확하며 풍부한 내용을 담기 위해 노력했습니다.

이 책은 토목공학을 전공하는 1학년 학생을 대상으로 하였으나 토목공학에 관심이 있는 일반인 누구도 쉽게 이해할 수 있도록 만들어졌습니다. 토목공학에 대한 과거, 현재, 그리고 미래가 담겨 있으며, 많은 사진과 그림을 곁들여 쉽게 설명하고 있어서 토목공학에 대한 친근함을 느낄 수 있습니다. 또한 지루하지 않도록 재미있는 읽을거리도 곳곳에 수록하였습니다. 이 책은 대학 진학을 앞두고 토목공학과로 진로를 고려하고 있는 중고등학교 학생들에게도 좋은 길라잡이가 될 수 있을 것으로 생각합니다.

초판부터 개정판까지 출간을 위하여 애써주신 김철영 위원장님, 김병일, 문지영 두 간사님을 비롯한 총 25분의 집필위원들, 학회 전지연 차장님, 그리고 좋은 책을 만들기 위해 애써주신 정은희 편집장님을 비롯한 씨아이알 관계자분들께 깊은 감사의 말씀을 드립니다.

대한토목학회 회장 김홍택

차 례

서언 4

1장

나는 선택한다, 토목의 길을! 임윤묵 / 문지영

토목이 없다면 오늘은 없다 12

보이는 것 이상을 보라 20

자연으로 돌아가야 할 시간 28

토목으로 행복 더하기, 슬픔 나누기 32

도시가 뜨고 있다 37

2장

문명의 발달과 함께한 토목기술 김철영 / 박선규

토목, 인류역사와 함께 시작하다 42

현대사회 발전과 토목 50

세계로 뻗어 가는 한국건설 60

3장

자연재해와 환경 박재우 / 김종오

재해, 자연이 보낸 경고 70

방재, 재해를 막는 과학 78

맑고 깨끗한 물 84

쾌적하고 청정한 대기 93

토양, 폐기물 관리: 자원의 재활용 100

4장

사람과 물자의 소통 최재성 / 이동민

교통시설, 사람과 물자의 소통을 돕다 110

소통의 다양한 형태와 시설 112

5장

시간과 공간의 연결, 교량과 구조 김호경 / 송준호

교량의 가치 138

교량의 형식 142

교량의 미학 159

교량의 관리 166

교량의 미래 170

6장

또 다른 세계, 지하공간의 개발 김병일 / 김영근

기초 없는 구조물은 없다 176

땅속을 뚫은 통로, 터널 183

지하공간의 개발과 활용 193

7장

물, 생명과 문명의 원천 강부식 / 유철상

물, 인류 생존의 조건 206

하천의 형성과정 및 미래상 210

물을 저장하는 다양한 수단들 214

물을 공급하는 다양한 수단들 219

물로 인한 자연재해 223

지구온난화와 기후변화의 영향 230

물을 지켜라: 물 안보(Water Security) 235

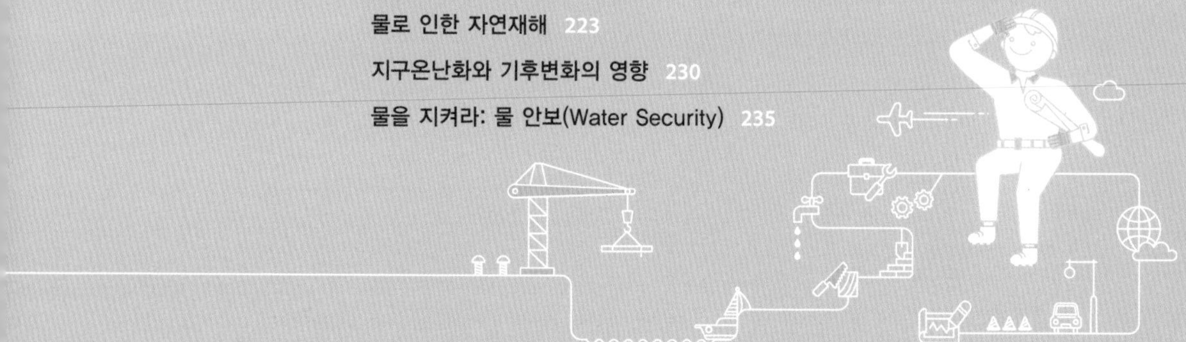

8장

인류의 삶과 바다 조원철 / 신성원

바다, 그리고 바다의 역할 244

해양자원과 에너지원 249

해안에 설치되는 구조물과 항만 259

해양에서의 오염 269

9장

에너지 생산과 자원의 가공, 발전소/플랜트 분야 김상영 / 김동훈

플랜트 토목, 무엇을 배워야 하나? 276

플랜트의 정의 282

발전과 담수 플랜트에서의 토목공학 284

담수 플랜트에서의 토목공학 291

10장

위치정보, 세상을 바꾸다 손홍규

문명의 발생과 함께 시작된 위치 관측 302

위치 관측의 기준 303

위치를 관측하는 방법 307

공간정보를 만드는 방법 314

11장

건설관리(CM), 프로젝트의 가치를 높여라 한승헌 / 지석호

건설사업 성공의 열쇠, CM 328

건설사업 계획부터 유지관리까지 339

미래 건설산업을 위한 준비 353

12장

토목공학과 미래 조대연 / 장봉석

미래 사회 전망과 토목공학의 역할 364

토목공학과 사회시스템의 진화 370

하이테크를 이용한 토목공학의 미래 381

13장

토목엔지니어는 무슨 일을 하나요? 심창수 / 김영진

토목엔지니어는 무슨 일을 하나요? 392

토목엔지니어가 되는 길 410

토목엔지니어가 배워야 하는 것 416

미래 토목엔지니어 420

색인 424

참고문헌 427

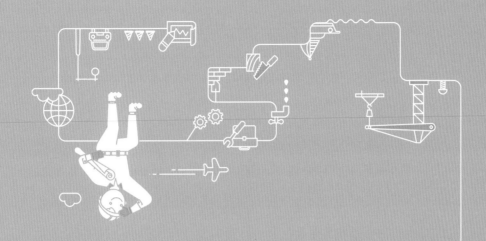

조금은 가수다,
나는 전상준

17

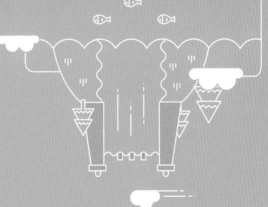

현실과 상상의 세계

신이 인간에게 준 가장 큰 선물은 '상상력'이 아닐까? 인간이 상상하고 꿈꾸는 능력은 오랜 시간 동안 인류의 삶을 여러 번 바꾸어 놓았다. 만약에 인간이 꿈을 꾸지 못하게 된다거나 무엇인가를 상상하지 못하게 된다면, 인류의 미래는 참으로 암울할 것이다. 오래전 어느 날 한 소년이 세상에서 가장 아름다운 서체로 문서를 작성하는 꿈을 꾸었다. 그 소년은 상상의 나래를 한껏 펼쳤고, 오늘날 우리가 유용하게 사용하고 있는 신기하고도 대단한 물건인 스마트폰을 생각해 내기에 이르렀으며, 이는 곧 현실이 되었다.

사람들은 제각기 저마다의 시간과 장소에서 상상을 통해 삶의 질을 높여가고 있다. 인류의 문화와 역사는 이렇게 시작되었고 발전하게 된 것이다. 협곡을 가로지르는 다리를 놓는 꿈을 꾼 어떤 소년은 언젠가는 그 다리를 놓는 일에 기여를 하게 될 것이다. 물이 부족한 마을을 위해 큰 그릇에 물을 담아서 사람들이 오랫동안 사용할 수 있는 그 무엇인가를 상상하던 소녀는 댐이라고 하는 그릇으로 현실화시킬지도 모른다. 한 소년은 시간당 300km를 달릴 수 있는 자동차 경기장을 상상하며 초고속 열차 철로를 구상할 가능성도 있다.

10여 년 전 TV에서 방영한 한 철광회사의 광고를 기억한다.

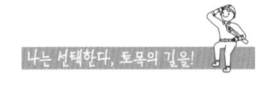

"세상에서 철이 사라진다면?"의 멘트와 함께 자전거 타는 사람이 두 개의 고무바퀴만 남은 물체를 자전거처럼 타고 가는 모습과 자동차 운전자에게 남은 것이라고는 네 개의 큰 고무바퀴뿐인 모습을 담은 광고였다. 오늘 한번 우리도 상상해 보자. "만약에 우리 주변에서 토목공학이 만들어 낸 물건들이 사라진다면?" 하고 말이다.

비 오는 날에 사람들이 준비하는 필수품 가운데 하나로 장화가 있다. 물웅덩이, 진흙구덩이 속에 발이 빠져도 젖지 않는 장화는 포장이 말끔하게 되어 있지 않은 길에서 더욱 요긴하게 쓰인다. 여기에서 잠깐! 관심의 시선을 장화가 아닌 도로로 옮겨가보자. '도로'가 토목공학의 산물이라는 사실을 알고 있는 사람들은 과연 얼마나 될까? 도로가 없었다면 밑창이 남아나는 신발이 없었을 것이다. 신발의 대 변혁이 일어났을지도 모르겠다. 자동차의 바퀴도 지금과 다른 모습으로 탄생했을 것이다. 도로가 없으니 산악경주에서나 사용할 법한 우락부락한 바퀴를 장착해야 움직일 수 있지 않았을까? 물론 평탄한 곳도 있겠지만 그렇지 못한 곳이 더 많을 것이고, 그것도 매일 조금씩 변했을 것이다. 시나리오를 조금 더 전개시켜보자. 오프로드용 차량을 타고 울퉁불퉁한 길 없는 길을 통해 직장으로 출근을 한다. 그런데 한강을 만났다. 모두 차에서 내려 배로 갈아타거나 차가 들어갈 수 있는 배로 차가 진입하여 한강을 건너야 한다.

사람들은 한강의 '교량'이 토목공학이 만들어 낸 구조물이라는 사실을 아마 그때서야 알게 될지도 모르겠다. '터널'이 없어 산을 힘들게 넘어 가거나 계곡을 굽이굽이 돌아서 가야 할 경우가 생길 수도 있다. 대략 이러한 상황이 되면 사람들은 직장이 가까운 곳에 거주하기를 바라게 될지도 모르겠다. 아니면 집에서 모든 일을 해결하려고 할지도 모른다. 홈 오피스라는 새로운 형태의 직장문화가 생길까? 집에서 일을 하다가 목이 말라서 수도꼭지에 컵을 대고 틀었다. 그런데 나오는 것이 없다. 왜? 토목공학이 없는 세상을 상상하고 있기 때문이다. 화장실도 아주 오래전처럼 집 밖 마당 건너에 두어야 할지도 모른다. 위생과 후각적인 자극을 고려해서 말이다. '상수도', '하수도' 이러한 환경시설물도 모두 토목공학의 일부라는 것, 그리고 이것을 위한 '정수장', '폐수장'도 모두 토목공학의 한 부분이며 환경공학의 산물이란 것을 이제야 알게 될 것이다.

여기에서 다시 현실로 돌아와 보자. 그리고 상상했던 토목 없는 세상과 지금 여러분이 창가에서 바라보는 도시의 모습을 한번 겹쳐서 생각해 보기를 바란다. 토목은 이러한 학문이다. 마치 공기와 같은 그래서 없는 것을 상상하기 쉽지 않은 마치 당연히 있어 온 것 같은 것들이 토목의 산물이고, 그러한 것들을 계획하고 설계하고 그리고 직접 만들고 또 계속해서 지속적으로 편하게 이용할 수 있도록 하는 학문이 바로 '토목공학'이다.

내 하루의 삶 속에 토목은 어느 정도까지 관여하고 있을까?

아침에 알람으로 맞춰 놓은 라디오에서 굿모닝을 알리는 음악이 흘러나온다. 눈을 반쯤 뜨고 화장실 샤워부스 속으로 들어간다. 호스를 통해 시원하게 쏟아지는 물로 잠을 깨고 깨끗하게 하루를 시작한다. 옷을 간단히 입고 헤어드라이어로 젖은 머리를 말린다. 전기와 물의 공급. 수력·태양열·원자력발전소로부터 공급되는 각종 에너지를 개별 가정에서부터 상공업과 농업에까지 활용할 수 있도록 시설과 시스템을 구축해 주는 일에는 토목기술이 사용된다.

27층 오피스텔에 사는 나는 엘리베이터를 타고 지하 1층으로 이동한 후, 에스컬레이터를 타고 지하철역으로 내려간다. 막 도착한 지하철에 기적처럼 탑승한 나는 안도의 한숨을 내쉰다. 회사에 도착한 나는 커피머신에서 모닝커피를 한 잔 뽑아들고 책상 위에 놓인 컴퓨터의 전원을 켠다. 이메일을 확인하니 오늘 급하게 부산 출장이 있단다. 부랴부랴 KTX 열차표를 인터넷으로 예매한다. 서울역까지는 택시로 이동하고, 2시간 30분 후 부산역에 도착하면 부산지사 담당 직원이 본인의 차량을 가지고 나와 나를 태우고 회의 장소로 같이 이동할 계획이다. 자동차가 달리는 도로, 도로 위 각종 교통시설물, KTX·SRT를 포함한 열차가 달리는 길, 열차제어 시스템 모두 토목의 산물이다. 부산역에 도착한 나는 마중 나온 직원과 반갑게 인사한 후 차에 올라탄다. 창밖으로 아름다운 고층건물, 멋지게 휘돌아가는 고가도로, 무지개 빛깔의 화려한 조명등이 켜진 터널을 지나, 저 멀리 부산 해운대의 상징인 광안대교까지 보인다. 고층건물을 놓기 위한 지반공사, 지상과 지하의 도로, 교량에 이르기까지 측량학, 토질 및 기초공학, 터널공학, 도로 및 교통공학, 구조공학과 같은 토목기술이 녹아 있다.

회의를 마친 후 서울로 돌아오니, 오늘 하루 수고했다며 양재천변에 위치한 유명한 식당에서 맛난 저녁을 쏘시겠다는 팀장님. 거절할 이유가 전혀 없었다. 한강을 가로지르는 교량들과 한강 공원을 나들이하는 사람들, 유유히 이동하는 유람선을 감상하며 팀원 모두는 양재천변으로 향한다. 양재천의 아름다운 자연 경관이 한눈에 들어오고, 조깅을 하는 사람들, 자전거를 타는 사람들도 보인다. 강, 하천, 그리고 바다의 이용과 아름다운 환경 조성, 이곳의 자원을 발굴하고 개발하는 모든 일들에도 토목기술이 필요하다.

맛있는 저녁을 먹고 있는데 팀장님께서 은근한 미소로 말씀하신다. 내일 홍콩과 마카오 출장이 잡혔단다. 식사 많이 하고 힘내서 다녀오라는 말씀이다. 인천국제공항까지 리무진버스로 이동 후 비행기로 홍콩행, 홍콩에서는 페리를 타고 마카오로 넘어가야 한다. 내일 출장을 마치고 돌아오면 모레에는 지구 밖 우주로 출장을 가야 한다고 말씀하시지는 않으실까 은근히 걱정 아닌 걱정이 된다.

광안대교
(출처: 부산시설공단 교량사업단)

나는 선택한다, 토목의 길을!

공항과 항만시설에서부터 미래의 우주기지 건설까지 토목공학의 힘이 닿아 있다.

집에 돌아와 말끔하게 씻고 침대에 누워 오늘 하루의 일과를 더듬어 보니, 내가 아침에 눈을 떠서 밤에 눈을 감기까지 토목공학이 늘 나와 함께하고 있었음을 깨닫게 되었다. 심지어는 내가 잠을 자고 있는 동안에도 튼튼한 기초로 지어진 집과 나를 보호해 주는 각종 재해방지 시스템이 나와 함께할 것이다.

토목, 참으로 유용하고 고마운 존재이다.

또 다른 세상

요즘은 세상이 너무나 빠르게 변화되고 있어 그 변화에 대한 속도감은 매우 크다. 20년 전에는 어떤 장소를 찾아가기 위해 우선 목적지의 주소를 찾고, 지도와 나침반을 사용하여 찾아갔다. 가는 길을 자세히 물어보고 꼼꼼하게 메모를 하며 찾아가기도 했다. 그런데 지금은 이러한 모습을 찾아보기 힘들다. 찾아갈 장소의 이름만 알

일상생활 속 토목의 기여, 자동차 내비게이션 (출처: 현대앤엔소프트)

면, 혹은 주소나 전화번호만 있으면, 손바닥만 한 기기에 입력하여 한번에 해결할 수 있다. 이 기기는 내가 가고자 하는 장소를 찾아주고 그곳으로 가는 최적의 경로를 알려 준다. 우리는 이 기기를 항법 장치Navigation System(일명 내비게이션 혹은 내비)라고 부른다. 심지어 이 기기가 내 손 안에 들어와 우리에게 준 편리성과 우리 일상에 미친 영향은 대단하다.

오늘날 거의 모든 차에는 이 기기가 장착되어 있다. 핸드폰 속 내비게이션을 이용하여 목적지에 도달할 수도 있다. 참고로 이 기기의 유용성에 대해 내가 직접 겪은 한 예를 들어 보겠다. '내비'라고 불린 기기가 개발된 초기에는 상당히 고가여서 지금보다 보급의 정도가 낮았다. 나는 내비가 없는 차량을 타고 학생들의 MT 장소인 강원도의 작은 펜션으로 이동하였다. 다음날의 일정 때문에 늦은 시간에 서울로 다시 돌아가게 되었는데, 문제가 생겼다. 분명히 길을 나서기 전 서울로 가는 길에 대한 설명을 잘 듣고 숙지하였는데, 처음 몇 개의 갈래 길 선택에서는 주저함 없이 잘 가다가, 갑자기 한두 번의 선택이 흐트러지면서 이정표를 기준으로 길을 찾기 시작했고, 그것마저도 지엽적인 이정표라서 도움이 안 되는 순간이 반복되었다. 사방에 길을 물어볼 사람이나 민가도 없고 갑작스럽게 '아, 이러다 밤을 새겠다.'란 생각이 확 들면서, '내비를 꼭 장만해야지!' 하고 다짐했던 기억이 10여 년이 지난 지금도 내 머리에 남아 있는 것을 보면 그때 그 충격은 컸던 것 같다.

나는 이 기기의 장점을 부각시키기 위해 이야기를 하고 있는 것이 아니다. 이 기기가 얼마나 우리에게 많은 영향을 준 익숙한 기기인가 하는 것을 이야기하고 있는 것이며, 이 기기 내의 핵심 원천 기술이 '토목 기술'이라는 것을 말하고 싶은 것이다. 내비게이션 시

스템의 핵심 기술은 내 위치를 인공위성의 신호를 기준으로 파악하는 기술과 그 위치를 지도에 표시하는 기술로 구분된다. 우선 과거에 지도가 없었다면 오늘날의 내비게이션도 없었다. 지도는 특정한 발명자가 없으며, 인류가 필요에 의해 오랜 역사를 두고 발전시킨 인류의 위대한 발명품이며 문화이다. 지도의 핵심 기술은 '측량' 혹은 '측지'라는 것에서부터 시작된다. 가장 오래된 기록물인 성경에도 애굽(이집트)의 측지에 대한 내용이 있는 것을 볼 때, 인류의 땅에 대한 소유권이 시작됨과 동시에 측지기술이라고 하는 토목기술이 시작되었음을 알 수 있다. 측지기술은 지도로 발전하였고, 김정호의 대동여지도를 거쳐, 국가의 기밀문서 중 하나인 대축적지도, 항공지도, 위성지도로 발전하였다. 또한 위성으로부터의 위치를 계산하는 기술도 결국 위성측량의 기술이 없었다면 개발의 시기가 늦어졌을 것임은 당연하다. 물론 이 기기를 이루고 있는 기술은 통신, 전자, 전기, 재료, 토목 등 여러 분야의 융합적인 집합체이다. 하지만 본인은 여기에서 기술의 근간이 되는 지도와 위치계산에 대한 핵심 기술을 이야기하고 있는 것이다. 내비게이션 시스템 기술발전의 예는 토목기술의 발전이 우리 사회와 문화에 얼마나 큰 영향을 주었으며, 만약 우리에게 이러한 기술이 없었다면 어떻게 생활하고 있을까에 대한 상상을 할 수 없게 만든다.

보이는 것 이상을 보라

미래를 미리 보는 능력, 과거를 바로 아는 능력

신이 인간에게 '초능력'까지 주었다면 인간의 생활은 오늘날 어떻게 변했을까? 더 많은 정보를 미리 알게 되어 더 나은 미래를 꿈꿀 수 있게 되었을까? 너무 행복하여 범사에 감사하는 마음가짐이 불끈불끈 솟아오르는 기쁨의 나날을 보내게 되었을까? 아니면 화려한 미래만을 믿고 게을러진다거나 방탕한 삶을 살게 되지는 않았을까? 어두운 미래를 미리 접하게 된 이들은 미리부터 자포자기 인생을 살게 되지는 않았을까? 〈마이너리티리포트Minority Report〉와 같은 미래공상과학영화, 코미디 혹은 소설 속에 등장하는 미래의 예지능력을 가진 주인공들의 결말은 항상 행복하지만은 않았던 기억이 있다. 그럼에도 불구하고 오늘날의 우리는 한치 앞의 미래를 몰라서 고민하고 방황하며 두려워하기까지 한다. 여기에서 잠시 발상의 전환을 시도해 보자. 역사는 반복된다. 이 명제는 오랜 세월을 거쳐 많은 이들이 공감하고 있는 사실이며 진실이다. 다시 말해서 우리가 과거를 바로 알게 된다면 반복되는 역사의 굴레 속에서 미래를 어느 정도 예측할 수 있게 된다는 이야기가 된다. 보이는 것 이상을 보기 위해 미래를 볼 수 있는 초능력이 아닌, 과거를 바로 앎을 통해 보이는 것 이상을 볼 수 있도록 시도해 보자.

　과거에는 한양에 과거 시험을 치르러 가기 위해 저 멀리 땅 끝

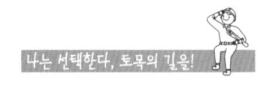

한양으로 과거를 보러 가는 길

경부고속도로

마을에서부터 산 넘고 물 건너 며칠 동안이나 걷고 또 걸어 긴 여행을 했다. 그 얼마나 고된 여정이었으랴. 길이 말끔하게 정돈되고, 운송수단의 발달과 함께 큰 길이 놓이게 되면서, 과거의 길은 역사 속으로 사라졌다. 건설 당시에 천문학적인 규모의 공사였던 제1번 고속국도인 경부고속도로 건설은 대한민국의 역사에 한 획을 그은 중요한 사건이었다. 1968년에 공사를 시작하여 1970년에 준공식을 가진 428km 길이의 본 도로는 서울과 부산을 차량으로 이동할 경우 15시간 이상 소요되었던 것을 4시간 반으로 단축해 주었다. 건설 당시 일본의 도쿄~나고야 고속도로의 1/7 비용을 들였으며, 일본이 7년 동안 만든 고속도로보다 100km 더 긴 공사를 2년 반 만에 마친 경이로운 기록을 남긴 것이다. 본 건설은 새마을운동으로 이어져 근대산업사회로의 도약에 기여했고 해외건설 진출에 든든한 발판이 되었다. 또한 화물과 여객의 수송비용 절감과 수도권과 지방의 물류·식량·자원의 원활한 유통을 통해 국가의 경제발달을 촉진시켰고, 전 국토가 고르게 발전하는 환경을 만들어 주어 관광산업에 이르기까지 다양한 영향을 주었다.

한국의 경제를 일으킨 일등공신을 경부고속도로라고 명명할 때, 미국에는 후버댐Hoover Dam이 그 역할을 담당했다. 후버댐은 미국의 경제뿐만 아니라 세계의 경제 침체를 극적으로 구한 장본인이었

후버댐

다. 후버댐은 원래 볼더댐Boulder Dam으로 불리었다고 한다. 이후에 이 댐의 사회 · 경제적인 기여를 기리자는 뜻으로 본 공사를 지시한 제31대 후버 대통령의 이름을 따서 후버댐으로 개칭하였다. 미국이 경제 공황에 허덕이던 1931년에 댐 공사를 시작하였고, 제32대 루즈벨트 대통령이 뉴딜정책New Deal의 일환으로 본 사업을 계속 이끌고 나가 1936년에 완성을 시킴으로서 미국의 경제를 크게 부흥시키게 된다. 높이 221m, 길이 411m의 댐에서 공급하는 전기에너지는 네바다, 애리조나, 캘리포니아 전 지역에 공급되었다. 콜로라도에는 범람이 줄어들게 되었고, 취수를 통해 물을 효과적으로 사용할 수 있게 되었다. 세계 최대의 인공호수인 185km 길이의 레이크 미드Lake Mead에서는 수영, 보트, 수상스키, 낚시를 즐길 수 있으며, 물을 방류하는 모습 혹은 잔잔한 호수의 아름다움을 감상하기 위해 해마다 100만 명 이상의 많은 관광객이 방문하고 있다. 저자 또한 라스베이거스 여행길에 일부러 시간을 할애하여 후버댐을 둘러보았다. 오늘날 후버댐은 미국의 7대 구조물로 손꼽히며, 1981년에 미국 국립역사관광지로 등록된 것에 이어, 1985년에는 국립사적지

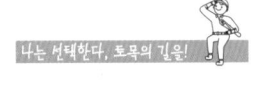

파나마운하

로도 지정되었다.

세계의 경제를 뒤흔든 또 하나의 사건으로 운하건설이 있다. 운하는 배가 지나다닐 수 있도록 만든 인공의 물길을 일컫는데, 수에즈운하قناة السويس와 파나마운하Canal de Panamá가 대표적이다. 수에즈운하는 1859년에 착공하여 1869년에 개통되었다. 총연장은 192km인데, 서울과 대전 간 거리인 160km보다 길다. 수에즈운하는 지중해와 홍해를 지나며, 아시아와 유럽의 화물 40%가 이곳을 통해 이동하고 있다. 수에즈운하는 2005년 기준으로 하루 50척의 선반이 통항했다는 분석이 있다(한국해양수산개발원, 2006: p.7).

파나마운하는 수에즈운하에 이어 두 번째로 만든 거대한 인공 수로인데, 1904년에 착수하여 1914년에 개통하였다. 태평양과 대서양, 아시아와 북미를 잇는 77km 길이의 글로벌 물류 유통로이다. 특히 중국, 한국, 일본을 포함한 동북아시아에서 미국 동부로 이동하는 화물의 38%를 담당한다. 현재 파나마운하 확장 공사를 통해 늘어나는 운하의 수요를 충족시키고, 대형선박을 유입하며, 북미뿐만 아니라 중남미, 카리브 해 지역 국가들, 나아가 유럽과의 경제와 물류 협력을 촉진하여 수익을 크게 올리려는 계획을 추진 중에 있는데, 한국해양수산개발원 연구보고서(2006: p.6) 내용에 따르면 2025년에는 연간 60억 달러가 넘는 통행료 수익을 낼 것으로 예상하고 있다. 파나마운하의 첫 가동 시기인 1914년부터 2005년까지 90년간 이곳을 이용한 선박 수는 총 92만 2,000척으로 하루 평균 38척이 드나들었다.

토목은 국가와 지역의 경제를 부흥시켰을 뿐만 아니라, 다양한 문화와 각양각국의 사람을 이어 주기도 한다. 테제베TGV는 프랑스 전역과 인근 국가인 벨기에, 룩셈부르크, 독일, 이탈리아, 스페인, 스위스까지 연결해 주는 유럽 최초의 초고속 열차이다. 시속 300km로 세계에서 매우 빠른 초고속열차 가운데 하나인데, 2013년 한 해 동안 약 1억 3,000만 명이 이용했고, 개통 후 2013년까지 32년간 20억 명 이상이 이용했다. 프랑스에 테제베가 있다면, 한국에는 초고속열차 KTX와 SRT가 있다. 2004년에 개통한 KTX는 서울에서 부산을 2시간 30분에 연결해 주었다. 이어서 2016년에 개통한 SRT수서고속철도는 수서에서 부산, 수서에서 목포를 2시간 안에 이동할 수 있게 해 주었다. 이제 전 국토는 1일이 아닌 오전 한때 순방이 가능한 시대가 된 것이다. KTX는 개통 이후 10년간(2004~2014년) 지구 6,000바퀴를 돌았고(총 운행 거리), 누적이용객이 4억 1,400만 명을 돌파(하루 평균 15만 명이 이용)했다고 밝혔다(코레일 홈페이지 내용). SRT는 개통 후 1년간 누적이용객이 1,800명을 넘었으며, 장거리 교통수단으로 KTX와 함께 꾸준히 이용되고 있다. 참고로 고속철도는 차량 자체의 정밀도 기술과 시공, 노선의 관리가 꾸준히 필요하다.

고속철도의 발달은 시간과 공간의 빠른 소통을 낳았다. 이는 속

도전인 미래 사회의 코드와도 일치하며, 특히 빠르게 변화를 추구하는 한국인들의 속성과도 맞아 떨어지는 부분이 크다는 점에 주목할 필요가 있다. 가까운 미래에 대한민국은 북한과 통일을 이룰 것이다. 그 순간 가장 앞서서 나아가야 할 분야가 바로 '토목'이다. 왜냐하면 길을 놓고 사회의 시스템을 구축해야 나라가 바로 설 수 있기 때문이다. 실제로 동독과 서독의 통일 직후 토목 관련 사업이 가장 먼저 융성하였다. 토목환경시스템 구축을 통한 남한과 북한의 연결은 비단 남북통일 수립뿐만 아니라, 유라시아 횡단 노선 개발로 이어져 여러 나라가 하나 되는 시너지를 불러일으키게 될 것이다.

미래의 사회는 이미 많은 부분에서 나타난 바와 같이, 글로벌 사회이다. 시간과 공간이 하나로 모이는 미래 사회, 토목은 이미 앞장서서 그곳으로 묵묵히 달려 나가고 있다.

토목은 어떤 존재인가

오늘 우리가 함께 이야기하고 있는 주인공인 '토목'은 공학과 기술의 산물 그 이상의 사회적, 경제적, 문화적, 예술적 가치를 담아낸

**유라시아를 하나의 대륙으로
연결하는 토목건설**

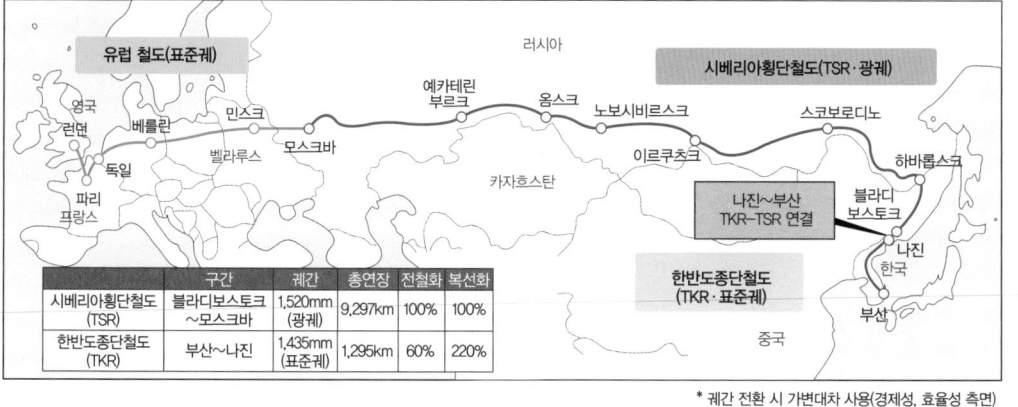

구간		궤간	총연장	전철화	복선화
시베리아횡단철도 (TSR)	블라디보스토크 ~모스크바	1,520mm (광궤)	9,297km	100%	100%
한반도종단철도 (TKR)	부산~나진	1,435mm (표준궤)	1,295km	60%	220%

* 궤간 전환 시 가변대차 사용(경제성, 효율성 측면)

청계천 복원사업 후 모습

큰 그릇임에 틀림없다. 그리고 토목기술이 오늘날 우리에게 준 혜택은 셀 수 없이 많다.

그렇다면 토목이 우리 사회에 미친 부정적인 측면은 없을까? 토목공사는 대부분이 대규모로 발주되기 때문에, 그리고 구조물 또한 일반 건축물들에 비해 상당히 큰 규모이기에 국가의 경제, 정책과 밀접한 영향을 주고받아 왔던 것이 사실이다. 청계천 복원 사업의 경우, 청계천 고가와 아스팔트로 뒤덮였던 도로가 오늘날과 같이 시민들이 즐겨찾는 자연과 문화가 공존하는 장소로 거듭나게 되었다. 그러나 청계천 복원 사업으로 인해 청계천 일대에서 상행위를 하던 사람들이 가게를 이전할 수밖에 없었다. 또 다른 측면에서는 인왕산에서부터의 물줄기가 청계천으로 흘러 내리는 것이 아닌, 인위적으로 수질을 관리해 주어야 하는 만들어진 자연 풍경이라는 점이 부정적으로 비춰지고 있다. 청계천 복원 이후의 사업인 한강 르네상스 프로젝트는 한강의 주운환경 및 수변 문화공간 조성, 한

한강르네상스사업 후 모습

강의 자연성 회복, 한강으로의 접근성 향상, 한강과 서울의 문화기반 조성, 수변경관개선, 한강의 이용 활성화를 목표로 추진된 정책이다. 본 사업으로 인하여 깨끗한 한강, 말끔하게 정비된 한강 주변의 도로, 다양한 문화·여가 활동이 포함된 시설물들을 볼 수 있게 되었지만, 투자 대비 만족도 측면에서 볼 때 시민들이 그 효과를 긍정적으로 체감하지 못하고 있다는 견해도 있다.

이 세상에 존재하는 대부분의 것들은 처음부터 끝까지 모두 좋거나 모두 나쁜 경우는 극히 드물다. 토목이라는 존재 또한 그러하다. 하지만 '토목'은 '나 하나의 행복을 위해서가 아닌, 나와 너 우리 모두가 행복하고 안전한 생활환경을 만들기 위해 태어난 존재'라는 사실에는 변함이 없으며, 앞으로도 그러할 것이다. 토목Civil Engineering은 시민을 위한, 시민의 공학이기 때문이다. 그리고 오늘날의 토목은 우리 모두의 더 나은 내일을 만들기 위해 다양한 모습으로 변신을 시도하고 있다. 토목의 멋진 미래 모습을 기대해도 좋다.

자연으로 돌아가야 할 시간

인간은 머릿속에 자리 잡은 잔상으로 인하여 어떠한 사실을 왜곡되게 인식할 때가 있다. 이러한 일을 '선입견'이라는 단어로 표현하기도 하지만, 이보다는 근저에 깔려 있는 '잔상'의 영향이 더 클 것이다. 일례로 주변 사람들에게 토목공학의 이미지를 물어보면, 무에서 유를 창조하는 대단한 학문이라는 찬사를 보내기도 하지만 자연을 파괴하며 인간의 이기적 편의성만을 생각하는 학문이라고 빈축을 가하기도 한다.

광활한 숲을 가로지르는 도로를 멀리서 찍은 사진을 보고 누군가는 '인간의 무한한 능력과 노력'에 감탄을 자아낼 것이며, 다른 누군가는 '저렇게 좋은 자연을 마구 파헤치다니' 하며 비난할 것이다. 그렇다면 여기에서 마이너스적으로 이야기되고 있는 부분인 "과연 토목은 자연을 파괴하는 원인을 제공하는 학문인가?"에 대해 생각해 볼 필요가 있다. 토목공학에는 분명 자연을 일부 훼손하게 되는 행위가 존재한다. 하지만 그런 행위가 모두 자연을 파괴하는 것으로 규정할 수만은 없다. 왜냐하면 토목은 최소한의 자연 파괴를 전제로, 최대한 인간의 생활을 풍요롭게 해 주고자 노력하는 학문이며, 나아가 자연을 이용한 에너지 개발, 그리고 더 나아가 자연과 공생할 수 있는 방법에 이르기까지 끊임없이 고민하고 있는 학문이기 때문이다. 최근 대형 토목 구조물을 만들 때, 이 구조물이 환경

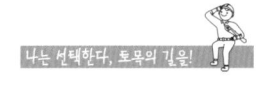

에 어떠한 영향을 미치게 될지 미리 예상하고, 건설이 끝난 후에도 지속적으로 환경에 대한 영향을 관찰하고 평가하는 작업을 하고 있다. 청정에너지 개발을 위해서도 토목이 앞장서서 연구하고 있는데, 자연의 에너지인 풍력, 조력, 태양열, 파력, 수력, 화력 등을 토목기술과 연관시켜 연구하고 있다. 이 가운데 댐은 홍수, 가뭄과 같은 자연재해를 조절할 수 있도록 도움을 주는 것뿐만 아니라 전기 발전의 기능을 동시에 갖는다. 본 발전 기능은 안정적인 전기를 공급하고, 환경의 부하를 최소화하는 그린테크놀로지Green-technology이다. 물길을 조성할 때에는 어도魚道를 조성하고, 동물과 식물의 이동을 위한 에코브릿지Eco-bridge를 포함한 생태이동통로를 놓아 인간만을 위한 장소가 아닌, 자연 생물군과 공생할 수 있는 환경을 만들기 위해 애쓰고 있다.

모든 학문 가운데 가장 처음으로 '인간의 삶을 위한 환경을 만들어 주기 위해 태어난 공학'이 바로 '토목공학'이라고 말한다면 아마 의아해하는 독자들도 있을 것이다. 로마시대의 아치형 수로교는 현재 약 13개 정도가 남아 있다. 스페인 세고비아에 있는 수로교는

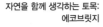

**자연을 함께 생각하는 토목:
에코브릿지**

오늘날까지 원형이 가장 잘 보존된 로마시대의 수로교로서 처음으로 도시에 맑은 물을 끌어오기 위해 만든 것이다. 수로교는 그 당시 토목공학의 가장 높은 기술로 최고의 기술을 이용하여 도시에 사는 일반인을 위한 환경을 만들어 주기 위해 고민한 토목구조물로 생각할 수 있다. 우리는 로마 시대에 이미 일반인을 위한 환경을 생각했다. 여담으로 토목공학의 한 부분으로 환경공학을 같이 생각하는 것이 아마도 이와 같은 전통에서 비롯된 것이라 생각된다.

대한민국의 문재인 대통령과 북한의 김정은 위원장이 2018년 4월 27일 남북정상회담을 통해 한반도의 평화를 위한 합의안을 마련하고 '한반도의 평화와 번영, 통일을 위한 판문점 선언4.27 선언'에 서명했다. 판문점 선언에서는 "한반도의 항구적이며 공고한 평화 체제 구축을 위하여 적극 협력해 나갈 것"임을 밝혔는데, 양 정상이 한반

나는 선택한다, 토목의 길을!

철원비무장지대 자연녹화

도에 더 이상 전쟁은 없을 것이며 새로운 평화(통일)의 시대가 열릴 것임을 8천만 우리 겨레와 전 세계에 엄숙히 천명한 역사적인 순간이었다. 통일은 건설 산업의 중심인 토목공학에게 더할 나위 없는 기회이다. 우리에게 통일과 함께 생각해야 할 '그랜드 한반도'의 개발은 '단순한 기회'라기보다는 '완전히 새로운 도전'이다. 우리의 북녘땅은 지난 60년간 거의 개발이 되지 않았고, 따라서 우리의 모든 기술과 노하우를 이용하여 가장 자연친화적이고 지속 가능한 개발을 해야 하는 것이 현재 통일을 준비하는 토목기술자의 자세이다. 세상에서 둘도 없는, 자연과 어우러진 아름답고 자연적인(자연을 닮은, 자연과 조화로운, 환경 친화적인) 새로운 개발을 시도해야 한다.

선(善)한 존재감, 토목

역사적으로 대규모의 토목건설 사업의 공공성에 대한 부분은 로마 시대로 거슬러 올라갈 수 있다. 과거 로마제국 귀족들에게 불문율로 여겨졌던 "귀족은 의무를 갖는다."라는 뜻의 노블레스 오블리주 Noblesse Oblige는 귀족의 부·권력·명성을 사회에 대한 책임과 함께 누려야 함을 보여 주는 것이다. 로마의 귀족들은 토목사업을 통해 사회적 의무를 도덕적으로 실천했는데, 그들은 자신의 재산을 공공시설물 건설 혹은 개보수에 직접 사용하였고, 이들 사업에 본인의 이름을 남겨 가문의 영광으로 삼았다. 이러한 예는 "(귀족) 아무개가 이 도로를 보수하다" 혹은 "(귀족) 누구의 도로"와 같은 형태로 기록되어 전해지고 있다. 예를 들어, 아피아가도Via Appia는 아피아라는 귀족이 사회에 환원하기 위해 만든 도로를 기리는 이름으로 라티나 가도Via Latina, 티부르티나 가도Via Tiburtina, 노멘타나 가도Via Nomentana 등과 같이 그 흔적을 남기고 있다. 우리말로 하면 '홍길동 대로'가 되는 것이다. 로마의 귀족들은 토목건설뿐만 아니라 공공구조물에 대한 법령도 제정했는데 그 대표적인 예가 셈프로니우스Sempronius 도로법과 같은 토목 관련 법령이다.

또한 토목은 다른 어떤 학문보다도 사회 약자, 소외된 이웃을 위해 존재한다. 각종 기생충이 가득 담긴 흙탕물을 마시며 하루하루를 간신히 버티는 아프리카의 아이들을 위해, 이들이 마음 놓고 맑고 깨끗한 물을 마실 수 있도록 물 공급 시스템을 구축해 주기도 한다. 기술의 발달이 뒤쳐진 국가의 발전과 편의를 위하여 도로·항만·상하수도와 같은 공공시설물을 계획하고 시공해 주기도 한다. 때로는 홍수·지진·태풍과 같은 각종 자연재해로부터 피해를 입은 국가를 도와주는 일에 앞장서는 것도 토목이다.

일부 대학에서는 토목공학과의 교과목에서 '교량의 미학'이나 '토목의 역사·문화경관'을 가르치고 있다. 토목구조물의 대표적인 구조물인 '교량'을 대상으로 교량의 다양한 역할과 가치, 그리고 의미를 돌아보고, 학생들과 함께 교량이 사회에 미치는 영향에 대하여 알아보고 있다. 아름다움과 추함에 개인적인 판단을 포함한 미학의 대상으로서의 교량, 선조들의 역사와 문화가 고스란히 반영된 문화재로서의 교량, 교량을 통해 일어난 다양한 사건과 사고, 교량을 이용한 다채로운 활동들, 교량과 주변 경관과의 관계 속에서 나타난 교량의 존재감, 시·소설·회화·연극과 같은 각종 문화 예술 활동 속에 반영된 교량의 의미, 전설·신화·민담·속담에 등장한 교량의 역할과 가치 등을 살펴보고 있다. 이렇듯 대표적인 토목구조물인 교량에는 무궁무진한 스토리가 존재한다. 이 가운데 빼놓을 수 없는 내용 하나가 '교량'과 '사랑'의 숙명적인 관계이다. 견우와 직녀, 성춘향과 이몽룡은 오작교를 통해 사랑을 완성했고, 병영성에 있는 홍교에는 머슴 유씨 총각과 부유한 주인의 딸 김낭자 사이의 신분을 초월한 사랑이야기가 전한다. 매년 정월 대보름날이면 온 나라의 남

견우와 직녀의 오작교

녀노소, 신분의 상하에 관계없이 모두가 다리밟기(답교놀이)를 하며 하나 되어 먹고 즐기고 사랑했다. 어느 날 숙종이 영희전을 참배하고 돌아오는 길에 수표교를 건너다가 장통방에 있던 여염집에서 문밖으로 왕의 행차를 지켜보던 아름다운 아가씨를 보고 궁궐로 불러들였는데, 그녀가 장희빈이었다. 프랑스의 퐁네프다리에서는 사랑하는 연인들이 만났으며, 영화로 유명해진 영화 속 매디슨 카운티의 다리에서는 중년의 남녀가 잊을 수 없는 사랑을 불태웠다. 이렇듯 동서고금을 막론하고 토목구조물인 교량을 통해 내가 사랑하는 당신에게로 몸과 마음이 달려갔다. '사랑의 중매쟁이 교량', 이 또한 선하지 아니한가?

사람이 만든 거대한 규모의 문화유산 토목구조물. 이는 기술적·예술적·역사적·문화적인 가치와 감동을 지녔으며, 무엇보다도 따뜻한 마음씨를 지녔다. 오늘날의 우리들은 우리의 선조들에게 유산으로 받은 것처럼 우리의 후손들에게 이와 같은 걸작을 온전히 남겨 주어야 할 의무가 있지 않을까? 더불어 또 다른 걸작을 만들

어 주는 일 또한 우리가 감당해야 할 하나의 의미가 아닐까?

지금 이 순간에도 이를 위하여 토목인들의 따뜻한 심장과 가슴 뛰는 사명감이 세상을 보다 아름답고 편리하게 바꿔가고 있다.

꿈꾸는 내일의 엔지니어를 기다린다

조선 전기의 관료이며 과학자, 발명가인 정약용은 토목기술자이기도 했다. 토목설계자로서 정약용은 복합 도르래 거중기를 설계하여 수원화성 축조를 가능하게 했다. 현대토건(오늘날 현대건설의 토대)을 포함한 현대그룹을 일구어낸 정주영 회장은 빼어난 토목사업가이다. 영화 〈국제시장〉에서도 소개되었듯이 그는 6·25 전쟁 시기에 부산으로 피난을 와서 현대토건을 시작했다. 정주영은 열악한 환경 속에서도 꿈꾸기를 멈추지 않았으며, 열정과 집념으로 끊임없이 도전했다. 박정희 대통령의 "무조건 해라!" 불호령 속에서 경부고속도로 건설, 조선소 건설, 사우디 주베일산업항 건설 등을 성공시켰고, 대한민국의 경제를 일으켰다. 미국의 조셉 스트라우스Joseph B. Strauss는 골든게이트교(금문교), 맨해튼 브리지 등을 설계한 엔지니어이다. 골든게이트교는 토목구조물이기 이전에 미국, 샌프란시스코의 상징이며, 구조적·조형적인 안정성과 아름다움을 동시에 갖춘 아르데코Art Déco 스타일의 작품으로 오늘날까지 많은 이들의 사랑을 받고 있다. 맨해튼 브리지 역시 미국, 뉴욕의 상징물로서 브루클린 브리지와 함께 지역의 명물로 자리를 잡고 있다. 스페인 출신의 산티아고 칼라트라바Santiago Calatrava는 다양한 공공의 건축·토목 구조물을 예술적이며 구조적으로 설계한 건축가이자 엔지니어이다. 프랑스 리옹의 사톨라 역, 바르셀로나 텔레커뮤니케이션 타워, 알라밀로교 등 그가 설계한 많은 구조물들은 순수 예술작품과도 같이 아름답다. 그런데 토목구조물은 그 크기에 걸맞게 어느 개인 한사람의 업적보다는 여러 엔지니어의 협업, 그리고 토목분야뿐만 아니라 다양한 분야와의 공동 작업으로 완성되는 경우가 빈번하다. 따라서 토목인의 이름 하나하나를 모두 명명하기가 어렵다. 따라서 토목구조물에는 다수의 훌륭한 엔지니어의 노력과 땀이 깃들어 있다.

흔히 토목하면 하이바(헬멧의 은어)를 쓰고 모래바람 날리는 현장에서 힘겹게 뛰고 있는 토목인들의 모습이라거나, 불도저로 땅을 파는 일쯤으로 생각하는 경우가 있다. 참 안타까운 일이다. 이러한 모습은 토목 기능인력의 모습으로, 토목인 특히 토목엔지니어의 모습을 대표할 수는 없다. 사실 알고 보면 토목처럼 다양하고 여러 가지의 일을 하고 있는 분야가 있을까? 나는 여러분의 꿈이 토목과 함께 하기를 바란다. 왜냐하면 토목이 한 인간의 생을 바칠 만큼 가치가 있고 발전 가능성이 무궁무진한 분야이기 때문이다.

세계는 미래 스마트시티에 열광하고 있다

'스마트시티Smart City'란 무엇일까? 개략적으로는 물리적 인프라와 정보통신기술ICT 간의 융합을 통해 교통, 에너지, 환경 등 도시의 다양한 공공기능의 효율을 높이는 '똑똑한 도시'를 일컫는다. 그러나 지속적으로 변화·발전하고 있는 개념의 것으로 보아야 정확하며, 국가별로도 정의하는 바가 다르다. 예를 들면 미국은 스마트시티를 하나의 투자 개념으로 생각하고 있다. 미국에는 여러 가지 형태의 가족 이름을 딴 펀드가 거대한 자본력을 가지고 운영되고 있다. 이러한 펀드는 함부로 투자하거나 쉽게 거두어 들이지 않는 특징을 가지고 있으며, 도시와 같은 장기적인 프로젝트에 투자하려는 움직임이 있다. 투자와 연결된 스마트시티라고 하는 장기프로젝트가 투자자들에게는 매우 매력적인 상품이라는 것이다. 이때 투자자들이 본인들이 투자한 도시의 모든 가치를 분석하거나 어떤 부분을 자세히 보고자 한다면, 새로운 방법으로 그들의 재산을 분류해 줘야 할 것이다. 투자자들에게 본인이 투자한 도시에 대한 정확하고 빠른 평가와 결과를 인지하고 다시 스마트시티에 그 가치를 도입하여 보다 나은 내일을 생각하는 것이 미국에서 생각하는 스마트시티의 한 모습이다. 대한민국을 포함한 아시아에서는 스마트시티에 대한 개념이 뒤늦게 정립되었다. 이 지역에서는 일반적으로 새로운 테크놀로지첨단정보통신기술가 어떻게 도시와 연결될 것인가에 대한 부분을 크게 인식하고 있다. 유럽의 스마트시티는 지금의 도시 모습에서 크게 벗어나지 않을 것으로 보인다. 유럽에서는 외적인 도시의 형태보다 사람들에게 편리하고 안전하며 행정적으로 합리적인 스마트시티에 초점을 맞추고 있다. 중국은 향후 10년간 전국에 400개의 스마트시티를 조성할 것이라고 밝혔다. 2014년에 인도의 모디 총리는 100개의 스마트시티 조성을 공약하였으며 1차로 시범도시로 20개를 우선 선정한 바 있다. 대한민국은 현재 도시의 스마트기능을 강조해 여러 방향으로의 개발을 구상 중에 있다.

도시의 부활

전국적으로 오래된 도시를 재생시킨다는 개념의 '도시재생都市再生, Urban Regeneration' 사업이 한창 추진 중이다. "도시재생특별법(2013년 6월 제정)"에서 도시재생은 "인구의 감소, 산업구조의 변화, 도시의 무분별한 확장, 주거환경의 노후화 등으로 쇠퇴하는 도시를 지역역량 강화, 새로운 기능의 도입 및 창출, 지역자원 활용을 통해 경제적, 사회적, 물리적, 환경적으로 활성화시키는 것"으로 정의하고 있다.

　도시재생사업과 관련하여 도시 내 다양한 기능의 융·복합을 유도하고, 도시의 활력을 높이는 구심점을 만들며, 지역경제 활성화를 지원하기 위해 새로운 도시인프라를 구축하는 일에 토목이 압장 설 수 있다. "도시재생 활성화 및 지원에 관한 특별법"에서는 도시재생을 위해 ① 장소 중심의 종합적인 재생, ② 주민 중심의 재생 추진, ③ 정부의 패키지 지원을 지향하고 있는데, 토목은 ① 장소 중심의 종합적인 재생 부분에서 빛을 발할 수 있을 것이다. 왜냐하면 토목전공자는 도시를 읽어 내는 힘이 있기 때문이다. 즉, 지정된 도시의 쇠퇴 현상과 지역의 인프라 자원을 진단한 후 재생 방향과 방법, 추진 전략을 짜는 큰 그림 그리기에서부터 구체적으로 도시를 재생시키는 사업 전반에 이르기까지 적극적으로 동참할 수 있다. 앞선 스마트시티와 도시재생의 연계로도 새로운 도시재생 모델이 탄생할 수 있을 것이다.

도시는 단일 빌딩이나 집처럼 우리가 만들고 싶다고 바로 만들 수 있는 것이 아니다. 도시는 개인의 소유가 아니라 모두가 삶을 나누고 이어 가는 공간이기 때문이다. 이런 면에서 도시는 공공성을 강조하는 토목이라는 학문과 맥을 같이한다. 즉, 공공성을 바탕으로 최고의 기술을 시민들을 위하여 아낌없이 활용하려는 토목이라는 학문의 정신과 도시의 속성이 일맥상통하고 있다.

도시재생을 논하면서 제일 먼저 나오는 이야기가 소외된 약자의 보호이다. 우리가 지금까지 발전시키고 개발해 온 도시는 일종의 편리성 위주의 도시였고, 남을 돌아보지 못한 도시였을 가능성이 높다. 하지만 이제는 주변을 돌아볼 여유가 생겼고, 지금까지 고려하지 않았던 사회 약자를 배려하는 마음으로 도시의 이모저모를 세심하게 살피는 것이 필요하다.

공간의 조성뿐만 아니라 공간의 연결과 이동을 위한 일체의 문제가 우리 토목인이 해야 할 일 가운데 하나이다. 이는 기존의 새로운 건설과는 사뭇 다르다. 이미 조건으로 자리잡은 사회·문화적인 부분과 물리적인 환경을 함께 정리해야 한다.

도시의 재생문제는 스마트한 도시와 함께 내일을 위한 투자이다. 우리가 할 수 있고 해야 할 일들을 헤아리니 가슴이 벅차오른다.

나는 선택한다,
토목의 길을!

01 만약에 우리 주변에서 토목공학이 만들어 낸 물건 혹은 환경이 사라진다면 나의 하루 일과는 어떠할지 상상하며 글로 적어 보시오.

> 참고 토목이 없다면 오늘은 없다(pp.12-19)

02 유라시아를 하나의 대륙으로 연결하는 대규모 토목철도건설이 완성되면 어떠한 미래가 펼쳐질까? 기술·사회·문화·예술 등 다양한 분야 가운데 하나를 선정하여 상상하며 그 미래의 모습을 서술하시오.

> 참고 유라시아를 하나의 대륙으로 연결하는 토목건설(p.25)

03 지구자연환경 보존을 위한 청정에너지 개발 분야에 토목이 앞장서고 있다. 연구 분야 및 대상은 무엇이 있는가? 하나를 선정하여 자세히 조사해 보시오.

> 참고 자연의 에너지를 이용한 토목기술 연구(p.29)

04 토목은 사회약자, 소외된 이웃을 위해 존재하는 학문이기도 하다. 어떠한 토목기술이 있을까? 구체적인 국내외 사례를 찾아보시오.

> 참고 노블레스 오블리주를 실천하고 있는 토목(pp.32-33)

05 토목공학과 미학(美學), 토목공학과 역사·문화경관(歷史·文化景觀)은 상호 관계가 있는가? 관계가 있다면 예를 들어 설명하시오.

> 참고 교량의 미학(pp.33-35), 꿈꾸는 내일의 엔지니어를 기다린다(pp.35-36)

06 과거에 살았던 혹은 현재 살고 있는 국내외의 토목공학자 한 명을 정하고 그(그녀)가 사회에 공헌한 토목기술에 대해 자세히 기술하시오.

> 참고 꿈꾸는 내일의 엔지니어를 기다린다(pp.35-36)

07 토목이 하고 있는 다양한 일들을 생각나는 대로 모두 적어 보시오.

> 참고 나는 선택한다, 토목의 길을!(pp.12-39)

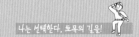

2장

문명의 발달과
함께한 토목기술

토목, 인류역사와 함께 시작하다

만일 독자 여러분이 아직 문명이 태동되지 않아서 아무런 개발도
되어 있지 않은 원시 그대로의 자연 환경 속에서 가족 또는 더 큰
단위의 집단과 생활을 영위해 나가야 한다고 상상해 보자. 과연 여
러분들은 어떤 일들을 해야 할까? 아마도 눈, 비, 바람과 추위와 같
은 외부 자연 환경은 물론, 각종 유해한 벌레나 짐승들로부터 안전
하게 보호받을 수 있는 주거지를 확보하는 일을 먼저 하게 될 것이
다. 우선 바닥을 골라서 편평한 공간을 확보해야 하는데, 삐죽삐죽
튀어나온 돌들이 있으면 뽑아야 할 것이고, 낮은 지형에 물기가 많
은 부분이 있으면 높은 지형에서 마른 흙을 퍼 와서 덮어 주기도 해
야 할 것이다. 지역에 따라 각각 다른 기후와 지형 등으로 말미암아
어떤 재료로 어느 정도 외부 환경을 차단시켜야 하는지가 달라지기
는 하겠지만, 어떤 형식으로든 구조물을 만들어서 지붕과 함께 외

서울 암사동 유적의 움집 (출처: 서울암사유적지)

터키 하란의 흙집 (출처: 크리에이티브 커먼즈)

나무를 이용한 다리

나무줄기와 가지, 그리고 진흙으로 만든
우리나라의 섶다리

부에서 격리된 공간을 만들게 될 것이다.

그다음 중요한 것은 마실 물과 먹을 식량을 확보하는 일일 것이다. 식량의 확보를 위하여 가장 원시적으로는 식용 식물을 채취하거나 수렵을 하여 식량을 확보하겠지만, 점점 마을의 규모가 커져서 공동생활을 하는 인원이 늘어나게 되면 더 이상 원시적인 수렵과 채취만으로는 사시사철 안정적으로 식량을 확보할 수 없게 된다. 따라서 보다 안정적이고 적극적으로 식량을 확보하기 위하여 농작물을 경작하게 되는데, 이를 위해 토지를 개간하고 용수를 공

우리나라의 돌다리-진천 농다리
(출처: 진천군)

급할 필요성이 대두된다. 물은 인간이 생존하기 위해 가장 필수적인 것으로서 주거지를 선택할 때에도 중요하게 고려하여야 할 요소이다. 너무 멀면 물을 확보하기가 곤란하고 너무 가까우면 살아가기에 습한 환경이 되거나 큰 비가 왔을 때 수해를 입기 쉬워진다.

더 나아가 멀리 떨어진 외지 마을과의 교류와 물자의 교역이 시작되면 왕래를 할 수 있는 도로가 생기게 되며, 도중에 맞닥뜨리는 개울이나 하천을 건너기 위해 돌이나 나무를 이용한 다리를 건설할 필요가 생기게 된다.

이 모든 것들이 바로 인류 역사와 그 궤를 함께 한 토목기술의 시작이라고 할 수 있다. 다시 말해서 사람이 안전하고 쾌적하게 생활하며 경제활동을 할 수 있는 기반을 구축하는 일, 그것이 토목기술이다. 시오노 나나미가 지은 『로마인 이야기』 제10권에는 로마의 기반시설이 어떻게 건설되었고 그것이 기술, 역사, 사회와 정치에 어떤 영향을 미쳤는지에 대하여 상세히 기술되어 있다. 이 책 서문에 보면 이러한 기반시설의 건설을 로마인들은 '몰레스 네케사리에'moles necessarie라 하여 '사람이 사람다운 생활을 하기 위해 필요한 대사업'으로 정의하였다고 했는데, 토목기술을 한마디로 잘 나타낸 것이라 생각한다.

고대 사회에서부터 삶의 터전을 개척하고 개발하는 일, 튼튼한 기초를 만들고 거기에 주거환경과 경제활동을 위한 시설을 구축하는 일, 식수와 농작물 경작을 위한 용수를 공급하는 일, 도로와 교량을 건설하여 사람과 물자의 왕래를 원활하게 하는 일 등이 발전하여 지금의 토목기술이 되었다. 서구적인 관점에서의 토목기술의 시작은 대략 기원전 4000~2000년 사이에 고대 이집트와 메소포타미아 문명의 발달과 함께 한다고 이야기하고 있다. 이 시기에는 유목생활에서 벗어나 정착을 하면서 보다 튼튼하고 오래가며 쾌적한 주거환경을 건설할 필요성이 대두되었으며, 왕성한 사람과 물자의 왕래를 위하여 바퀴를 이용한 이동수단이 발달하게 되면서 보다 평탄한 도로가 놓이게 되었고, 장애물을 건너기 위한 다리의 건설이 뒤따랐다.

이렇게 문명의 발달과 함께 발전해 온 토목기술을 바탕으로, 기원전 2700~2500년경에 역사적으로 최초의 대형 구조물인 이집트의 피라미드가 건설되었다. 카이로 남쪽에 위치한 사카라Saqqara에 기원전 2550년경 계단식 형태로 건설된 조서 왕King Djoser의 피라미드가 현존하는 가장 오래된 피라미드로 기록되고 있는데, 이것의 건설을 책임진 임호테프Imhotep가 역사에 기록된 최초의 토목기술자이다. 당시 존재했던 아주 단순한 형태의 도구들만을 사용하여 어떻게 그렇게 거대한 구조물을 건설할 수 있었을까? 지금까지도 많은 학자들이 의문을 갖고 연구 중이다. 어찌하였건, 임호테프는 토목기술자로서 후대의 축조기술에 큰 공헌을 했으며, 그 이후의 기술자들은 기술을 더욱 발전시켜 높고 튼튼한 피라미드를 건설할 수 있게 되었다.

세계 각 지역에서 태동된 고대 문명의 발달은 역사적으로 기념

임호테프가 건설한 조서 왕의 계단식 피라미드 (출처: 크리에이티브 커먼즈)

파르테논신전 (출처: Flickr)

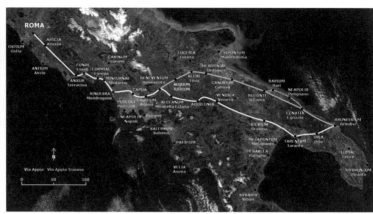

아피아가도 (출처: Kleuske at
네덜란드어 위키백과)

아피아가도 전체 루트(흰색 선이 아피아가도이며 붉은 색 선은 이후에 연장된 트라이아나 가도)
(출처: NASA, 위키미디어)

비적인 시설물들을 귀중한 문화유산으로 후대에 남기게 된다. 기
원전 1000~500년 전 고대 이란에서 최초로 시도된 것으로 추정되
며 이란에서는 카나트Qanat, 아프가니스탄에서는 카레즈Karez, 시리아
와 북아프리카 지역에서는 포가라Foggara라고 불리는 고대의 상수도
시스템은 70여 킬로미터 떨어진 산간지역에서 끌어들인 물을 지하
수로를 파서 마을에 공급했다. 그 시대에 사막지대에서 통과하면
서 물이 증발하는 것을 막기 위해 수십 킬로미터에 달하는 지하수
로를 만들고 깊은 곳은 360미터에 달하는 우물을 파는 기술을 보
유했다는 것은 아주 놀라운 일이며, 이 당시에 건설된 카나트는 그
효율이 많이 줄어들기는 했지만 현재에도 여러 지역에 물을 공급
하고 있다.

고대 그리스와 로마 시대에 들어서면서 문명은 도시를 중심으
로 급속도로 발전하게 되었고 이와 더불어 기반 시설의 건설도 매
우 활발하게 이루어졌다. 고대 그리스의 건축가 익티노스Iktinos는 당
시를 대표하는 많은 건축물들을 설계하고 건설하여 건축학적으로
큰 족적을 남겼는데, 기원전 447~438년에 건설된 파르테논 신전

이 대표적이다. 특히 로마제국은 유럽 전역으로 그 영토를 확장했으며, 넓은 영토의 통치를 위해 군대를 비롯한 사람과 물자를 빠르게 수송할 수 있는 도로의 건설이 필수였다. 이 시대에 수많은 도로들이 건설되었는데, 이 가운데 기원전 312년경에 건설이 시작된 요즘의 간선도로에 해당하는 아피아 가도Appian way가 대표적일 것이다. 이 이름은 도로를 기획하고 직접 건설 책임을 맡은 로마의 감찰관인 아피우스 클라우디우스 카이쿠스의 이름을 따서 지었다. 돌로 포장되어 우천 시에도 그 기능을 유지할 수 있었던 이 도로는 물자 교류를 위한 중요 수송로 역할을 하였다. 그리고 오늘날까지 그 일부가 사용되고 있다.

비슷한 시기에 동양에서는 중국 문명이 꽃을 피우고 있었으며, 그 당시에 건설이 시작된 만리장성은 세계에서 가장 큰 규모를 갖는 인공적으로 축조한 초대형 구조물mega structure이다. 전국시대 조, 연, 진 3국이 부분적으로 장성을 축조했으나, 최초로 만리장성의 형태를 갖춘 것은 진시황이 북방 소수민족의 침략을 막기 위해 기

중국의 만리장성
(출처: 크리에이티브 커먼즈)

원전 220년에 시작하여 기존의 성곽을 보수하고 서로 연결하여 기원전 206년에 완성한 것으로 기록되어 있다. 하지만 이 당시의 성곽은 동쪽은 랴오양에서 서쪽으로 간쑤성 민현까지 연결되어 지금보다 훨씬 북쪽에 위치하고 있었다. 지금 남아 있는 성곽의 축조는 6세기 북제시대에 시작되었으며 명나라 때 이르러 완공한 후 지속적인 개축을 거쳐 16세기에 들어서야 비로소 총길이 6,350km에 달하는 장성이 완성되었다.

이 외에도 역사적으로 기념비적인 구조물들을 찾아볼 수 있다. 기원전 691년경에 아시리아의 왕인 센나케리브Sennacherib(성경에서는 산헤립)이 건설한 저완Jerwan의 수로, 기원전 256년경 스촨성四川省 두장옌에 건설된 관개용 수로, 프랑스 남부의 가르지방에서 물을 공급하기 위하여 건설된 수로교인 가르교Pont du Gard를 포함한 로마제국의 수많은 인프라 시설물들이 전해 내려온다. 14세기에 건설된 것으로 추정되며 오늘날까지도 원형이 거의 그대로 보존되어 있는 잉카제국의 마추픽추Machu Picchu는 도시의 건설에 사용된 기초설계와 수로 시스템 기술이 그 당시의 것으로는 믿기 힘들 정도로 발달된 것이

프랑스의 가르교

마추픽추

두장옌의 관개시설 (출처: jetsun)

어서 당시의 잉카인들이 어떻게 이런 공사를 할 수 있었는지 불가사의한 일이다.

눈이 번쩍 뜨이는 **토목 이야기**

시간이 흘러가면서 자라나는 만리장성?

만리장성의 길이는 얼마일까? 아마 각종 자료나 인터넷 검색을 해 보면 길이가 제각각일 것이다. 실제로도 주 구조물인 성곽 이외에 본 성곽에서 갈라져 나온 지선도 있고, 일부 훼손된 구간도 있으며, 또 일부 구간은 암벽이나 절벽 등 자연적인 방벽을 포함하고 있기 때문에 정확한 길이를 측정하는 것이 쉽지는 않기 때문이다. 2000년대 중반까지만 해도 아래의 지도에서 보듯이 만리장성의 길이는 6,352km 정도로 알려졌다. 하지만 중국 국가문물국의 발표를 보면 2009년에는 총 길이가 8,851km라고 했다가, 2012년에는 그보다 2배 이상 긴 2만 1,196km라고 발표했다. 그림에서 보듯이 중국은 장성의 시점과 종점을 꾸준히 확장하여 왔으며,

현재는 서쪽으로 신장지구에서부터 동쪽으로는 헤이룽 성까지를 모두 만리장성에 포함시켰다. 이를 두고 일부 학계에서는 중국이 동북공정(東北工程)의 일환으로 고구려와 발해가 쌓은 성까지 모두 포함시켜 역사를 왜곡했다고 보고 있다.

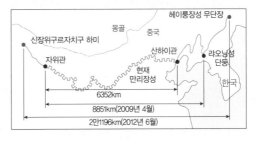

고대에서 근대 사회를 거쳐 현대로 넘어오면서 모든 기술 분야는 비약적인 발전을 이루었다. 특히 건설기술의 발전은 현대의 가장 대표적인 건설 재료인 콘크리트와 강재의 발명 내지 대량생산으로 큰 전기를 맞게 된다. 현재 가장 많이 사용되고 있는 콘크리트는 시멘트, 자갈과 같은 굵은 골재, 모래와 같은 잔골재를 물과 함께 일정한 비율로 혼합하여 만들고 경화시킨 것이다. 현재의 시멘트와 유사한 원시적인 형태의 결합재는 아주 오래전부터 사용되어 왔다. 기원전 그리스나 이집트 등지에서는 구조물을 건설할 때 석회나 석고 모르타르를 석재를 결합하기 위해 사용했으며, 로마에서는 화산재를 잘게 분쇄하여 석회나 모래와 혼합함으로써 강도를 더 크게 한 포졸란을 사용했다. 근대 사회에 들어서도 큰 발전이 없던 시멘트 재료는 18세기에 들어서면서 많은 연구와 개발이 진행되면서 급격한 발전이 이루어진다. 1700년대 중반에는 영국의 토목기술자 존 스미턴John Smeaton이 등대 공사를 위해 수중에서 공사하기에 적합한 점토를 함유한 수경석회를 개발했으며, 1824년에는 영국 사람인 조세프 애습딘Joseph Aspdin이 현재 가장 많이 사용되는 보통 시멘트인 포틀랜드시멘트를 개발하면서 큰 전기를 맞게 된다. 시멘트를 골재, 물과 혼합하여 페이스트 상태로 틀에 부어서 경화시키는 콘크리트는 단가가 낮고 성형이 쉬우며 높은 강도를 가지고 있는 장점도 있지만, 인장력에 대한 저항이 매우 약하다는 단점도 가지고 있다. 콘크리트는 누르는 힘, 즉 압축력이 100을 저항한다고 하면 잡아당기는 힘, 즉 인장력은 10 정도만 받아도 파괴에 이르게 된다. 이러한 단점을 보완하기 위해 콘크리트 속에 철근을 배치하여 철근이 인장력을 부담하게 하는 철근콘크리트가 1800년대 중반에 개발되면서 그 활용 범위가 대폭 넓어졌고 그 이후 본격적으로 구조물의 주요 재료로 사용되기에 이르렀다.

콘크리트와 함께 또 하나의 중요한 건설재료인 철iron은 자연재

눈이 번쩍 뜨이는 **토목 이야기**

토목? 건축?

토목공학을 영어로는 **Civil Engineering**이라고 한다. 직역을 하자면 민간공학쯤이 될 터이다. 원래 고대의 기술자는 평시에는 집이나 성을 쌓거나 다리나 수로를 가설하는 일이 주된 일이었으며, 전시에는 전쟁을 위한 무기나 수송수단을 만들었다. 점점 기술과 학문이 발전하여 전문 분야가 나누어지면서 18세기에 들어서 이 두 기술을 구분하여 부르게 되었다. 전쟁을 치르는 데 주로 필요한 기술들을 군사공학military engineering이라 명하고, 평상시에 주거나 기간시설들을 건설하는 데 필요한 기술들을 민간공학civil engineering이라고 부르기 시작하였다.

고대에는 토목과 건축이 별개의 개념이 아니었으나 현대에 와서, 일본의 영향을 받아 학문과 산업의 분류 체계에서 분리되었다. 건축관련 학문도 건축학과 건축공학으로 구분되었는데, 건축학architecture은 건축물을 미적인 관점에서 디자인하는 학문, 건축공학architectural engineering은 이를 기술적으로 구현하기 위한 공학을 일컫는다. 한편, 토목공학은 건물을 제외한 모든 기간시설물, 즉 도로, 철도, 발전소, 교량, 댐, 공항, 항만, 상하수도 및 플랜트 등을 다루는 학문으로 구별되었다. 물론 건축물의 지반과 기초에 관련된 문제도 토목공학에서 다루고 있다. 사실 이러한 구분은 전 세계적으로 일본과 우리나라에서만 행해지고 있다. 미국과 유럽의 국가들에서는 건축물의 미적인 디자인을 제외한 공학적인 계산이나 설계 및 건설도 대부분 토목공학에서 다루고 있다. 토목을 한자로는 土木이라고 하는데 고대의 주된 건설재료가 흙과 나무였기 때문이라는 설이 있

으며, 기원전 179~122년경 중국 회남국의 왕 유안의 시대에 지어진 회남자의 내용 중 축토구목築土構木에서 유래되었다는 의견도 있다.

공사 중인 샌프란시스코의 베이 브리지 (출처: 크리에이티브 커먼즈)

호주 시드니의 오페라 하우스 (출처: 크리에이티브 커먼즈)

료로서 고대에서부터 사용되어 왔으며, 16세기 초에 철의 제련기술이 발달하면서부터 주철이 건설재료로 사용되기 시작했다. 그러나 19세기 이전까지는 재료가 고가이며 대량생산기술이 발달되지 않아서 대형의 기반시설물에는 제한적으로 사용할 수밖에 없었다. 현재 구조용으로 사용되는 강철steel은 철광석에서 생산된 선철이나 고철 등을 정련하여 주성분인 철에 탄소가 0.02~2.0% 함유되어 있으며, 기타 규소, 망간, 인이나 황 등이 소량 포함되어 있는 것을 말한다. 이것은 강도가 크지만 큰 하중을 받았을 때 바로 깨어지지 않고 상당한 양의 변형이 발생한 후 파괴에 이르는 좋은 성질을 가지고

눈이 번쩍 뜨이는 **토목 이야기**

철근콘크리트의 발명

인장에 약한 콘크리트 내부에 인장에 강한 철근을 매입하여 구조물의 강도를 확보하는 아이디어는 최초로 1860년대 프랑스의 정원사 조제프 모니에에 의하여 특허 출원되었다. 그 당시에는 화분을 단순히 진흙을 굳혀 만들었기 때문에 쉽게 깨어지는 문제점을 가지고 있었다. 모니에는 화분을 어떻게 개량할지 고민을 거듭하던 끝에 콘크리트로 화분을 만들면서 인장에 약한 콘크리트 내부에 철망을 매입하여 강도를 높이는 방법을 고안했고 이를 특허 출원하여 큰 성공을 거두게 된다. 이후에 현대적인 형태의 철근이 개발되면서 본격적으로 대형 구조물에 폭넓게 적용되기 시작하였으며, 현대의 초대형 구조물들을 건설할 수 있게 한 중요한 발명이 되었다.

문명의 발달과 함께한 토목기술

콜브룩데일 교
(출처: 크리에이티브 커먼즈)

있다. 이러한 구조용 강재를 대량생산하여 재료비를 크게 낮춤으로써 대형 토목구조물에 보다 적극적으로 사용하기 시작한 것은 1856년 영국의 헨리 베세머Henry Bessemer가 그의 이름을 딴 베세머 공정을 발명하면서부터이다.

　　최초로 주철을 본격적인 주 건설재료로 사용한 것은 1779년 영국 세번Severn강에 건설된 아치교인 콜브룩데일Coalbrookdale교이다. 1851년 런던에 세워진 수정궁Crystal Palace은 철골구조의 장점을 효율적으로 활용한 기념비적인 구조물이다. 이 건물은 제1회 세계박람

눈이 번쩍 뜨이는 **토목 이야기**

철(鐵, *iron*)과 강(鋼, *steel*)

화학적으로 순수한 철Fe을 영어로 **iron**이라고 부른다. 그러나 건설이나 기타 기계 재료를 이야기할 때 철은 주로 '주철'을 일컫는다. 주철은 철광석을 용광로에서 녹여 고형화한 선철을 1차 가공하여 만드는 것으로서 탄소 함량이 일정량(약 2%) 이상이다. 주철은 연성이 낮아서 강하지만 잘 깨어지는 성질을 가지고 있으며 고로에 녹인 후 틀에 넣어서 주물로 모양을 만드는 무쇠솥이나 농기구 등에 사용된다. 이에 반하여 강steel은 탄소함량이 일정량 이하로 연성이 높아서 파괴되기 전에 많은 변형을 일으킬 수 있다. 캔의 재료로 쓰이고 있는 것이 강이니까 위의 무쇠와 비교해 보면 어떤 성질인지 알 수 있을 것이다. 대부분의 건설용 구조재료로 쓰이는 것은 강이며, 선철이나 강재 고철에서 탄소를 제거하는 공정을 통하여 제조한다.

회 전시장으로 건설되었다. 설계자인 팩스턴J. Paxton은 유리와 각종
부재들을 규격화하여 생산하고 이 부재들을 현장에서 단순 조립하
여 건설하는 공법을 도입했다. 길이 564m, 넓이 124m에 4,500톤
의 철과 30여만 장의 유리가 사용되어 당시로서는 초대형 구조물임
에도 불구하고 초단기 공사기간 소요와 공사비 대폭 감축으로 성공
적인 건설을 보여 주었다. 그뿐 아니라, 박람회 이후에는 이를 해체
한 후 런던 남쪽 교외로 이전하여 대부분의 재료를 다시 사용하면
서 더 큰 규모의 복합문화공간으로 개축했다.

　　대량의 철재를 사용한 대표적인 구조물 사례는 아마도 '에펠탑'
일 것이다. 1887년 건설을 시작하여 1889년 프랑스혁명 100주년을
기념하기 위해 만국박람회에 맞추어 준공된 에펠탑은 높이가 324m
로서 그 당시 세계에서 가장 높은 구조물이었으며, 7,300톤의 연
철과 50여만 개의 리벳이 사용되었다. 에펠탑의 설계와 건설을 책
임진 알렉산더 구스타프 에펠은 교량을 건설하던 토목기술자였다.
1856년에 철도회사에서 처음 주철로 만든 다리의 설계를 시작한 에
펠은 각종 교량 공사를 수행하면서 능력있는 기술자로 인정을 받게

에펠탑 현재의 모습과 건설과정
(출처: 크리에이티브 커먼즈)

되었고, 나이 34세이던 1866년 회사를 설립해 사장이 되었다. 이후 프랑스 트뤼에르강을 건너는 가라비 고가교의 건설 등 다수의 큰 프로젝트를 성공적으로 수행한 후, 역사적인 에펠탑 건설을 진두지휘하게 되었다. 에펠탑은 주철이나 연철을 대형 토목구조물에 사용한 마지막 사례가 되었다. 에펠탑 이후의 토목구조물에는 주로 구조용 강재를 사용하였다.

구조용 강재의 대량생산으로 유럽과 미국에서는 경쟁적으로 고층빌딩과 장대교량의 건설이 붐을 이루게 되며 기념비적인 구조물

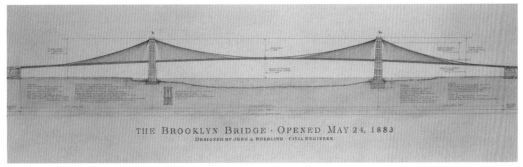

1810년 포트폴리오(The Port Folio) 잡지에 실렸던 핀리의 현수교에 대한 묘사도 (출처: 위키피디아)

들이 세워지게 된다. 당시에 세워진 대표적인 철골구조를 가지는 고층빌딩으로는 1931년의 엠파이어스테이트빌딩, 1970년의 세계무역회관 건물, 1973년의 시카고의 시어스 타워Sears Tower 등이 있으며, 교량구조물로는 1890년에 건설된 두 개의 521m 주경간을 가진 게르버gerber 형식의 강재교량인 퍼스 오브 포스 브리지, 1932년에 건설된 시드니 항구의 아치교가 특기할 만하다. 미국에서는 1796년에 제임스 핀리James Finley에 의해 주철로 된 쇠사슬을 사용한 현수교가 건설된 이후 1931년 지간 1066m인 조지 워싱턴 브리지를 거쳐 1937년 골든게이트교가 건설되었다. 골든게이트교의 설계와 건설의 총책임자인 조셉 B. 스트라우스Joseph B. Strauss는 1921년에 최초로 캔틸레버와 현수교의 복합구조를 제안했으며, 1933년 초 실제 공사에 착수할 때는 지금과 같은 형태의 현수교로 설계했다. 이 교량은 주 경간장이 1280m로서 그 당시 가장 긴 경간장을 자랑했으며, 조류가 거세고 지형이 험한 곳에 가설하는 생사를 걸어야 할 도전적인 프로젝트였다. 실제 공사 도중에 기초공사의 어려움으로 공법을 변경하였고, 크고 작은 사고가 발생했으며, 공사현장에서 노동자들

후버댐의 건설 과정

a 댐 건설 전의 모습
b 콘크리트 타설 도중
c 완공에 가까워 진 모습
d 댐의 하류에서 바라본 공사 광경
e 완공에 임박한 댐의 상류면
f 완공된 댐의 모습

이 목숨을 잃기도 했다. 공사를 착공한 지 4년이 지난 1937년 5월에 준공한 골든게이트교는 지금까지도 기술적, 예술적으로 그 가치를 높게 평가받고 있으며 수많은 관광객이 방문하는 랜드마크가 되었다.

미국에서는 건설 역사에 남을 기념비적인 구조물이 하나 더 세워지고 있었는데, 그것은 바로 콜로라도강에 건설된 후버댐이다. 콜로라도강의 하류 유역에는 봄과 초여름 로키 산맥의 눈이 녹아 유량이 많아짐으로 인하여 저지대는 침수피해를 입는 반면, 늦여름부터 가을까지의 갈수기에는 물이 부족한 현상이 반복되었다. 서부 개척 시대 이후 지속적으로 유입된 인구와 그에 따라 발생하는 생활 및 산업용수, 전력의 필요성도 커져만 갔다. 이에 정부는 콜로라도강에 대규모 댐을 건설하기로 계획하고 1931년 착공하여 4년 만인 1935년에 댐을 준공했다. 당시로서는 세계 최대 규모의 토목시설물이자 콘크리트 구조물로서 높이 221m, 길이 411m의 중력식 아치 댐이며, 두께는 제일 두꺼운 곳이 200m에 달한다. 저수량은 352억m³이며 총 발전설비용량 2,080MW의 터빈을 장착하고 연간 42억kWh의 전력을 생산해 낸다. 비교를 위해 우리나라 소양강댐의 제원을 살펴보면, 저수량은 29억m³, 발전설비의 용량은 200MW, 연간 발전량은 3억 5천3백만kWh이니 후버댐이 우리나라 소양강댐의 10배가 넘는 대규모 댐인 것이다. 현재는 발전설비 용량 14,000MW인 이타이푸Itaipu댐이나 22,500MW의 중국의 싼샤三峽댐 등 후버 댐보다 훨씬 큰 댐들이 도처에 건설되었지만, 그 당시로서는 토목기술의 한 획을 긋는 의미심장한 공사였다.

1869년에 개통한 수에즈운하는 지중해와 홍해를 잇는다. 지중해와 홍해를 잇고자 하는 계획은 고대 이집트에서부터 수차례에 걸쳐 시도되었다가 중단되는 일을 반복해 왔는데, 1859년 프랑스 외교관이었던 페르디낭 드 레셉스가 강하게 추진하여 드디어 최종 완공하였다. 이 운하의 길이는 192km이며 양 단의 해수면 차가 거의 없고 평탄한 지형에 위치하여 갑문 없이 항해할 수 있다. 이 운하로 말미암아 유럽에서 인도양으로 가는 뱃길을 6,000km 이상 단축시켰다. 수에즈운하의 건설에 비해 파나마운하는 훨씬 더 어려운 조건에서 진행되었다. 최초로 파나마운하를 계획한 것은 1500년대이지만 실제 건설은 1881년 수에즈운하를 건설한 프랑스의 레셉스에 의하여 추진되었다. 수에즈운하의 성공적인 건설에 고무된 레셉스

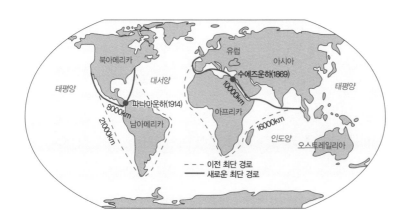

파나마운하와 수에즈운하로
인한 항로의 단축

는 7년 만에 완공하겠다고 장담하고 착수했는데, 수에즈운하의 건설에서는 경험하지 못하였던 말라리아나 황열과 같은 풍토병, 복잡한 지형과 지반의 붕괴 등 많은 난관에 부딪히면서 약 2만여 명의 노동자를 희생시키고 결국 파산하고 말았다. 이후 미국이 운하 굴착권을 사들이고 다시 공사를 재개하여 결국 1914년 완성하였다. 이 77km 길이의 운하를 이용하게 되면 미국의 동부에서 서부로 항해하는 거리가 13,000km나 단축되어 그야말로 태평양과 대서양을 오가는 해상 무역에 일대 변혁을 가져오게 되었다.

이 외에도 일일이 열거할 수 없을 정도로 많은 토목공사들이 우리의 문명과 산업을 발전시키는 데 큰 공헌을 해 왔다. 그 과정에서 이전에 경험하지 못했던 프로젝트에 도전하기 위해 험난한 자연환경과 싸우거나 새로운 기술을 개발하고 적용하기도 했으며, 예상하지 못했던 난관에 부딪히며 때론 좌절하기도 했지만 이를 극복해 나가면서 토목기술의 발전과 나아가 인류 문명의 발전에 기여해 왔다. 어떤 프로젝트들은(예를 들면 에펠탑이나 우리나라의 경부고속도로 같은) 최초 계획 단계에는 많은 반대에 부딪혔으나 이에 굴하지 않고 추진하여 후대의 많은 사람들이 그 혜택을 누리고 있는 것들도 있으나, 또 어떤 프로젝트들은(예를 들면 모라토리움을 선언한 두바이 개발이나 계획 시 수요를 과대평가한 우리나라의 일부 민자사업 등) 무리한 계획으로 후대에 큰 짐을 지운 경우도 적지 않았다. 이제 우리는 과거의 역사를 돌이켜 보며 이러한 실패를 최소화함과 동시에 우리 토목기술자들이 세계 인류 문명의 발전에 얼마나 중요한 역할을 하고 있는지 되새기며 자부심과 사명감을 가지길 바란다.

〈국제시장〉이라는 영화를 보면 영화배우 '황정민'이 독일 탄광에서 일하는 장면이 나온다. 1963~1980년 우리의 아버지, 할아버지 세대가 겪었던 일로, 당시의 우리나라 실업문제와 외화 획득을 위해 한국정부와 독일의 협정을 통해 파견된 7,900여 명의 광부에 대한 이야기다. 영화의 광부 이야기가 토목공학개론, 한국건설과 무슨 상관이 있을까? 바로 비슷한 시기에 한국의 건설기업이 해외로 진출했기 때문이다. 1965년 현대건설의 태국 파타니-나라티왓 고속도로 공사를 시작으로 한국건설은 세계로 힘찬 도전을 시작했으며 지금도 세계 곳곳에서 근면·성실함과 기술력으로 인정받으며 길이 없는 곳에는 길을 만들고, 사막에는 거대한 물길을 내고, 곳곳에 마천루를 높이고 있다.

'대한민국' 하면 떠오르는 수식어가 무엇인가? IT, 스포츠 등 다양한 수식어가 떠오를 것이다. 이제는 잠시 생각했던 수식어를 잊고 과거 대한민국 경제의 희망이었으며, 지금은 국가의 위상을 드높이며 끊임없이 세계로 뻗어 가는 한국건설에 대해 알아보자.

한국건설은 몇 등인가?

약 650억 달러. 한화로 약 70조 원.

부르즈 칼리파 시공모습 (출처: 크리에이티브 커먼즈)

태국 파타니~나라티왓 고속도로 (출처: 현대건설)

이 숫자가 무엇을 의미하는지 생각해 보자. 이 숫자는 바로 2010년부터 2013년까지 한해 평균 해외건설 수주액이며 한국건설이 세계로 진출하여 달성한 금액으로 대한민국의 1년 예산(2014년 기준)인 약 350조 원의 1/5에 해당하는 큰 액수이다. 아직까지 70조 원이라는 금액이 쉽게 마음에 와 닿지는 않을 것이다. 쉽게 설명하면 만 오천 원짜리 치킨 약 46억 마리, 전 국민이 3달 동안 매일 치킨을 한 마리씩 먹을 수 있는 금액이며, 약 1백만 원의 최신형 휴대폰 7천만 대의 가치를 갖는다. 또한 70조 원을 5만 원권 지폐로 한 줄로 쌓아 올렸을 때 약 154km로써 서울과 대전을 직선으로 이을 수 있는 큰 금액이다.

이제 세계로 눈을 돌려 보자. 그렇다면 한국건설은 세계에서 몇 등일까?

해외건설 총괄 계약현황
(출처: 해외건설협회)

미국의 건설·엔지니어링 분야 전문지인 ENR(Engineering News - Record, http://enr.construction.com)에서 통계데이터 확보가 가능한 21개국에 대하여 국가별 건설산업 글로벌 경쟁력을 종합 평가한 결과, 한국건설은 2011년 9위, 2012년과 2013년에는 7위로 나타났다. 또한 한국건설은 2012년도 세계 건설시장의 8.1% 점유율을 기록하여 세계 6위를, 중동지역에서는 건설시장 점유율 29.2%를 기록하며 1위를 차지했다. 이제 여러분은 한국건설에 대한 자부심을 갖고, '대한민국'의 수식어에 '건설강국'을 포함할 수 있을 것이다.

리비히의 법칙Liebig's Low이라는 말을 들어본 적이 있나? 리비히의 법칙은 독일 생물학자인 리비히의 이름을 딴 것으로 식물 성장에 필요한 모든 원소가 풍부하게 있더라도 부족한 원소가 있다면 그 원소 때문에 성장하지 못한다는 내용이다. 즉, 식물의 성장은 최대가 아닌 최소가 좌우한다는 뜻이다. 한국건설이 세계 속에서 이러한 결과를 달성한 것도 리비히의 법칙과 같다. 한국건설은 1965년 태국을 시작으로 지난 50여 년간의 해외 건설시장 진출을 통해 부족한 원소를 꾸준히 보충해 왔으며 지금은 성장에 필요한 원소를

구분	2013년			2012년			2011년	
순위	국가명	점수		국가명	점수		국가명	점수
1	미국	100.0		미국	100.0		미국	100.0
2	중국	77.2		중국	88.0		중국	91.4
3	독일	73.5		독일	78.0		이탈리아	81.1
4	프랑스	68.1		이탈리아	76.5		영국	79.1
5	스페인	67.9		오스트리아	75.4		독일	79.0
6	영국	67.9		스페인	74.7		프랑스	77.9
7	한국	67.8		한국	73.8		네덜란드	76.2
8	이탈리아	67.0		프랑스	73.6		호주	74.8
9	일본	65.4		영국	72.9		한국	73.7
10	오스트리아	64.6		일본	71.6		벨기에	73.5

건설산업 글로벌 경쟁력 종합 평가 결과
(출처: 2014년 1월 14일, 국토교통부 보도자료)

문명의 발달과 함께한 토목기술

충분히 확보하고 있다. 세계 건설시장에서 불가능을 가능하게 만든 한국건설은 기술력, 가격 경쟁력, 신뢰를 바탕으로 지금도 계속해서 성장하고 있으며 앞으로도 더욱 성장할 것이다.

세계지도로 보는 한국건설

과거부터 지금까지 한국건설은 세계 방방 곳곳을 누비며 때로는 배우고 느끼며, 때로는 전파하고 가르치며 소통의 세계여행을 하고 있다. 국토의 면적으로 따져보면 대한민국의 면적은 99,720km²로 세계 109위이며, 미국의 1/44배, 중국의 1/43배, 러시아의 1/77배로 매우 작은 나라 가운데 하나이다. 하지만 이렇게 작은 나라의 건설기술은 세계 속에서 빛을 발하고 있으며, 당당히 건설 경쟁력 7위, 건설시장 점유율 6위라는 기염을 토하며 전 세계에 영향력을 미치고 있다. 그럼 지금부터 한국건설이 얼마나 많은 나라를 여행하고 있는지 조금 더 자세하게 알아보도록 하자.

한국건설은 얼마나 많은 나라에 진출하고 있을까? 한국건설의 2만 7천여 명의 인력은 전 세계 200여 개국 가운데 143개국(2013년 기준)의 다른 문화, 다른 언어와 부딪히며 지금도 세계여행을 하고

지역별 건설인력진출 현황
(2013.11기준, 출처: 국토교통부 웹사이트, 정책마당)

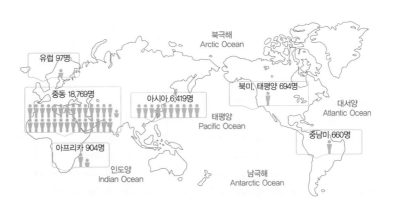

63

있는 중이다. 중동지역부터 살펴보면 중동의 20개국에 진출하여 원자력발전소, 신도시, 해상교량 등 총 473개의 건설공사가 진행되고 있고 아시아지역은 29개국으로 진출하여 화력발전소, 신국제공항 등 총 1천 56개의 공사가 진행되고 있다. 또한 지금까지 한국건설은 중동·아시아의 개발도상국에 편중되어 진출하였으나 최근에는 유럽, 아프리카, 북미 및 중남미 지역 등 시야를 넓히고 있다. 유럽의 13개국에 발전사업, 교량 건설 등 44개 공사, 아프리카지역 20개국에 발전소, 리조트 등 114개 공사, 북미·태평양 지역의 광산개발, 제철소 등 28개국 139개의 건설공사가 진행되고 있다.

한국건설은 계속해서 세계로 뻗어나가고 있으며, 세계 5위의 건설강국으로 도약을 앞두고 있다. 그리고 이제는 한국건설의 기술력과 세계 시장에서의 신뢰를 기반으로 개발도상국뿐만 아니라 북미, 유럽, 호주 등의 선진국으로 진출하고 있다. 잠시 눈을 감고 다가오는 글로벌 미래의 주인공이 되는 상상을 해 보자. 새로운 것을 배우고 감동을 느끼며, 때로는 나누고 가르쳐주는 소통이 있는 세계여행을 원한다면 한국건설은 여러분에게 뜻깊은 기회를 제공할 것이다.

세계 속의 한국건설 사례

한국건설은 지난 50여 년 동안 세계로 뻗어나가 다양한 기록들을 수립하며 대한민국의 위상을 드높였다. '세계 1등', '세계 최초' 등의 수식어가 붙은 한국건설의 산 역사를 이제부터 하나씩 살펴보자.

| 세계 최고층! '부르즈 칼리파' | 높이 828m, 163층의 현존하는 세계

초고층 인공구조물인
부르즈 칼리파

최고층 인공구조물인 '부르즈 칼리파'이다. 2007년 7월 21일 141층까지 시공되었을 때, 당시 세계 최고층 빌딩인 '타이베이 101'을 제치고 세계 최고층 타이틀을 거머쥐었다. '세계 최고층'이라는 타이틀 말고도 '최고 높이의 철근콘크리트 구조', '최다 층 보유 빌딩' 등 다양한 타이틀을 가지고 있으며, 시공 당시 3일에 1층씩 올라가는 층당 3일 공사 기법으로 세계의 주목을 받았다. '부르즈 칼리파'의 면적은 코엑스 몰의 4배, 여의도 공원의 2.5배이고, 남산(262m)보다 세 배 이상의 높이로 95km 떨어진 곳에서도 육안으로 타워 첨탑이 보인다.

| 세계 최대 규모! '사우디아라비아 라스알카이르 해수담수화 플랜트' | 해수담수화란 바닷물을 음용수 및 생활용수, 공업용수 등으로 사용할 수 있도록 만드는 수처리 과정을 말하며, 이때 사용되는 설비를 해수담수화 플랜트라고 한다. '사우디아라비아 라스알카이르 해수담수화 플랜트'는 하루 담수 생산량이 약 100만 톤에 달하며, 이는 부산 시민 350만 명이 동시에 300리터씩 사용할 수 있는 양으로 세계 최대 규모의 해수담수화 플랜트이다. 또한 사용된 담수증발기는 운반 제품 가운데 가장 무거운 것으로 기네스북에 등재되었다. 한국건설은 사우디 쇼아이바 담수플랜트 이후 5번이나 세계 최대 기록

해수담수화 플랜트 (출처: 두산중공업)

담수증발기 (출처: 두산중공업)

**쿠웨이트 자베르 코즈웨이
해상교량** (출처: 현대건설)
a 조감도
b 메인사진
c 시공장면

을 갈아 치우며 최고의 자리를 고수하고 있다.

| 세상에서 가장 긴 바닷길! '쿠웨이트 자베르 코즈웨이 해상교량' | 자동
차로 바다를 건널 수는 없을까? 사람들은 언제나 새로운 것, 더 빠
른 길, 더 효과적인 방법을 생각하며 발전해 왔다. 그 결과 이제는
자동차로도 바다를 건널 수 있게 되었다. 바로 해상교량이라는 바
닷길을 이용하는 것이다.

'쿠웨이트 자베르 코즈웨이 해상교량'은 GCC지역(걸프만 연안 6
개 아랍국가) 최대 규모의 토목공사로 2018년 준공 후 기존 세계 최
장 해상교량인 36.48km의 '칭다오 자오저우만 대교'를 제치고 세계
최장 해상교량의 타이틀을 거머쥐게 된다. 총 길이 37.5km로 쿠웨

리비아 대수로공사 현장
(출처: 위키미디아)

이트만에 비대칭 사장교를 건설하고, 해상교량 중간에 2개의 인공 섬을 조성하여 교량 유지관리 및 해상관광에 활용할 계획이다.

| 사막을 가로지르는 물줄기! 리비아 대수로 공사 | 세계 8대 불가사의, 20세기 인류가 벌인 최대의 토목공사로 기억되는 세계 최대의 자연개조 사업, 바로 '리비아 대수로 공사'이다. '리비아 대수로 공사'는 리비아 남부 사하라사막 일부에서 나오는 지하수를 물이 부족한 지중해 해안 도시들에 공급하기 위하여 지름 4m, 길이 7.5m의 콘크리트 원형관을 연결하여 총 길이 5,524km의 거대한 송수관을 사막을 가로질러 지하에 매설하는 공사로 1983년부터 총 5단계로 진행되고 있다. 한국건설은 '리비아 대수로 공사' 가운데 1단계 1,874km, 2단계 1,730km를 성공적으로 완료하였으며 3, 4단계 공사도 수주한 상태이다.

문명의 발달과
함께한 토목기술

01 세계적으로 기술 발전에 큰 획을 그은 콘크리트 구조물과 강구조물을 각각 선정하여 그 기술적, 경제적 또는 사회·문화적인 우수성에 대하여 상세히 기술하시오.

02 교재에 기술된 역사적인 토목시설물들 중 하나를 택하여 보다 상세히 역사적인 배경과 기술적인 중요성 그리고 사회·문화적 가치에 대하여 기술하시오.

03 우리나라의 도로망과 철도망에 관하여 현황과 향후 계획을 조사하고 시대별로 km당 건설비의 변화를 분석하시오. 아울러 남북 도로 및 철도 연계 계획에 대하여도 조사해 보시오.

04 근대화 과정에서 우리나라 산업의 변천과 그 속에서 토목산업이 해외 및 국내에서 어떤 역할을 하였는지, 통계자료 등을 조사하여 경제적인 관점에서 논하시오.

05 한국은 아프리카 및 중동 · 아시아의 개발도상국에 발전소 등을 포함한 다양한 기반시설 건설에 참여하고 있다. 한국이 참여하여 준공한 기반시설을 조사하고 지역사회 및 해당 국가 발전에 미친 영향을 설명하시오.

06 최근 세계는 4차 산업혁명의 도래에 따라 다양한 형태의 기술적 발전이 이루어지고 있다. 세계 최고층, 세계 최대 규모, 세계 최장 등 다양한 수식을 보유하고 있는 한국 건설이 4차 산업혁명 시대에서 새롭게 보유한 기술과 사례를 조사하시오.

3장

자연재해와
환경

재해, 자연이 보낸 경고

자연재해로 인한 생명과 재산의 피해가 점차 증가하고 있다. 이로 인하여 정부의 예산 또한 많이 소요되는데 이는 국민이 납부한 세금으로 충당된다. 자연재해를 잘 이해하면 재해로 인한 인적, 물적 피해를 사전에 방지할 수 있을 것이다. 인간의 양면성을 표현한 뮤지컬 〈지킬 앤 하이드〉를 보게 되면 하나의 인격에서 선을 상징하는 지킬과 악을 상징하는 하이드라는 두 인물이 나온다. 자연도 우리에게 신선한 공기와 맑은 물, 우리가 살 수 있는 땅과 현대 사회에 없어서는 안 될 원유 등을 제공해줌으로써 선한 지킬 박사와 같은 모습을 보일 때도 있지만 태풍, 호우, 가뭄, 폭설, 황사 등의 피해를 주면서 하이드와 같은 모습으로 보여 질 때가 있다. 그래서 우리는 자연이 주는 선물을 소중히 생각하고 유지해야 하는 동시에 자연이 주는 경고를 정확히 파악하여 준비하는 자세 또한 필요하다.

봄 : 황사

추운 겨울이 지나고 따스한 봄이 오기 전에 초대하지 않는 손님이 매년 찾아오고 있다. 바로 황사이다. 황사는 바람에 의해 퇴적된 모래와 진흙이 섞여 만들어진 건조지대와 반건조지대에서 발생하는

자연재해와 환경

데, 강한 바람이 일면서 모래 또는 먼지 입자가 공중으로 올라가고, 올라간 입자 가운데 크고 무거운 것은 더 이상 상승하지 못하고 부근에 떨어진다. 그러나 작고 가벼운 입자는 대기 상층까지 올라가 떠다니다가 상층기류를 타고 멀리까지 이동하고 우리나라를 포함한 아시아 전역에 영향을 미치게 된다.

황사 현상은 특히 3~5월인 봄에 집중적으로 발생하는데, 이는 황사의 발원지인 유라시아 대륙의 중심부가 매우 건조하고, 강수량이 적은데다, 겨우내 얼었던 메마른 토양이 녹으면서 부서지기 쉬운 모래 먼지가 많이 생기기 때문이다. 이러한 모래 먼지는 모래폭풍이나 강한 바람에 쉽게 날려 공중을 떠돌다가 멀리까지 이동해 낙하하는 것이다.

현대에 들어와서 황사가 더욱 무서워진 이유는 중국에서 발생한 유해물질을 운반하는 역할도 하기 때문이다. 따라서 황사가 발생할 때에는 평소보다 세균량이 3배, 중금속이 2~10배 정도 많아 알레르기성 비염, 알레르기성 천식, 알레르기성 피부염, 알레르기성 결막염, 안구 건조증 등 각종 질병을 유발한다.

미세먼지

미세먼지 문제가 주요 대기오염 문제로 떠오르면서 미세먼지를 막기 위해 마스크를 쓴 사람들의 모습을 거리에서 쉽게 볼 수 있다. 미세먼지PM, Particulate Matter는 대기 중에 떠다니는 입자상 물질인 먼지 중에서도 입자 크기가 매우 작은 먼지로 크기에 따라 입자 지름이 10㎛ 이하인 미세먼지(PM10)와 2.5㎛ 이하인 초미세먼지(PM2.5)로 구분한다.

미세먼지의 성분은 발생조건에 따라 다양하며 주로 황산염, 질산염 등의 대기오염물질 반응물, 화석연료로 인해 발생하는 탄소류와 검댕, 자연적으로 발생하는 광물 등으로 구성된다. 이 중 황산염, 질산염 성분의 미세먼지는 각종 연소과정에서 배출된 기체 형태의 황산화물, 또는 질산화물이 대기 중의 수증기, 암모니아, 오존 등과 반응하여 미세먼지 입자를 형성한 것으로 국내 수도권 전체 초미세먼지 발생량의 약 2/3를 차지하는 주요 성분이다.

일반적인 먼지는 대부분 코털이나 기관지 점막에서 걸러 배출되는 데 비해 미세먼지는 입자가 매우 작아 걸러지지 않고 사람의 호흡기까지 쉽게 침투한다. 호흡기에 스며든 미세먼지는 폐포를 통해 혈관까지 흘러 들어갈 수 있으며 이로 인해 호흡기과 심혈관계 질환, 천식을 유발하는 등 건강에 악영향을 끼칠 수 있다. 세계보

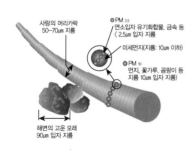

미세먼지 크기 비교

초미세먼지 성분 구성

자연재해와 환경

건기구WHO에서는 미세먼지를 1군 발암물질로 분류하여 미세먼지 농도에 따라 대기질 가이드라인을 제시해 왔으며 우리나라에서도 2014년부터 전국 단위의 미세먼지 예보를 실시하여 국민들에게 정보를 제공하고, 주요 발생원인 산업과 교통 분야에서 규제를 강화하여 배출량을 줄이려 하고 있다.

여름: 가뭄, 홍수, 산사태

가뭄은 일반적으로 평균 이하의 강수량이 지속적으로 보이는 지역에서 나타난다. 기상학적 영향을 많이 받으며 가뭄이 발생하는 지역에서는 생태계와 농업에 실질적인 피해를 준다. 가뭄은 근본적으로 강수량이 평균보다 부족하여 생기는데 강수량 부족은 대기 중에 수증기가 부족하거나, 수증기를 응결시키지 못할 때 생긴다. 수증기의 응결을 유발시키는 찬 공기와의 접촉, 산맥에 부딪히는 대기의 강제 상승, 대류에 의한 강제 상승 등 세 가지 중 하나라도 충분하면 강수가 형성되지만 그렇지 못하면 강수가 형성되지 않는다.

홍수는 전 세계적으로 가장 많이 발생하고 있으며, 우리나라도 최근 10년간 발생한 자연재해의 대부분이 홍수 피해이다. 홍수란 큰 물 또는 강물이 넘쳐흐르는 현상을 말한다. 홍수의 발생 원인으로는 기상학적 요인이 가장 큰데 여름철 북태평양 고기압의 영향에

홍수 피해 (출처: 위키미디어)

따른 장마와 폭우를 동반하는 2~3개 정도의 태풍으로 인한 집중호우에 의해 발생한다. 집중호우란 시공간적 집중성이 매우 큰 비로, 급격한 상승기류에 의해 형성되는 비구름에 의해 매우 짧은 시간에 비교적 좁은 지역에서 집중하거나, 태풍과 장마전선 및 대규모 저기압과 동반하여 2~3일간 계속되는 경우도 있다.

산사태 피해 (출처: 위키미디어)

산사태는 호우, 지진, 화산에 의해 발생하는데 산의 일부를 이루고 있는 암석이나 토사가 붕괴되는 현상을 말한다. 대부분의 경우 호우로 인해 발생하며 지난 2011년 많은 인명 피해를 주었던 서울 서초구 우면산 산사태 역시 집중호우가 내리던 기간에 발생하였다. 산사태는 산지의 급사면을 구성하는 물질이 하부로 급격히 이동하면서 발생된다. 이를 사면 붕괴라고 하는데 쉽게 설명을 하면 경사면을 이루고 있던 건조 상태의 흙이 많은 양의 강우로 인해 액체와 같이 움직여 경사면을 타고 내려오게 되는 것이다.

가을: 태풍

우리나라의 경우 추석 전후로 태풍의 영향을 받아 한해 농사를 망치는 경우가 종종 발생한다. 이러한 태풍은 어디서부터 오는 것일까? 태풍의 발생은 적도부터 시작된다. 해마다 여름이면 적도 부근의 열대지방에는 막대한 열에너지가 축적된다. 지구는 이렇게 한

위성으로 본 태풍과
태풍으로 인한 피해

자연재해와 환경

곳에 모인 에너지를 고위도 지방으로 분산시키려 한다. 태풍은 대기의 시스템에 의해 나타나는 현상의 하나다. 태풍의 발생 원인을 쉽게 이야기하면, 더운 바람 때문에 생긴 상승기류라는 바람 아래 부분을 채우기 위해 공기가 지구의 자전 방향으로 몰려들게 된다. 이때 이 공기들이 상승기류를 타고 다시 바깥쪽으로 나가면서 중심부의 공기가 희박한 부분이 생기는데 바로 여기에서 태풍이 생성된다. 결국에는 열대성 저기압이 태풍이 된다. 열대성 저기압은 발생 해역에 따라서 명칭이 다르다. 태평양 서부에서 발생하여 최대풍속이 32.7m/s 이상인 것을 태풍이라고 하고, 대서양과 북태평양 동부에서 발생한 것은 허리케인Hurricane, 인도양의 것은 사이클론Cyclone, 호주에서 발생하는 것은 윌리윌리Willy-Willy라고 한다.

겨울: 폭설

2014년 동해안에 기록적인 폭설이 내린 것을 뉴스와 인터넷에서 보고 들었을 것이다. 폭설은 짧은 시간에 많은 양의 눈이 오는 기상 현상으로, 자연재해에 속하며 각종 피해를 유발한다. 우리나라에서 발생한 폭설의 피해 현황을 살펴보면, 1990년도에 발생한 강원도 지역의 폭설을 비롯해 2001년 영동 지역, 2004년 중부지역, 2005년 호남지역, 2009년 서해안지역 폭설이 있다. 이와 같이 폭설은 특정 지역에 관계없이 주기적으로 발생하고 있으며, 적설량과 그 피해액 또한 최고 및 최대의 수식어를 갱신하고 있다. 특히 2014년 동해안 지역에 9일 동안 쉴 새 없이 폭설이 내린 가운데 미시령이 120cm 이상의 폭설을 기록하였고 같은 해에 경주 마우나리조트 붕괴 사고가 일어나면서 수많은 대학생들이 목숨을 잃는 사고가 일어나기도 했다.

폭설의 정확한 기준은 없으며, 보통 평소에 눈이 올 때보다 더 많은 눈이 내려 피해가 일어날 때 언급한다. 폭설은 위에서 내려오는 대륙성 고기압의 상층 부분에 있는 찬 공기와 해상의 해수면과의 기온차가 클 때 해수면으로부터 생성되는 수증기를 흡수, 응결시켜 거대한 눈구름대를 형성하고 내륙으로 이동하여 많은 양의 눈을 내리게 하는 것이다.

계절을 타지 않는 자연재해: 지진, 쓰나미

21세기 들어서 지진의 위험성에 더욱 큰 이목이 집중되고 있다. 지진은 지구적인 힘에 의해 땅속의 거대한 암반이 갑자기 갈라지면서 그 충격으로 땅이 흔들리는 현상을 말한다. 즉, 지진은 지구 내부 어딘가에서 급격한 지각변동이 생겨 그 충격으로 생긴 지진파가 지표면까지 전해져 지반을 진동시키는 것이다. 일반적으로 지진은 넓은 지역에서 거의 동시에 느껴진다. 이때 각 지역의 흔들림 정도인 진도를 조사해 보면, 갈라짐이 발생한 땅속 바로 위의 진앙에서 흔들림이 가장 세고 그곳으로부터 멀어지면서 약하게 되어 어느 한계점을 지나면 느끼지 못하게 된다.

지진으로부터 파생되는 대표적인 재해가 바로 쓰나미Tsunami이

지진, 쓰나미 피해
(출처: 위키미디어)

자연재해와 환경

다. 1946년 4월 1일 알래스카 근처의 우니마크 섬에서 진도 7.2의 지진이 발생했다. 당시 이 지진으로 인해 발생한 높이 7.8미터의 해일이 하와이까지 덮쳤다. 이로 인해 165명의 하와이인들이 목숨을 잃었다. 당시 참사를 목격한 한 일본계 하와이인이 이를 '쓰나미'라고 말한 것이 이 단어가 알려진 계기로 전해지고 있다. 쓰나미는 일본어로 '파도'라는 의미가 있다. 쓰나미는 지진발생에 의해 해저가 융기하거나 침강하여 해수면의 변화가 생기면서 큰 물결이 일어나 사방으로 퍼지게 되고, 이것이 해안에 이르러 평소와는 다른 높은 물결로 변하는 현상을 말한다. 또한 2004년 인도네시아 수마트라 섬 부근 인도양에서 지진으로 발생한 인도 쓰나미는 히로시마 원자 폭탄이 폭발하는 것과 비슷한 위력을 보이며 23만 명의 사망자를 발생시켜 전 세계 역사상 가장 강력한 쓰나미로 기록되어 있다.

눈이 번쩍 뜨이는 **토목 이야기**

인공 파도풀로 보는 "쓰나미의 원리"

대형 워터파크에 가본 적이 있는가? 해변에 있는 착각이 들 정도로 계절에 관계없이 실내에서 물놀이를 즐길 수 있는 곳이다. 특히 실제 해변에 파도가 치는 것처럼 보이는 인공 파도풀장은 그중 가장 인기가 많다.

인공 파도풀장에 파도를 일으키는 장치의 원리는 쓰나미 발생의 원리와 흡사하다. 공기를 압축하여 기계실 내로 물을 빨아올리고, 그 후에 다시 공기를 밀어 넣어 물을 방출시키면서 그로 인한 힘의 전달로 물의 파장을 만들어 내는 원리이다. 이것은 실제 해저 화산이 폭발하거나 지진 등으로 인해 물에 전달되는 힘을 인위적으로 만들어 낸 것이다. 빨간 점선으로 표시된 부분이 파장을 일으키는 진원지로서 외력을 전달받은 물이 파장을 일으켜 사방으로 퍼지고 파장이 해변에 가까워질수록 큰 파도가 생성된다.

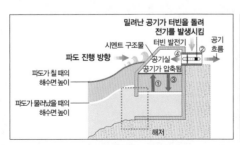

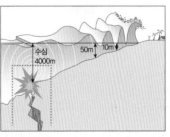

방재, 재해를 막는 과학

방재란?

방재가 무엇일까? 방재는 "재해를 미연에 방지할 목적으로 행해지는 활동"으로 사전에서 정의하고 있는데, 여기서 재해는 상당히 포괄적인 개념을 의미하지만, 여기서는 자연 재해에 대해서만 다루기로 하자. 이렇게 정의를 살펴봐도 방재라는 단어가 우리에게 생소하게 다가올지도 모르겠다. 하지만 방재는 조금만 눈을 돌려 찾아보면 금세 익숙하게 다가오는 것들이 많고, 심지어 고대문명에서부터 우리의 삶 밀접한 곳에서 우리를 보호해 주고 있는 아주 고마운 개념의 녀석이다.

중국의 황하문명을 포함해서 인류 최초의 문명으로 알려진 나일강 주변의 이집트문명, 갠지스강 중심의 인도문명, 티그리스−유프라테스강 유역에서 발달한 메소포타미아문명은 모두 거대한 강을 끼고 발전하기 시작했다. 물은 주 식량원이 되는 농사의 풍·흉작을 좌지우지하기 때문에 이때부터 방재 중에서도 물을 다루어 내는 치수사업에 총력을 기울였으며, 이를 효과적으로 해 내기 위해 수학이나 천문학 등도 함께 발달했다고 한다. 이 중 찬란한 문명을 자랑했던 고대 이집트문명에는 급격한 기후 변화로 인해 나일강의 가뭄이 찾아왔고, 그로 인해 전쟁, 기근과 질병으로 이어지면서 문명이 막을 내리게 되었다는 주장이 있다. 고대문명뿐만 아니라 우리나라에서도 삼국시대부터 물을 다스리기 위해 치수사업에 노력을 기울였고, 그로 인해 현대에 점점 가까워질수록 하천을 중심으로 한 치수사업이 크게 발달하게 되었다. 이처럼 방재는 우리와 떼어 놓을 수 없으며, 계속해서 발전시키고 개발해야 하는 중요한 개념 중 하나이다.

도로 밑 숨겨진 지뢰, 싱크홀

도심 속 지뢰밭, 블랙홀 이라고 불리며 시민들을 불안하게 만드는 '싱크홀'에는 어떻게 대비해야 할까?

우리나라는 최근에 싱크홀이 이슈화되기 시작했다. 그렇기 때문에 아직은 원인규명과 대책방안이 미흡한 것이 사실이다. 그래서 앞서 싱크홀에 대해 심각성을 느끼고 예방하고 대처하는 노력을 해

눈이 번쩍 뜨이는 **토목 이야기**

성경 속 방재이야기, "노아의 방주"

노아의 방주는 우리가 잘 알고 있듯이 성경의 등장인물인 노아가 온 세상을 집어삼키는 폭우를 염두에 두고 만든 거대한 규모의 배이다. 노아의 방주가 버텨낸 날씨는 "물이 백오십 일 동안 땅에 넘쳤더라."라고 표현되어 있는데, 백오십일 동안 식량조차 지원되지 않는 상황 속에서 길이 300규빗(약 135m), 폭 50규빗(약 22.5m), 높이 30규빗(약 13.5m)인 방주 안에 노아의 가족들과 엄청나게 많은 생물들이 살아남았다는 것이다. 이 성경 속 이야기에 등장하는 노아의 방주는 우리가 지향해야 하는 방재의 모습을 잘 보여 주고 있다. 제목처럼 성경 속 노아의 방주이야기를 '방재이야기'라고 별명 지어도 손색없지 않을까? 최악의 재해 속에서도 소중한 생명을 지켜주는 방주를 만든 노아와 같은 마음으로 방재를 생각하고 발전시킨다면, 점점 더 위협적으로 우리에게 다가오는 자연재해 앞에 더 이상 눈물 흘리지 않을 수 있는 날이 오지 않을까 기대해 본다.

노아의방주 (출처: 위키미디어)

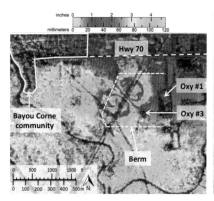

미 항공국에서 예측한 거대
싱크홀과 분석자료

온 해외사례를 살펴보고 접근할 필요가 있다. 미국 플로리다주는 인터넷에 "플로리다 싱크홀"이라고 검색하면 해마다 일어난 싱크홀 관련 사고들이 검색될 정도로 빈번하게 발생한다. 플로리다주는 2010년 건축기준과 시공방법에 대한 등급을 마련하고 동시에 건축물에 보험료를 산정하고, 주택소유자에게도 보험가입을 의무화하는 등의 싱크홀 관련 조례를 시행하였다. 또한 싱크홀 발생을 방지하고 징후를 감지할 수 있는 지침들을 제시하여 싱크홀 방지에 힘쓰고 있다. 뿐만 아니라 인공위성과 항공기 등의 첨단장비를 이용하여 싱크홀을 예측하여 피해를 예방하고 있다.

우리나라는 국토 대부분이 단단한 화강암층과 편마암층으로 이뤄져 있어 땅속에 빈 공간이 생기기 쉽진 않다. 그렇기 때문에 미국 플로리다주의 깊이 56m의 싱크홀, 바다 한 가운데에 있는 벨리즈의 직경 305m이고 깊이 123m인 블루홀과 같은 외국의 싱크홀에 비하면 우리나라의 싱크홀 규모는 매우 작은 편에 속한다. 하지만 우리나라의 싱크홀은 지하매설물 파손이나 굴착공사 등 인위적인 요인에 의해 주로 발생하고 있기 때문에, 우리나라도 확실한 원인규명과 제도적 대책 마련이 필요한 시점이다. 싱크홀의 주원인인 지질정보, 지하수위, 상하수도 등에 대한 지반정보 DB를 구축하고, 정보를 바탕으로 지도를 제작하여 기반공사로 인해 싱크홀의 발생을 미연에 방지하는 대책이 필요하다.

쓰나미를 막는 해안방재숲과 방파제

해안방재숲이란 말 그대로 해안가에 조성된 방재를 위한 인공숲이다. 바다로부터 쓰나미가 몰려와 해안가를 덮치게 되면 처음으로 방파제에 닿게 된다. 그 때 방파제의 높이를 넘어서는 규모의 쓰나미일 경우에는 곧바로 해안도시로 물이 들어차게 되는데, 그 길목에 숲을 조성하는 것이다. 쓰나미는 방재숲을 지나면서 위력이 대폭 감소되고, 때문에 쓰나미로 인한 피해가 굉장히 줄어들게 된다. 실제로 2011년 동일본 대지진 때 쓰나미가 일본 열도를 휩쓸면서 센다이 지역이 초토화되었는데, 그중 센다이공항은 해안가에 조성

싱크홀과 골다공증

싱크홀과 골다공증은 진행 과정이 유사하다. 골다공증은 뼛속이 엉성해지고 골량이 적어지면서 뼈에 구멍이 많아지고 커져 가벼운 외상에도 쉽게 골절이 되는 현상이다. 싱크홀도 비슷한 과정으로 지반에 작은 구멍이 생기고 빗물 침투나 지하수의 소실로 인하여 지반이 약해지고 동공 또한 점점 커지게 된다. 겉에서 보았을 때 싱크홀과 골다공증 모두 판단하기 힘들어 예측이 어렵고 갑자기 지반이 붕괴되거나 골절이 생길 수 있다는 점도 유사하다. 따라서 사전에 이러한 피해를 방지하기 위하여 뼈의 상태를 X-ray를 이용하여 확인하듯 땅속의 동공을 찾기 위한 분석도 필요하다.

싱크홀 진행 과정

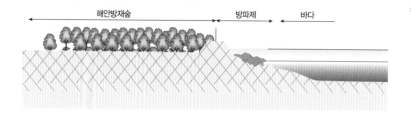

해안방재숲　　　방파제　　바다

된 폭 320m의 나무숲으로 인해 상대적으로 피해가 현저히 적었다.
그 때문에 일본뿐만 아니라 우리나라의 부산 등 해안가에도 방재숲
을 조성하여 쓰나미의 피해를 최소화할 뿐만 아니라, 방풍, 모래날
림 방지, 어류의 증식과 해안지역의 아름다운 경관까지 우리에게
많은 것을 가져다주는 숲을 조성하는 데 노력하고 있다.

　　방파제는 우리가 잘 알고 있는 것처럼 파도를 막기 위해 인공적
으로 만든 콘크리트벽이다. 바다로부터 밀려오는 거친 파도를 막아
내항의 수면을 잔잔하게 만들어 주고, 간척지 조성, 파랑, 해수 침
투 등으로부터 보호하기 위해 만들었으며, 용도마다 다양하게 설계
하여 육지를 보호하는 기능을 한다. 네덜란드의 '스헬더 해일장벽'

네덜란드의 '스헬더 해일장벽'
(출처: 크리에이티브 커먼즈)

은 깊은 수심과 강한 조류로 시공하기에 굉장히 어려운 조건을 갖고 있음에도 불구하고 건설되어, 세계 여덟 번째 불가사의라고 불릴 만큼의 초대형 방파제이다.

'해수면보다 낮은 땅'으로 불리는 불리한 지리적 여건 속에서 자국의 안전을 위해 엄청난 구조물을 만들어 낸 네덜란드인들의 노력과 지혜는 우리나라 토목인들에게도 귀감을 주는 소중한 자산이라 생각된다.

『파우스트』로 유명한 독일의 작가이자 철학자인 괴테는 "모든 것은 물에서 비롯되었고, 모든 것은 물을 통해 살 수 있다."라고 말했다. 괴테의 말처럼 물은 모든 생명의 근원으로서 없어서는 안 될 특별한 존재이다. 세계 4대 문명 발상지를 보아도 이집트문명, 메소포타미아문명, 인더스문명, 황하문명 모두 나일강, 유프라테스강, 인더스강, 황하강과 같은 물이 풍부한 강 주변에서 발생하였다. 이처럼 물은 인간이 생존하기 위한 최소한의 조건이다. 우리의 후손들이 지속적으로 깨끗하고 맑은 물을 사용할 수 있도록 물을 소중히 생각하고 수질오염의 원인을 정확히 파악하며 그에 맞는 적절한 대처를 해야 할 것이다.

우리 곁의 물: 상수와 하수

우리가 매일 마시고 사용하는 깨끗한 수돗물은 첨단 기술이 적용된 여러 정수 과정을 거쳐서 만들어지지만 신선한 재료로 맛있는 음식을 만들 수 있듯이 질이 좋은 물을 원수로 사용해야만 뛰어난 품질의 물을 만날 수 있다. 따라서 상수의 시작은 수질이 좋은 원수(강, 호수, 저수지)로부터 시작된다. 그 후 여러 단계의 정화과정을 거쳐서 물속의 부유물이나 냄새를 없애고 소독도 하여 수중의 병원성 미생물을 제거한다. 이러한 과정을 거쳐 비로소 안전한 물이 만들어진다.

그럼 세계에서 가장 수돗물의 평가가 좋은 나라는 어디일까? 바로 핀란드이다. 그러나 단지 물이 깨끗하여 가장 평가가 좋다고 한 것은 아니다. 각 나라의 수량, 수질, 수돗물의 하수 처리 기준 등을 종합하여 UN에서 '국가별 수질지수 순위'를 정하였다. 우리나라는 캐나다, 뉴질랜드, 영국, 일본, 노르웨이, 러시아에 이어서 8위를 기록하고 있다. 이렇게 우리나라가 '수돗물 수질 세계 8위'라는 성과를 낼 수 있었던 이유는 철저하고 체계적인 수질 관리가 있기 때문일 것이다. 우리나라의 상수도 수질 관리는 일본이나 미국보다도 까다롭다. 특히 대전에 있는 수돗물분석연구센터는 세계 4대 연구분석센터로 꼽히기도 하였다.

세계적으로 상위권에 속해 있는 우리나라의 수돗물은 우리나라 전체 인구의 95.1%가 공급받고 있다(2012년 상수도 통계). 대부분의 국민들이 수돗물을 이용하고 있는 것이다. 그러나 아직 서울특별시와

눈이 번쩍 뜨이는 **토목 이야기**

우리나라 최초의 상수도 시설

언제부터 우리는 수돗물을 사용했을까? 1903년 미국의 기업인 콜브란H. Collbran과 보스트윅H. R. Bostwick은 고종황제로부터 상수도 부설 경영에 관한 특허권을 받게 되고 이 특허권은 1905년 8월 대한수도회사에 양도하게 된다. 특허권을 양도받은 대한수도회사는 1906년 뚝섬에 제1정수장 공사를 착공하면서 1908년에 우리나라 최초로 뚝도정수장 건설을 완료한다. 그 해 9월부터 12,500m³에 이르는 물을 사대문 안과 용산 일대의 주민

들에게 공급하면서 우리나라 최초의 수돗물을 맛볼 수 있게 되었다. 그러나 수도 이용자는 일본인들과 소수의 상류층이었고 대부분의 주민들은 여전히 우물과 하천수를 이용하였다.

뚝도정수장 본관 (출처: 서울시 수도박물관)

완속여과지 내부 (출처: 서울시 수도박물관)

뚝도정수장
(출처: 서울시 수도박물관)

6개의 광역시, 일반 시를 제외한 농어촌 지역은 87.8%로 보급률이 낮은 편이고 관광지로 유명한 제주의 우도를 포함한 도서 지역도 물 부족 문제를 겪고 있어 2009년부터 해저 상수도를 진행 중이다. 해저 상수도는 해저 터널처럼 바다 아래로 상수도를 놓는 사업이다.

상수도가 갖추어졌다면 당연히 하수도 또한 있어야 한다. 하수도는 일반가정집과 산업시설 등에서 발생하는 오수 및 빗물 등의 우수를 처리하는 시설이며 하수관은 시가지 내 도로 밑에 그물 모양으로 깔려 있어 하수를 신속하게 하수처리장까지 이동시킨다. 따

우리 몸의 동맥과 정맥은 상수도와 하수도

우리가 사용하는 물은 여러 단계의 정화 과정을 거쳐 다시 깨끗한 물로 재탄생이 되는데, 이는 우리 몸의 혈액 순환과 흡사하다. 사용하기 전의 물인 '상수'와 사용하고 난 후의 '하수'는 우리 몸의 '동맥'과 '정맥'을 닮았다. 동맥은 상수도를 정맥은 하수도 역할을 하는 것이다. 정맥으로 흐르는 탁한 피는 하수처리장과 같은 역할을 하는 간과 폐에서 정화가 되어 다시 심장으로 보내지고 동맥을 통하여 다시 맑은 피가 흐르게 된다. 이처럼 우리 몸의 혈액순환 같이 수돗물의 순환도 비슷한 역할을 하는 것이다.

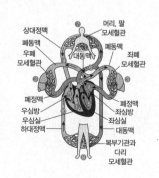

자연재해와 환경

똑도아리수정수센터 전경
(출처: 서울시 수도박물관)

라서 위생적이고 쾌적한 생활을 영위할 수 있게 하여 전염병 예방에도 큰 도움이 된다. 또한 하수관은 폭우가 내릴 시에 우수를 즉시 배출시켜서 침수 방지에도 효과가 있다. 하수처리장에서는 자연이 자체 정화하기 어려운 오염물질을 제거하고 방류함으로써 수질오염을 방지하고 깨끗한 수질을 유지할 수 있게 한다.

눈이 번쩍 뜨이는 **토목 이야기**

국내외 수질오염 사례

이타이이타이병 1910년부터 일본 다야마현 진츠강 유역에 거주하는 주민들이 허리와 관절에 심한 통증을 호소했다. 뼈가 골절되는 경우도 발생했으며 뼈가 위축돼서 키가 20cm가량 줄어든 사람도 있었다. 이 병의 원인은 아연의 제련 과정에서 배출된 카드뮴 때문이었다. 이것이 강으로 흘러들어 평소 이 강을 식수나 농업용수로 사용하던 주민들에게 영향을 미친 것이다. 이 병으로 56명의 주민이 사망하였고, 수백 명의 사람이 고통을 겪었다.

낙동강 수질오염 낙동강에서는 1991년부터 3년간 수 차례의 수질오염 사고가 발생했다. 1991년 3월 구미공단 내에 있는 두산전자의 페놀 저장 탱크에서 원액 30톤이 유출되어 낙동강에 유입되었으며, 이어서 페놀 원액의 공급 라인 문제로 페놀 원액 0.3톤이 낙동강으로 유입되었다. 그 해 9월에는 황산 27톤을 싣고 대전으로 향하던 대형 유조선 트럭이 낙동강 상류에서 추락하면서 인근의 물고기가 떼죽음을 당하기도 하였다. 1994년 1월에는 부산에서 발암성 물질인 벤젠과 톨루엔 및 암모니아성 질소 등에 오염된 수돗물이 민간에 공급되어 사회적 문제가 되기도 하였다. 12월에는 대구 성서 공단의 유류 배관 파손으로 유류가 유출되어 강이 오염되기도 하였다.

녹조 현상

녹조 현상은 하천이나 호소 등에서 물의 표면이 녹색으로 보이는 현상을 말하며 이를 빗대어 '녹조라떼'라고 칭하기도 한다. 녹조 현상은 '부영양화'에 의하여 발생된다. 이 현상은 수중에 인P, 질소N 등이 하·폐수 등으로부터 유입되면서 조류(식물성 플랑크톤)의 양분이 되고 조류가 급속도로 번식하게 되며, 동시에 죽은 조류를 분해하는 과정에서 수중의 용존산소DO를 소비하게 되면서 가속화된다. 또한 번식한 조류에 의하여 수중으로 공급되는 햇빛이 차단되어 수생식물의 광합성이 방해를 받아 용존산소가 감소한다. 이렇게 발생한 조류는 마이크로시스틴, 아나톡신 등의 독성물질을 생성하게 되며, 이는 간이나 신경계에 영향을 줄 수 있어 인체에 치명적이다. 또한, 녹조 현상에 의하여 물에서 악취가 나고 비릿한 물맛을 유발

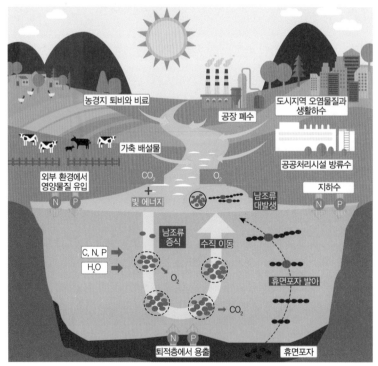

부영양화 현상 발생과정

녹색조류로 덮힌 호수(출처: 크리에이티브 커먼즈)

하는 유기물이 생성되며, 물의 탁도가 증가하게 된다. 특히 수중 물고기의 생존에 필요한 용존산소가 감소하면서 물고기가 폐사하고, 폐사한 물고기가 부패하면서 추가적인 수질오염이 발생하게 된다. 또한, 용존산소가 0에 가깝게 되면 메탄가스가 발생하며, 퇴적층 부근에서 철, 인 등이 지속적으로 용출되어 물이 자연적으로 회복되기가 어렵다. 이를 해결하기 위하여 인 흡착, 살포제, 응집제 및 황토 사용 등 다양한 방안이 이용되고 있지만 근본적으로 부영양화 현상이 발생되지 않도록 예방하는 것이 중요하다.

병들어 가는 물

수질오염

수질오염은 물의 질을 저하시키고 그 안에 사는 생물에게 악영향을 미치는 요인이 강이나 호수, 바다에 유입됨으로써 일어난다. 수질오염을 일으키는 주범으로 어떤 것들이 있을까? 수질오염물질을 크게 4가지로 나눌 수 있다. 첫 번째는 병원균이다. 병원균을 동반한 오염은 일반적으로 인간의 오수나 가축분뇨가 유입되어 발생한다. 두 번째는 생물학적 분해가 가능한 유기물질이다. 동식물의 잔해, 배설물, 비료, 폐목재, 기름, 식품 가공공장으로부터 배출된 찌꺼기 등이 이에 속한다. 세 번째는 물리적 인자인데 토양입자나 태양으로 인한 열 등이 다량으로 존재할 경우 물의 정화 능력을 저하시킬 수 있다. 네 번째는 독성 화학물질들이다. 납, 수은과 같은 금속성 물질과 살충제와 같은 독성 화합물, 화학 산업의 폐기물 그리고 방사능 폐기물 등은 생물체에 유독하다.

맑은 물을 위하여

우리나라가 수질오염을 포함한 수질오염에 대해 인식하기 시작한 것은 1960년대 공업화 이후부터이다. 그러나 수질오염에 대한 본격적인 논의는 많은 시간이 걸렸으며 1990년 8월이 되서야 '수질환경보전법'이 제정되면서 결실을 맺게 된다. 그 후로 수질개선을 위한 노력은 끊임없이 이어지고 있다. 맑은 물을 유지하기 위해서는 어떤 노력을 해야 할까? 미리 예방하는 것이 가장 중요하다. 오염물질의 배출을 줄여 자연적으로 정화될 수 있도록 해야 한다. 또한 오염물질이 많이 배출되는 지역에 하·폐수 처리 시설을 설치하여 자연 정화 능력을 향상시킬 수 있도록 해야 할 것이다. 오염물질을 배출하는 시설에 대한 수질기준 강화도 더불어 이루어져야 하며 수질오염 감시 및 단속도 철저히 해야 한다.

최근에는 급속한 산업화와 도시화의 진행으로 환경 문제가 부각되기 시작하면서 수질오염 방지 기술이 본격적으로 교육되고 보급되기 시작하였고, 많은 학자들과 기술자들이 수질오염 방지 기술

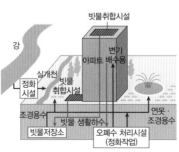

물 부족
빗물 및 생활하수 재이용

자연재해와 환경

을 연구하고 개발하여 현장 실무에 많이 적용하고 있다. 우리는 여기서 더 나아가 향상된 수질오염 방지기술을 개발하여 깨끗한 수질을 확보할 수 없는 나라에 보급해야 할 것이다.

사용한 물도 다시보자

이제는 "물 쓰듯 한다."라는 말도 사용하지 말자. 인구가 증가하면서 물의 수요 또한 증가하게 되고 우리가 사용할 수 있는 물도 점점 부족해지고 있다. 지구상에 물의 양은 13억 8천6백만km³ 정도로 추정되고 있으며, 이 중 바닷물이 97%이고 나머지 3%가 민물로 존재한다. 그러나 민물의 약 69% 정도가 빙산과 빙하로 이루어져 있으며, 약 30% 정도가 지하수, 1%만이 강·하천·늪 등의 지표수와 구름, 비 등으로 대기층에 있다. 이렇게 우리가 사용할 수 있는 물의 양은 한정되어 있다. 다음은 세계 여러 단체에서 내놓은 미래의 물 전망이다. 세계기상기구WMO에서는 2025년 6억 5천3백만 명 내지 9억 4백만 명이, 2050년에는 24억 3천만 명이 물 부족을 겪을 것이라고 예측했다. UN 세계 수자원개발 보고서에 다르면 지구의 1인당 담수공급량은 앞으로 20년 안에 1/3로 줄어들고 2050년까지 적게는 48개국 20억 명, 많게는 60개국 70억 명이 물 부족을 겪을 것이라고 했다. 세계경제포럼 수자원 이니셔티브 보고서에 따르면 '수자원 부도water bankruptcy' 가능성을 경고했고, 이제는 1970년대 석유파동oil shock이 아닌 물파동water shock에 대비해야 한다고 지적했다. 따라서 외국의 경우, 물 부족이 매우 심각한 중동 및 북아프리카 지역의 이스라엘, 이집트, 이란, 요르단, 쿠웨이트, 리비아, 모로코, 오만, 카타르, 시리아, 아랍에미리트 등의 국가들은 80% 이상 물을 재이용하고 있다. 싱가포르, 호주, 미국 캘리포니아주와 플로리다,

유럽의 스페인, 이탈리아, 독일 등에서는 수자원의 수입의존도가 높고, 이들 국가들은 또한 가뭄 등으로 인한 물 부족 스트레스를 받고 있어서 대부분 10% 이상 하수를 처리하여 재이용하고 있는 실정이다.

우리나라 또한 물 부족 국가이다. 한강에 물이 끊이지도 않고 당장 물이 없는 것도 아닌데 왜 우리나라가 물 부족 국가냐고 반문할 수도 있겠지만, 우리나라의 연평균 강수량이 1,277mm로 세계 평균 강수량보다 약 1.6배 높은 편임에도 불구하고, 높은 인구밀도로 인해 1인당 강수량은 연간 2,629m^{2}로 세계 평균의 16%에 불과하다. 즉, 땅의 면적에 비해 많은 인구로 인하여 1인당 사용할 수 있는 물의 양이 적은 것이다.

따라서 우리나라는 지난 2011년 6월 '물의 재이용 촉진 및 지원에 관한 법률'을 제정하여 빗물이용시설 설치 및 오수·하수처리수 및 폐수처리수를 재이용할 수 있도록 규정하였다. 그렇다면 국내에서는 물의 재이용을 어떻게 하고 있을까? 하수재이용 처리기술은 재이용수의 용도에 맞는 수질과 경제성에 따라 다양한 공정을 사용하고 있고, 2차 처리수는 식용 작물을 위한 제한된 농경관개와 식품 공업을 제외한 냉각수용에 적용하고 있다. 3차 처리는 무제한적 농경관개, 조경관개, 공업용수로 사용 중이며, 첨단시설에 의해 생산된 처리수는 생활용수 사용과 초고순도의 물을 필요로 하는 공업용수로 사용되고 있다. 또한 빗물 재이용도 진행중인데 서울 광진구의 스타시티빌딩은 연간 1,504m^{3}의 빗물을 재이용해 조경용수, 세척용, 화장실용수 등으로 사용하고 있고, 수원종합운동장(10만m^3), 서울 가든파이브(29,200m^3), 인천 문학야구장(20,000m^3) 등에서도 빗물이용시설을 설치하여 사용 중에 있다.

쾌적하고 청정한 대기

대기와 대기오염

지구는 공기로 둘러싸여 있고, 이 지구를 덮고 있는 공기 전체를 대기 혹은 대기권이라고 한다. 대기의 구성은 질소(78%), 산소(21%), 아르곤(0.9%), 탄산가스(0.03%)가 99.9%를 차지하며, 이 외에 헬륨, 오존 등의 양은 지극히 적다. 하지만 CO_2의 증대 등에 의해 대기의 조성은 계속해서 변하고 있는 추세이다. 대기층의 구조는 고도에 따른 기온의 변화율에 따라 대류권, 성층권, 중간권, 열권으로 나누고, 이 층들이 구분되는 고도를 대류권 계면, 성층권 계면, 중간권 계면 등으로 구분한다. 공기 질량의 약 99.9%가 대류권과 성층권에

산업화로 인한 대기오염

존재하며, 이 두 층의 두께를 합하면 지구 표면으로부터 약 50km 고도에 달하는데, 이는 지구 반지름의 약 1% 정도에 해당되는 두께이다.

대기는 산업화가 진행되면서 점차 오염되어 가고 있으며, 현재 그 상태가 매우 심각한 수준에 이르렀다. 이러한 대기오염은 "대기 중에 인위적으로 배출된 오염물질이 한 가지 또는 그 이상이 존재하여, 오염물질의 양, 농도 및 지속시간이 어떤 지역의 불특정 다수인에게 불쾌감을 일으키거나 해당지역에 공중보건상 해를 끼치고, 인간이나 동물, 식물의 활동에 위해를 가해 생활과 재산을 향유할 정당한 권리를 방해받는 상태"라고 세계보건기구(WHO)에서 정의하고 있다.

우리나라에서는 특별히 대기오염에 대해 정의를 내리고 있지 않으나 대기환경보전법을 제정한 목적에서 대기오염의 위해성은 다루고 있다. "이 법은 대기오염으로 인한 국민건강 및 환경상의 이

 눈이 번쩍 뜨이는 토목 이야기

역사로 보는 황사

봄이면 해마다 우리를 찾아오는 불청객인 황사. 황사가 심한 날 야외활동을 하게 되면 입에 흙이 가득 찬 느낌을 받을 때가 있을 만큼 우리나라의 봄철 황사는 심각한 상황이다. 우리나라의 황사피해는 최근의 일만은 아니다. 그렇다면 우리를 괴롭히는 이 흙먼지는 언제부터 우리 땅에 찾아오기 시작했을까? 우리나라 최초의 황사는 『삼국사기』에 기록되어 있다. 오른쪽 그림이 바로 『삼국사기』에 기록되어 있는 우토(雨土, 황사를 의미)이다. 그 이후에도 서기 174년 신라에서 음력 1월에 "흙가루가 비처럼 떨어졌다."라고 기록되어 있고, 서기 379년 백제 근초고왕 때는 "흙가루가 비처럼 하루 종일 내렸다.", 서기 644년 고구려에서는 음력 10월에 붉은 눈이 내렸다고 기록이 되어 있다. 이때 황사를 붉은 눈으로 묘사한 것 같다. 이렇게 조선시대까지 "흙비"로 기록이 되어 있는데, 일제 강점기부터 "황사"라는 단어로 바뀌게 되었다.

 자연재해와 환경

해를 예방하고 대기환경을 적정하게 관리, 보전함으로써 모든 국민이 건강하고 쾌적한 환경에서 생활할 수 있게 함을 목적으로 한다." 대기는 우리의 호흡과 관련 있기 때문에, 우리 삶의 질과도 아주 밀접하다. 대기오염을 방치하게 되면 우리 삶의 심각한 문제를 가져올 수 있기 때문에 지금부터라도 대기를 관리하고 개선하는 데 노력을 기울여야 할 것이다.

새콤한 비, 산성비

어렸을 때부터 비 맞으면 머리 빠진다고 엄마에게 잔소리를 들은 기억이 한 번씩은 다 있을 것이다. 그럼 도대체 산성비를 맞으면 왜 머리가 빠진다고 하신 걸까? 그리고 산성비가 도대체 뭘까? 한번 알아보자!

　산성비란 정확하게 공기 중에 있는 화학 물질과 비가 결합하여 약 pH5.6 이하의 산성을 띄는 비를 말한다. 일반적으로 빗물은 공기 중의 이산화탄소의 영향으로 pH5.6~6.5 정도의 약산성을 띄지만 대기오염이 심한 지역에서는 강한 산성을 띈 산성비가 내리게 된다. 그렇다면 산성비를 맞는다고 정말 탈모가 생길까? 아직까지 산성비를 맞아서 탈모가 생긴다고 증명된 사례는 없는 것으로 알고

산성비의 원리

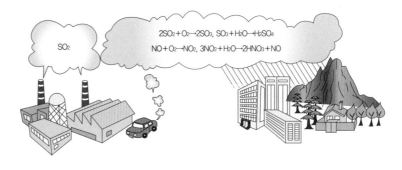

SO₂

$2SO_2 + O_2 \rightarrow 2SO_3$, $SO_3 + H_2O \rightarrow H_2SO_4$
$NO + O_2 \rightarrow NO_2$, $3NO_2 + H_2O \rightarrow 2HNO_3 + NO$

있다. 하지만 산성비에는 머리가 빠질 수도 있을 만큼 안 좋은 물질들이 들어 있다는 것은 확실하다. 한 마디로 산성비의 '대기오염' 성분 때문이다.

자동차 등에서 배출되는 질소산화물과 공장, 발전소 그리고 가정에서 사용하는 화석연료가 연소하면서 나오는 황산화물이 대기에 축적되어 수증기와 만나면 황산과 질산으로 바뀌는데, 이 물질들이 강산성을 띄며 비의 pH를 낮추어 산성비를 만드는 것이다. 이 산성비는 산림을 파괴하고 민물고기들의 떼죽음을 야기시킬 정도로 생물에게 안 좋은 영향을 미친다. 실제로 미국과 유럽 등지에서는 침엽수림들이 말라 죽고, 독일에서도 과거에 산림 면적의 절반이 피해를 입었으며, 스웨덴과 미국에서는 호수의 산성화로 물고기가 살 수 없게 되어버렸다.

산성비를 줄이는 방법은 주 원인물질인 황산화물과 질소산화물의 배출을 최소화하는 것이 최선이다. 예를 들어, 자동차에 저공해 연료를 사용하고 운전습관개선과 꼼꼼한 자동차 정비를 통해 질소산화물 배출을 최소화시킬 수 있다. 그래서 최근에는 전기와 휘발유를 같이 사용하는 하이브리드 자동차, 전기만 이용하는 전기 자동차들이 개발되었으며, 과거에 비해 비교적 많은 사람들이 이용하고 있다. 또한 공장과 발전소 등의 산업체로 인한 오염을 줄이기 위해서 청정연료를 사용하고, 공정 개선과 설비 등으로 오염물질 배출을 최소화하는 각고의 노력이 필요하다.

대기오염의 심각성이 대두되면서, 전 세계적으로 오염물질 배출을 줄이기 위한 노력들을 많이 하고 있고, 우리나라도 역시 최선을 다하고 있다. 그 때문인지, 어렸을 적 서울 밤하늘보다 최근의 밤하늘의 별이 많이 보이지 않는가? 우리가 대기환경 보호를 위해 계속 노력한다면 서울 밤하늘에서 은하수를 볼 수 있는 날도 오지 않을까?

대기오염 사례

| **런던 스모그** | 1952년 발생한 런던 스모그는 런던에서 발생하여 1만 명 이상의 사망자를 기록한 사상 최대 규모의 대기오염 공해사건이다. 그 당시 런던은 산업혁명을 통해 유럽에서 가장 공업이 발달한 도시로 인구가 초 밀집되어 있었고, 발전소, 제철소 등의 각종 공장들이 가동되며 이렇다 할 정화장치 없이 오염물질들을 배출하고 있었다. 1952년 12월 4일 런던의 기온은 급격히 낮아지며, 고기압이 정체하고 안정한 대기가 런던을 뒤덮었다. 또한 구름과 안개로 태양빛이 가려지며, 습도가 80% 이상이 되는 등의 이상 기후가 지속되었다.

런던에서는 석탄을 원료로 많이 사용했는데, 이때 당시 바람이 불지 않으면서 석탄에서 나오는 연기와 안개가 합쳐지며 스모그를 생성했고 연기에 있던 아황산 가스가 안개와 합쳐지면서 황산안개가 되어버린 것이다. 이런 상태가 반나절 정도 지나면서 런던 시민들의 호흡기에 안 좋은 영향을 끼쳤고, 이는 호흡기질환이나 심장질환의 환자수를 급증시키며 사망자도 지속적으로 늘려 사건 발생 후 3, 4일 만에 총 사망자 수가 약 4,000명에 달하게 되었다. 런던 스모그 사건 후에 영국 정부는 1956년 '청정공기법'을 제정하고 특정 지역의 석탄사용을 금지시켰다. 런던 스모그는 대표적인 대기오염 사건 사례로 기록되었으며 석탄연소에 의한 스모그 형태를 런던형 스모그라고 하고 있다.

런던 스모그 당시의 모습
(출처: N T Stobbs)

| **로스앤젤레스 스모그** | 20세기 전반에 들어와서는 석탄이 기름과 천연가스로 대체되면서 스모그 현상은 많이 감소하는 듯 했지만 광화학 스모그가 1950~60년대에 대도시에서 발생하기 시작했다. 그 대표적인 예가 로스앤젤레스 스모그이다. 로스앤젤레스 스모그는 인간에 의해 개발된 기술이 새로운 대기오염을 일으킨 대표적인 사건이다. 미국 서부에 위치하여 해안성 안개가 자주 끼는 로스앤젤레스는 1940년경부터 급격히 성장하여 1952년경에는 약 400만 대의 자동차를 보유한 자동차 도시가 되었다. 그들은 매일 58,000톤 이상의 천연가스, 석유, 휘발유, 쓰레기 등을 태웠고 여기서 3,000톤 이상의 대기오염물질이 배출되어 남부 캘리포니아의 산들을 담요처럼 둘러쌌다. 이로 인해 광화학 스모그가 로스앤젤레스에 내려앉게 되었다. 광화학 스모그는 주로 자동차의 배기가스에 의해 발생하고 불완전 연소를 하게 되어 이산화탄소와 물만을 발생 시키는 것이 아니라 질소산화물과 탄화수소를 발생시켜 자외선과 반응하여 오존을 형성시키는 인체에 아주 치명적인 스모그이다. 이는 눈물, 콧물 및 재채기를 유발시켰고, 기관지 계통에 나쁜 영향을 주었다. 뿐만 아니라 식물의 성장을 저해하거나 과일 등의 식물에 피

로스앤젤레스 스모그 당시의 모습

자연재해와 환경

구 분	런던 스모그	로스앤젤레스 스모그
원인 물질	아황산가스, 안개	질소산화물, 탄화수소
색	짙은 회색	연한 갈색
발생원	난방연료(석탄)	자동차(석유)
발생 시기	밤	낮
피해 대상	사람의 호흡기, 건식부식	식물, 사람의 눈

해를 주고 고무제품을 손상시켰다. 석유계 연료의 연소에 의해 배출된 1차 오염물질이 특히 태양빛이 강한 여름철에 2차 오염물질을 생성하여 일으킨 스모그 사건의 대표적인 예로서 이러한 대기오염 형태를 로스앤젤레스형 스모그라고 한다.

토양·지하수 오염

우리는 땅에서부터 태어나서 다시 땅으로 돌아간다. 또한 삶 전체의 대부분을 땅에서 보낸다. 전 세계적인 산업화로 인해 1990년대 이후 토양오염 문제가 심각해지면서 환경에 대한 관심이 커지고 복원하기 위한 노력이 계속되어 왔다. 이 가운데 앞에서 다뤘던 물과 대기도 우리의 생명과 삶을 위해 없어서는 안 될 존재이지만, 물과 대기에 비해 땅의 중요성을 간과하고 있지는 않았는지 반성하게 된다.

토양은 대기, 물과 함께 환경을 이루는 3대 요소 중 하나로서 대기와 물을 잇는 매개체라고 할 수 있다. 매개체인 토양이 오염되었다고 가정해 보자. 그러면 토양과 함께 지하수가 오염되고, 오염된 지하수가 강으로 유입되어 강을 오염시키면 심각한 하천의 수질오염을 초래하게 될 수도 있다. 또한 오염물질이 대기로 휘발될 경우에는 대기오염까지 일으킬 수 있다. 토양은 대기와 물에 비해 절대 그 중요성이 떨어지지 않는 아주 중요한 요소이다. 지금 그 토양이 오염되어 가고 있다.

'토양오염'이란, 오염된 물 혹은 대기에 의해 토양이 오염되는 현상을 말한다. 즉, 인간의 활동에 의해 만들어지는 여러 가지 물질이 토양에 들어감으로써 토양으로서의 기능을 상실하게 되는 것이다. 그렇다면 토양의 기능은 무엇일까? 토양은 농경지로서 우리에게 많은 것을 가져다주는 존재이다. 즉, 토양은 우리의 식량문제를 해결해 주는 기능이 가장 중요하다. 따라서 우리가 가장 중요하게 다뤄야 할 것이 농경지의 토양오염이다. 토양이 오염되면 재배된 농작물들이 오염되고, 그것을 사람들이 섭취함으로써 건강에 악영향을 미치게 된다. 이와 같은 이유로 토양이 오염되지 않도록 신경을 쓰고, 오염된 토양을 정화하는 데 최선을 다해야 한다.

토양오염의 주원인, 폐기물

토양오염의 주원인은 폐기물이다. 도시 밀집화로 도시의 인구밀도가 증가함에 따라 쏟아져 나오는 폐기물의 양이 엄청나며, 이 엄청난 양의 폐기물 취급과 처리가 매우 심각한 상황이다. 20세기에 접어들면서 개발도상국에서 가장 발달이 안 된 부분으로 폐기물 관리를 들 수 있는데, 폐기물로 인한 토양오염이 나날이 심화되고 있다. 폐기물 처리를 하더라도 대부분 토양에 매립하거나, 야외에서 연소시키기 때문에 토양과 대기를 동시에 오염시킬 뿐만 아니라 도심 지

쓰레기 매립지

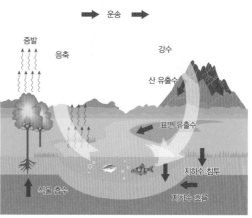

토양, 대기, 물의 순환과정

역에서는 미관상으로도 좋지 않은 악순환 상태가 지속된다. 그에 반해 대부분의 국가들은 토양 오염의 심각성을 자각하여 더 이상의 토양오염을 막기 위해 폐기물을 관리하는 기술을 발전시키는 데 힘을 쏟고 있다. 여러 과정 끝에 현재는 폐기물 자체를 감소시키기 위한 노력을 하고 있으며, 폐기물의 양을 적게 하는 방법으로 폐기물의 재활용이 강조되고 있다.

어렸을 적에 빈병을 모아서 슈퍼마켓에 팔아 돈을 벌어본 기억이 있는가? 1990년대 초반만 해도 어느 동네에서나 쉽게 볼 수 있는 풍경이었다. 지금도 폐지나 재활용품들을 모아 생활을 영위해 나가시는 분들 또한 있다. 여러 가지 모습들이 있지만 결국 이 모든 것이 폐기물들을 재활용하여 토양과 더 나아가 환경을 보전하기 위한 방법인 것이다.

토지가 사라져간다, 사막화

매일 잠실주경기장 면적의 2,000배, 울릉도의 2배에 달하는 토지가 지구상에서 사라지고 있다면 믿을 수 있는가? 지금 현재도 믿을 수 없을 만큼 빠른 속도로 토지가 사라지고 그 속도 또한 점점 빨라지고 있다. 지금 상태로 사막화가 이루어진다면, 1년 동안 남한 면적의 60%에 달하는 토지가 지구상에서 사라진다고 한다. 이렇게 사막화되어 가고 있는 지역들을 포함해서 현재 지구상 육지의 약 1/3이 건조 또는 반건조 지역으로 심각한 상황이다. 때문에 농촌에서 피해를 입는 인구는 해마다 약 170만 명에 달한다고 한다.

그렇다면 사막화란 정확히 무엇일까? 사막화란 기후변화 또는 인간의 인위적 활동에 의해서 토양이 침식되거나 산림이 황폐화되

전 세계 사막화 지도

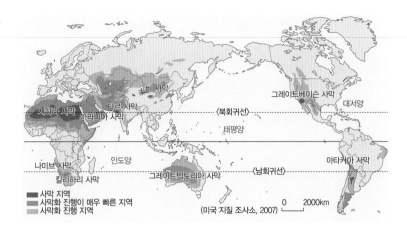

는 등 사막 환경이 점점 확대되어 가는 현상을 말한다. 또한 토양에서 동식물이 생장할 수 있는 능력이 감퇴 또는 중단되는 현상을 의미한다. 기후적 요인으로는 지구온난화 현상이 대표적이며, 인위적 요인은 과다한 방목, 경작, 벌채 등을 들 수 있다.

눈이 번쩍 뜨이는 토목 이야기

미생물을 이용한 생물학적 토양정화

우리에게 미생물을 이용해서 토양을 정화한다는 것이 굉장히 낯설고 멀게 느껴질 수 있다. 하지만 미생물은 이미 오래전부터 토양정화를 위해 사용해 온 생물학적 토양정화 방법이다. 토양에서 서식하는 미생물을 토양 미생물이라고 하는데, 이 토양 미생물은 토양 생성이나 토양 내 유기물의 분해, 오염물의 자정에 중요한 역할을 한다. 또한 이러한 토양 미생물의 종류와 수가 엄청나게 많고 그에 따라 특성과 작용도 매우 다양하기 때문에 미생물의 힘을 교묘하게 잘 이용하면 그 활용 범위가 매우 넓다. 그렇기 때문에 실험을 통해 토양 미생물을 잘 분류하고, 토양 내 이들의 작용과 먹이사슬 등을 이용해서 옆의 그림처럼 오염물질과 중금속 등으로 오염된 토양과 지하수에 적용한다면, 토양과 지하수뿐만 아니라 폐기물까지 처리 가능할 것이다.

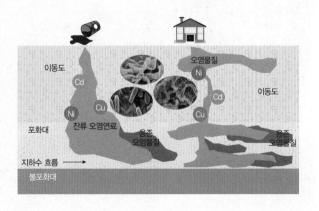

기후적 요인보다는 인간의 인위적 활동으로 인해 자연의 균형을 깨뜨려 발생하는 경우가 지배적이다. 이 때문에 최근에는 식량과 에너지를 생산하기 위해 필요한 경작지와 설비들을 자연의 허용치를 넘지 않는 범위에서 계획하려고 노력 중에 있고, '사헬 그린벨트 계획', '그린어스 계획' 등의 사막화 방지를 위한 녹화 계획을 지속적으로 추진하면서 사막화 방지에 힘쓰고 있다.

폐기물 오염 방재 사례

| **러브 캐널 사건** Love canal accident | 러브 캐널 사건은 미국 내에서 일어난 환경오염 사건 중 가장 심각한 것들 중의 하나로, 사랑의 운하라는 의미를 가진 운하가 비극의 운하로 변해버린 가슴 아픈 사건이다.

러브 캐널은 나이아가라 폭포에서 멀지 않은 곳에 있는 지역인데, 이곳은 1920년도부터 독성 물질이 묻히기 시작했고, 그 이후에는 미국의 군대가 생화학 무기를 만들면서 생긴 폐기물까지 이 지역에 묻히게 되었다. 이렇게 십여 년 방치되어 있다가 1942년 후커

강물로 폐기물을 버리고 있는 공장들

회사(미국의 제약 및 플라스틱 회사)가 이 지역을 사들이면서 본격적으로 폐기물이 묻히게 되었다. 후커사는 폐기 화학물질을 철제 드럼통에 넣어 매립했는데, 그 양이 8년 동안 무려 2만여 톤에 달했다. 죽음의 땅으로 변해버린 이 땅은 1952년 나이아가라 폴스 시에 1달러에 팔게 되었고, 그 땅에는 주택과 학교들이 지어졌다.

그로부터 몇 년이 흘러 1950년대 중반 본격적인 문제가 발생하기 시작했다. 러브 캐널 지역에 계속된 폭우와 잦은 건설로 인해 독극물이 매립되어 있던 지반이 무너지면서 독극물이 새어나오기 시작한 것이다. 건물 지하실에서는 가스가 올라왔고, 하수구에서는 검은 액체가 흘러나와 배관들이 부식되는 현상이 벌어지기 시작했다. 더 심각했던 것은 이 지역 주민들이 심각한 두통과 피부병에 시달렸으며, 이 외에도 심장질환, 천식, 간질, 뇌졸중과 같은 병들에 마을 주민들이 고통 받게 되었다는 사실이다.

러브 캐널 인근 지역주민들의
항의시위

병들어 버린 한 아이의 학부모가 원인을 알아보기 시작했고, 초등학교 밑에 매립된 독극물질 때문이라고 판단되어 뉴욕 주 보건당국과 함께 조사한 결과 독극물질로 인한 피해가 맞는 것으로 밝혀졌다. 이 지역은 여성들의 유산율이 다른 지역에 비해 4배나 높았고, 이때 태어난 어린이들은 정신, 심장질환과 더불어 기형아가 많이 태어나는 실로 엄청난 비극의 사태가 벌어지고 말았다. 미국 연방환경처는 결국 이 지역을 환경재난지역으로 선포하고, 238가구를 다른 지역으로 이동시켰다. 미국 정부는 흙을 뒤집어 빗물의 침투를 막았고 집수관을 설치하여 매립지 주변 하수를 모았다. 또한 하천 밑바닥의 다이옥신을 제거하는 등의 복구 활동을 계속해서 진행하여, 복구비용만 약 1억 달러를 들였다. 돈을 들여 땅을 최대한 복구할 수 있었지만, 평화롭던 러브 캐널의 마을이 삭막한 비극의 땅으로 변해버린 것은 복구할 수 없었다.

| 타임즈비치 사건 Timesbeach accident **|** '다이옥신'이라는 물질을 들어본 적이 있을 것이다. 다이옥신은 인간이 만든 물질 중 가장 위험하다고 알려져 있는 독극물 중 하나로, 화학물질을 다루는 공장에서 주로 발생하는데, 독성이 청산가리보다 무려 1만 배 이상 강한 것으로 알려져 있다.

다이옥신으로 인한 사건 중 하나가 바로 타임즈비치 사건이다. 사건의 이야기는 이러하다. 미국 미주리 주에 있는 마을 타임즈비치는 매년 여름마다 비포장도로의 흙먼지로 인해 큰 불편을 겪고 있었다. 이 불편을 해소하기 위해 마을 주민들이 생각해 낸 아이디어는 도로에 기름을 뿌리는 것이었다. 결국 1971년부터 수년 동안 비포장도로 위에 기름을 뿌리기 시작했다. 그런데 경비를 줄이기 위해 기름에 화학공장으로부터 나온 폐유를 섞어 도로에 뿌려지기 시작하면서 도로에 다이옥신을 살포되게 된 것이었다. 도로에 기름을 뿌린 다음 날 주변 목장에 수십 마리의 참새가 떨어져 죽어 있었고, 마당의 반려동물들이 한 마리씩 죽어나갔다. 또한 임신한 말이 모두 낙태했으며, 또한 심각한 두통, 설사, 가슴통증의 증세를 보이는 사람들이 병원을 가득 채우게 되었다.

미국 연방환경처가 그 원인을 조사하기 시작했고, 기름 속에 많은 양의 다이옥신이 포함되어 있음을 밝혀냈다. 사실 당시는 다이옥신의 맹독성이 과학적으로 규명되어 있지 않았다. 결국 기름 속에 다량의 다이옥신이 포함되어 있음이 밝혀졌지만, 다이옥신이 몇 년 안에 토양에서 분해될 것으로 생각했고 그대로 방치했다. 하지만 분해되지 않고 오랫동안 잔류하는 것으로 나타나면서 다이옥신의 맹독성이 더 확실하게 밝혀졌다. 그 후 이 지역의 주민들을 모두 다른 곳으로 이주되었고, 마을은 통행조차 금지된 인적이 없는 곳으로 남았을 뿐만 아니라, 아직까지도 그 피해자들은 고통에 시달리고 있다.

자연재해와 환경

01 자연재해에 의하여 인적 및 물적 피해가 많이 발생되고 있는데, 각 계절별로 발생되는 자연재해를 기술하고 각 자연재해가 발생되는 원인 및 피해에 대하여 설명하시오.

02 황산염, 질산염 성분의 미세먼지는 국내 수도권 전체 초미세먼지 발생량의 절반 이상을 차지하는 주요 미세먼지 성분이다. 대기오염물질로부터 황산염, 질산염 성분의 미세먼지가 발생하는 과정을 설명하시오.

03 지진, 쓰나미는 계절을 타지 않는 자연재해이다. 특히 2004년 인도네시아 수마트라섬 부근 인도양에서 발생된 인도 쓰나미는 23만 명의 사망자를 발생시켜 전 세계 역사상 가장 강력한 쓰나미로 기록되어 있다. 이러한 지진과 쓰나미가 발생되는 원인 및 발생 시 예상되는 피해에 대하여 기술하시오.

04 2011년 일본 동북 지방을 강타한 쓰나미로 인해 후쿠시마 원전사고를 비롯, 큰 피해가 일어나 4만 명 이상이 목숨을 잃고 35만 명 이상의 이재민이 발생하였다. 우리나라 지형 특성상 쓰나미가 발생한다면 동해안에 피해를 입을 가능성이 크며 울진, 경주, 울산 등 동해안에 대부분의 원전이 배치되어 있다. 동해안 원전을 쓰나미 피해로부터 보호할 방재 수단에는 어떠한 것이 있는지 조사하여 기술하시오.

05 수질오염을 일으키는 요인 4가지와 이를 방지할 수 있는 기술에 대하여 서술하시오.

06 녹조 현상은 하천의 '부영양화'에 의하여 발생되는데, '부영양화'가 발생되는 원인과 이를 해결할 수 있는 방안에 대하여 조사하여 서술하시오.

07 스모그는 연기(smoke)와 안개(fog)의 합성어로 대표적인 도시 대기오염현상이다. 스모그는 발생 원인에 따라 런던 스모그와 로스앤젤레스 스모그로 구분된다. 두 스모그의 차이점에 대해 기술하시오.

08 오염된 토양을 정화하기 위한 방법으로는 생물학적 처리 방법, 물리화학적 처리방법, 열적 처리 방법 등이 있다. 이 중 생물학적 처리 방법의 종류와 특징에 대하여 서술하시오.

09 지하수는 액상으로 존재하는 담수의 99%가량을 차지하는 중요 수자원이다. 지하수를 활용하기 위한 방안과 우리나라의 지하수 이용 실태에 대해 조사하여 기술하시오.

4장

사람과
물자의 소통

교통시설, 사람과 물자의 소통을 돕다

사람들은 행복하게 사는 것을 소망한다. 그리고 사람들이 행복하게 살기 위해서는 의식주가 필요하다. 옛날에는 사람들이 자급자족하면서 살았기에 의식주를 해결하기 위해 굳이 먼 곳까지 사람이 이동하거나 물자를 이동시키지 않아도 되었지만, 현대 사회에서는 의식주를 해결하려면 사람들이 시장을 통해 물자를 사고팔아야만 한다. 따라서 사람과 물자를 먼 곳까지 쉽고 편리하고 안전하게 이동시키는 방법이 반드시 필요하다.

눈이 번쩍 뜨이는 **토목 이야기**

길(道)에서 찾는 역사 이야기

조선시대 동래에 살고 있던 한 청년이 있었다. 7세부터 서당을 다녔고 천자문과 『동몽선습』, 『명심보감』, 『사서삼경』을 또래 아이들보다 일찍 뗀 청년은 이후 과거시험 준비에 여념이 없었다. 26세가 되던 해, 드디어 청년은 과거시험을 볼 채비를 마치고 길을 나섰다. 동래에서 한양까지는 950리, 지나갈 수 있는 고개는 추풍령, 문경새재, 죽령이다. 그러면 이 청년은 어느 길로 가야 할까? 그 답은 미리 정해져 있었다. 왜냐하면, 이 세 개의 길은 거리는 비슷하지만 추풍령으로 가게 되면 낙엽처럼 떨어지고, 죽령으로 가게 되면 대나무처럼 미끄러지기 때문이다. 따라서 이 청년은 문경새재를 통해 한양으로 갔다. 이런 이유로 문경새재는 다른 길에 비해 통행량이 많아지게 되었고, 따라서 더 유명한 길이 되었다.

문경새재 과거길(출처: 한국관광공사)
(출처: 노관섭 등, '건설문화를 말하다 (2013),' 씨아이알)

부문 \ 연도	2004	2005	2006	2007	2008	2009	2010	2011	2012	2013	2014	2015	2016	2017
합 계	17.4	18.3	18.4	18.4	20.5	20.5	25.1	24.4	23.1	24.3	23.7	24.8	23.7	22.1
도 로	8.1	7.7	7.2	7.5	8.1	8.1	8.0	7.4	7.8	8.6	8.5	9.1	8.3	7.4
철도+도시철도	4.3	4.9	5.1	4.8	5.3	5.3	5.3	5.4	6.1	6.9	6.8	7.4	7.5	7.1
해운·항만	1.7	1.9	1.9	2.1	2.0	2.1	1.9	1.6	1.6	1.5	1.5	1.7	1.8	1.8
항공·공항	0.4	0.4	0.4	0.3	0.2	0.1	0.1	0.1	0.1	0.1	0.1	0.1	0.2	0.1
물류 등 기타	0.6	0.7	0.7	1.1	1.5	2.2	2.2	2.2	1.9	1.9	2.0	2.0	2.0	2.2
수자원	1.7	1.9	2.2	1.6	1.6	2.8	5.1	5.0	2.9	2.7	2.4	2.3	2.1	1.8
지역 및 도시	0.4	0.5	0.5	0.6	1.0	1.6	1.6	1.6	1.7	1.6	1.5	1.3	1.1	1.2
산업단지	0.3	0.3	0.4	0.4	0.7	0.9	0.9	1.0	1.0	1.0	0.9	0.9	0.6	0.5

**1 우리나라 사회간접자본
투자규모(단위: 조 원)**
(출처: 기획재정부, 국토해양부,
2012년 6월 14일)

최근에는 정부의 재원확보 곤란 등의 이유로 민간자본에 의해 건설·운영되는 교통시설이 많이 있다. 이들 민자교통시설들은 민간자본으로 건설 후 운영되는 시설로 이용료를 부가하고 있다. 우리나라 민간투자법에 의한 제1호 민자유치사업은 인천국제공항고속도로로 지난 2000년 12월에 준공되었다.

일반적으로 교통시스템Transport System은 사람 및 물자, 교통수단, 그리고 교통시설로 구성된다. 우선 사람과 물자는 이동하게 되는 대상이며, 이들을 안전하고 효율적으로 이동시키기 위해 다양한 교통수단과 교통시설들이 필요하게 되었다. 우선 사람과 물자를 목적지까지 이동시키는 수단을 교통수단이라 하며, 여기에는 배, 기차, 비행기, 그리고 자동차 등이 포함된다. 또한 이들 교통수단은 각각 항만, 철도, 공항, 도로 등의 시설을 통해 움직이게 되며, 이들을 합쳐서 교통시설이라고 부른다. 교통시설은 대부분 국가에서 맡아 건설한다. 왜냐하면 교통시설을 건설하는 데 들어가는 비용 규모가 크고, 국가에서 책임지고 건설하면 건설비 투자의 효율성과 안전성이 훨씬 높아질 수 있기 때문이다. 교통시설은 국가의 필수 시설이기 때문에 사회간접자본SOC: Social Overhead Capital이라고도 부른다. 2017년을 기준으로, 우리나라 정부에서 사회간접자본시설에 투자한 총 재정규모는 표1에 나타난 바와 같이 22.1조 원에 이르고 있다. 이는 매우 높은 수치이며, 우리나라에서 교통시설이 그만큼 중요하다는 뜻이 된다. 또한 교통시설을 건설하는 주체인 토목분야가 중요한 존재라는 것을 알려 주는 것이기도 하다.

항만에서 강으로 바다로

동서고금을 막론하고 먼 곳을 가려는 사람들에게 강과 바다는 늘 큰 장애물이었다. 특히 섬나라 사람들은 강과 바다를 건너지 않고 외부와 접촉할 수 없었다. 이 자연적인 장애물을 극복하기 위해 사람들은 배를 만들었다. 이제 배를 타고 강과 바다를 건널 수 있게 된 사람들은 사람의 힘을 많이 쓰지 않고도 빨리 달리는 배를 원하게 되었으며, 바람이나 기계의 힘을 이용하면 가능해진다는 것을 알게 되었다. 이와 더불어, 많은 사람들이 한꺼번에 탈 수 있도록 큰 배를 만들기 시작했으며, 화물이나 생산품을 많이 실어 나를 수

2 부산항 전경
(출처: 크리에이티브 커먼즈)

있는 배를 만들었고, 심지어 전쟁이 일어나면 군인들과 군수품을 싣고 적과 싸울 수 있는 전함까지 만들게 되었다. 바람의 힘으로 움직이는 대형 범선과 증기기관 발명 이후 증기기관을 이용한 증기선이 강이나 바다를 통한 사람과 물자 이동에 큰 역할을 하게 되었다.

이렇게 다양한 유형의 배를 갖게 된 사람들이 그다음 단계에서 필요로 하게 된 것은 무엇이었을까? 그것은 바로 항만시설이다. 마치 현대 사회에서 우리가 흔히 보는 대규모 주차 빌딩처럼 항만시설은 배들이 출발하거나 도착하는 공간이다. 삼면이 바다인 우리나라의 총 해안선 길이는 14,963km이다. 또한 해안선 곳곳에 항만이 자리 잡고 있는데, 우리나라에는 총 2,200개 정도의 항구가 있으며, 4,400여 개의 방파제가 분포하고 있다.

그림²은 부산항의 모습이다. 우리나라 주변에는 일본의 오사카항이나 중국의 광저우항과 같이 세계 전체를 대상으로 하는 국제항이 아주 오래전부터 자리 잡고 있었기 때문에, 우리나라에서 국제항이라 할 수 있는 항만시설은 부산항, 광양항, 울산항, 인천항 정도에 불과했다. 이웃한 다른 나라에 비해 국제항이 상대적으로 적은 편이지만 앞으로 대규모 국제 화물 수송이 점차 필요할 것이기 때문에 그 수가 더 늘어날 전망이다. 특히 최근 부산 신항만시설의 건설로 우리나라 항만 물동량처리능력을 매우 높인 바 있다.

항만을 건설하기 위해 정부에서는 대규모 국가 예산을 투입한다. 표³는 우리나라 정부 예산 지출에서 항만 건설에 투입하는 예산 규모를 나타내고 있다. 큰 규모의 예산을 효율적으로 사용하기 위해서는 건설할 항만의 위치와 면적 등을 최대한 정확히 산정하는

3 우리나라 항만 준설 투자 규모
(단위: 십억 원)
(출처: 기획재정부, 국토해양부,
2018년 9월 1일)

연도	2000	2001	2002	2003	2004	2005	2006	2007	2008	2009	2010	2011	2012	2013	2014	2015	2016	2017
투자규모	228.3	92.4	152.3	130.8	140.2	177.3	142.4	120.5	150.1	129.6	160.5	228.3	197.2	60.2	77.4	154.5	232.3	88.9

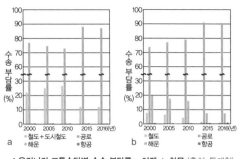

4 우리나라 교통수단별 수송 분담률 a 여객, b 화물 (출처: 통계청)

방파제의 형상 (출처: 크리에이티브 커먼즈)

것이 필요하다. 또한 그 항만을 이용하게 될 배들의 크기와 출발 및 도착 횟수를 정확히 산출해야 하고, 어떤 유형의 물자 또는 여객 통행이 이루어질 것인지 잘 파악해야 한다. 이러한 일련의 과정은 항만을 이용하게 될 사람과 물자의 수송량을 파악하는 과정에 해당한다. 국가별로 차이는 있지만, 우리나라는 차량, 철도, 공항, 항만으로 구성된 교통수단 중에서 항만을 통해 이루어지는 사람과 물자의 수송량이 표4에서 보는 것처럼 다른 교통수단에 비해 상대적으로 낮은 편이다.

다시 말해서, 항만을 건설하는 것은 도로, 철도, 공항 등 다른 교통수단을 위한 시설을 건설하는 것에 비해 정부 예산 투자의 효과가 별로 크게 나타나지 않는다. 따라서 항만을 건설하는 계획은 매우 신중해야 하며, 특히 항만 건설 시 저비용으로도 높은 투자 효과를 낼 수 있도록 최신 기술과 노하우를 받아들이는 데 노력해야 할 것이다.

다음으로 항만시설을 건설하는 데 필요한 시설 유형을 살펴보자. 항만시설에는 바다 쪽에 설치하는 외곽시설과 바다와 해안 쪽으로 설치하는 계류시설이 있다. 대표적인 외곽시설로는 방파제가 있다. 방파제는 바다에서 밀려오는 파도의 에너지를 약화시키는 기능을 수행한다. 계류시설은 선박이 안전하게 접안하여 승객이나 화물을 내리거나 탈 수 있도록 설치한다. 계류시설의 규모와 물리적 형상을 결정하는 단계에서 중요한 역할을 하는 것은 장래 그 항만을 이용하게 될 사람이나 물자의 수송량 규모이다. 항만시설을 아무리 견고하고 편리하게 건설한다 해도, 장래 그 항만을 이용할 수송량 규모를 예측하지 못하면 주변에 항만을 추가 건설하거나, 대규모 시설 변경을 해야 하기 때문이다. 그리고 항만의 기능이 장래에도 잘 유지될 수 있도록 관리하는 것이 필수적이다.

신사답게 철도로 대륙을 횡단하다

영화 〈오리엔트 특급 살인Murder on the Orient Express〉은 애거사 크리스티의 소설을 영화화한 것이다. 이 영화 속 배경이 되는 오리엔트 특급열차는 파리−비엔나−이스탄불을 연결하는 유럽 횡단 철도 노선으로서 1883년부터 2009년까지 운행되었으며, 1930년대에 전성기를 이루었다. 그림5은 오리엔트 특급열차를 상징적으로 보여준다. 이즈음 철도 승객은 매우 귀족적인 교통문화를 즐겼던 것 같다. 영화나 소설, 그리고 각종 서적에서 철도 여행은 편하고 쾌적하며 다소 무리라는 듯한 분위기로 묘사되곤 했는데, 이는 아마도 요즈음으로

5 오리엔트 특급열차의 모습
(출처: 크리에이티브 커먼즈)

치면 여행객이 비행기를 타고 고급 여행지로 떠나는 분위기와 같을 것이다.

오리엔트 특급열차는 유럽 대륙을 횡단하려는 열차 승객을 위한 최고급 철도 노선이었지만, 대륙 횡단이 아니더라도 사람들은 도시 간 이동이나 인접한 국가 간 이동을 위해 철도를 오랫동안 사용해 왔다. 철도를 이용해서 사람과 물자를 처음으로 수송한 나라는 영국인데, 1814년 스티븐슨이 증기기관차를 발명함으로써 시작되었다. 그 뒤로 전 세계에 철도가 널리 퍼지기 시작했고, 증기기관차는 성능이 더 개선되어 시속 100km 이상으로 달리게 되었다. 그후 1894년에 루돌프 디젤 박사가 디젤기관을 발명하자 디젤동력 기관차가 발명되었고, 이를 통해 증기기관차가 갖고 있던 한계를 극복함으로써 더 빠르고 효율적이며 더 힘이 좋은 열차가 탄생했다. 한편 전기열차는 디젤기관차의 성능을 개선하기 위해 1837년 정도에 처음 개발되었다. 그러나 처음에는 전지를 사용했기에 상용화에 어려움을 겪었다. 그러다가 1895년에 미국에서 전지 대신 전기 철도노선을 건설함으로써 철도가 비로소 사람과 물자의 수송에 본격적으로 이바지할 수 있게 되었다. 현대 사회에서 철도라고 하면 대체로 전기기관차를 말하는데, 다른 기관차보다 에너지 효율과 견인력이 뛰어나다.

우리나라에는 1899년 경인선 철도가 개통되면서, 열차가 들어오게 되었다. 최초의 열차는 증기기관차였고, 1920년대에는 용산역 일대에서 증기기관차를 제작했다. 디젤기관차는 1951년 6.25전쟁 중 들여온 50여 대 정도이다. 그러나 우리나라의 경우 본격적인 의미에서의 디젤기관차 운용은 1956년 3월 15일 충북 제천읍에 기관차공장이 만들어지면서, 전기철도는 1972년에 시작되었다. 이를 통

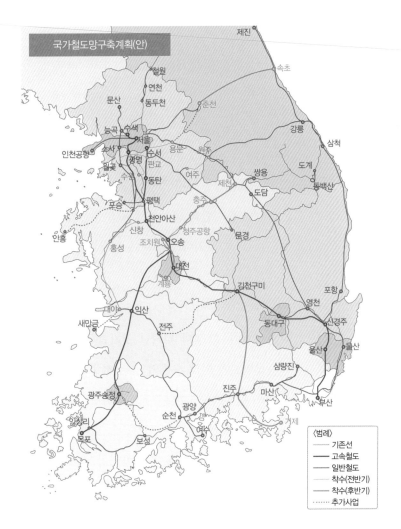

6 우리나라 철도 노선망도
(출처: 국토교통부)

국가철도망구축계획(안)

〈범례〉
— 기존선
— 고속철도
— 일반철도
— 착수(전반기)
— 착수(후반기)
······ 추가사업

해 철도 분야의 기술력을 확보한 우리나라는 철도 노선의 고급화, 고속화, 첨단화에 집중하여 지금은 프랑스의 TGV나 일본의 신간선과 같은 수준인 고속철도 노선을 운영하고 있다.

이미 기술한 대로, 사람들은 멀리 떨어져 있는 도시 간 이동이나 인접한 국가 간 이동을 위해 철도를 주로 사용해 왔다. 철도는 같은 육로 수송인 도로와 달리 정해진 스케줄에 따라 운행한다는 특징을 갖고 있으며, 도로 수송에 비해 안전성과 정시성이 우수하다. 또한 철도는 대량 수송 능력을 가지고 있어 단위 수송비용이 낮으며, 친환경적인 교통수단이라는 장점을 갖는다. 예를 들어, 승객 수송에 있어서 철도는 1인/km당 소비 열량이 1.0kcal로서, 승용차의 8.4kcal에 대비하여 매우 유리하다. 그리고 화물 수송 면에서도 철도는 1톤/km당 1.0kcal를 소비하는 데 비해 국내 해운은 2.5kcal, 화물자동차는 14.2kcal를 소비하기 때문에 철도는 다른 교통수단에 비해 높은 수송 효율성을 나타낸다. 이렇듯 철도 건설은 우리나라 국토의 균형적 개발과 사람과 물자의 효율적 수송을 위해 많은 장점을 갖고 있다. 그림6은 우리나라 철도 노선망도를 나타내고 있다.

이러한 장점에도 불구하고 우리나라에서 철도는 도로에 비해 그다지 각광받는 편이 아니었다. 그림4에 나타난 것처럼 우리나라에서 철도가 차지하는 수송 분담률은 여객 수송의 경우 전체 교통수단 중 8.3%에 불과하고, 화물의 경우에도 5.2%인 것으로 나타나고 있다.

여기에는 여러 가지 이유가 있겠지만, 철도는 도로에 비해 시설물을 독점적으로 사용하며, 철도 건설 초기 투자비가 적지 않게 들어간다는 한계점이 가장 큰 이유이다. 참조로 우리나라 2014년 철도부문 예산(도시철도 제외)은 6조 1,799억 원이었는데, 2013년 철도부문 예산 6조 1,380억 원에 비해 419억 원이 증가했다. 철도 노선을 건설하기 위해서는 사람이나 물자의 이동 수요가 충분해야 하는데, 우리나라처럼 면적이 작은 나라에서 철도를 이용해서 먼 곳으로 이동하는 이동량을 확보한다는 것은 매우 힘들다. 그 결과, 철도 노선 대다수가 적자 경영 상태를 나타내게 되었고, 우리나라 중앙정부에서는 이를 해소하기 위해 오랫동안 보조금이나 정책적인 지원방안을 강구해야 하는 불편한 입장을 겪고 있다. 여객 부분의 경우 고속철도를 제외한 대부분의 철도노선은 적자 노선으로 점차 운

사람과 물자의 소통

영에 어려움을 겪고 있으나, 이용객 입장에서는 고속철도 서비스에 의해 '장거리 여행은 철도'라는 원칙이 더욱 분명해지고 있다. 또한 철도는 승용차와 달리 사람과 물자의 문전 서비스door-to-door service가 불가능하며, 특히 화물의 경우 최종 목적지에 이르기까지 반드시 다른 교통수단과 연계해야 한다는 큰 단점을 갖고 있다.

다음은 철도 노선을 운영하기 위해 어떠한 시설물을 건설해야 하는지 살펴보자. 철도시설은 크게 보아 철도 시설물, 철도 차량, 그리고 철도 건설·운영·지원체계로 구성된다. 철도 시설물은 철도를 운행하기 위해 설치한 각종 시설물들이며 대표적인 시설물로는 철도 궤도가 있다. 그림7은 철도 궤도 중에서도 주요 부분인 분기기railroad switch의 형태이다. 그리고 철도 시설물에는 철도 궤도와 더불어 철도역사를 들 수 있는데, 철도역사는 우리가 도시에서 늘 볼 수 있는 철도역 건물을 생각하면 된다.

7 철도 궤도의 모습
(출처: 크리에이티브 커먼즈,
위키미디어)

공항에서 새처럼 하늘을 날아보경

사람들은 육중한 비행기를 타고 하늘을 가볍게 날아갈 수 있다. 물론 사람들이 직접 달 착륙도 해봤고, 화성에 탐사선을 보냈으며, 외계에까지 우주선을 보내는 시대가 되었지만, 사람들은 아직도 공항에서 거대한 비행기에 탑승할 때마다 이 큰 물체가 어떻게 하늘을 날 수 있는지 감탄과 함께 궁금증을 갖곤 한다.

비행기를 타고 하늘을 처음 난 사람은 미국의 라이트 형제이다. 1903년 12월 17일, 라이트 형제는 그들이 자체 제작한 비행기를 타고 시속 43km의 강한 맞바람을 받으며 두 차례 비행했다. 그림8은 이 광경을 촬영한 것인데, 오빌이 비행한 첫 비행에서 12초 동안 37m 비행했고, 속도는 약 10.9km였다.

이 대단한 사건 이후, 사람들은 비행기를 타고 극도로 먼 곳까지 통행하거나 비행기를 이용해서 극도로 먼 곳까지 빠른 시간 안에 물자를 실어 나를 수 있는 구체적인 계획을 수립하고 실행했다. 또한 그 무렵 일어난 두 차례 세계대전은 사람들의 이러한 욕망을 더욱 부채질한 계기가 되었다. 원시적인 형태의 항공운수업은 19세기 미국에서 비행선으로 시도되었으나 기술적 문제 등으로 실패로 끝

8 라이트 형제의 역사적인 첫 비행 광경 (출처: 한국항공우주연구원)

사람과 물자의 소통

연도	2000	2001	2002	2003	2004	2005	2006	2007	2008	2009	2010	2011	2012	2013	2014	2015	2016
여객 (천 인)	22515	21811	21248	21380	18893	17158	17181	16848	16848	18061	20216	20981	21602	22353	24648	27980	30913
화물 (천 톤)	434	431	433	423	409	372	355	316	254	269	262	281	265	253	283	288	293

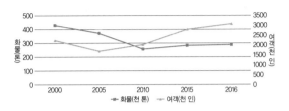

9 우리나라 공항 부문 국내 승객과 화물 규모 (출처: 통계청)

낳다. 20세기에 들어서 독일의 페르디난트 폰 체펠린이 금속골조의 비행선을 발명한 후 독일 정부의 지원으로 1909년에 설립한 독일 비행선 운항 주식회사라는 회사가 최초의 항공사이다. 그러나 동력 비행기가 첫 비행을 시작한 20세기 초에는 탑재된 기관의 출력도 보잘 것 없었고 기체도 작아서, 민간 부문에서의 항공기 용도는 주로 우편물이나 속달 소포 같은 작으면서 빠른 배송이 필요한 부문에 한정되었다. 그러다가 기체의 대형화, 금속제 항공기의 보급, 비행기 기관출력의 비약적인 발전 등에 힘입어, 이전에는 탑재가 불가능했던 다수의 여객이나 대량의 화물을 탑재한 채 장거리를 고속으로 운행할 수 있게 되면서 항공기를 이용한 운수산업이 점차 자리 잡게 되었다. 그리고 제2차 세계대전 이후 비행기용 제트엔진의 실용화에 힘입어, 유럽과 북미 간 대양 횡단 수송과 같은 장거리 수송의 경우 항공회사들이 이전 해운회사의 지위를 대신 차지하게 되었다.

우리나라의 경우 조선항공사업사라는 민간 항공사가 1936년 10월 처음 운영을 시작했다. 그 후 1962년 정부에서 이 회사를 인수하여 대한항공공사로 이름을 바꾸었다가 부채와 누적 적자가 많아져 이 회사를 민영화하여, 1969년에 민간항공사가 탄생한 이후 전 세계에 사람들과 물자를 수송하고 있다.

10 우리나라의 연간 공항 부문 예산 규모 (단위: 조 원, 경상가격) (출처: 기획재정부 및 국토해양부, 2018년 9월 1일 내부자료)

연도	2004	2005	2006	2007	2008	2009	2010	2011	2012	2013	2014	2015	2016	2017
예산	0.4	0.4	0.4	0.3	0.2	0.1	0.1	0.1	0.1	0.1	0.1	0.1	0.2	0.1

관련 자료에 따르면, 우리나라에서 공항을 이용하는 사람과 물자의 규모는 급속히 증가했다. 그림[9]에서 보듯이 2019년을 기준으로 할 때 국내 여객의 경우 3,091만 명에 이르렀고 화물의 경우 29.3만 톤에 달했다.

우리나라 경제는 수출과 수입이 큰 비중을 차지한다. 또한 수출과 수입은 사람과 물자의 국가 간 이동을 전제로 한다. 국가 이동 관점에서 보면, 해운과 공항이 관련 교통수단이 되는데, 해운은 물자 수송에는 경쟁력이 있으나 사람 수송에는 경쟁력이 떨어진다. 따라서 국가 간 교역을 위해서는 항공 부문의 투자가 매우 중요하다. 우리나라 정부에서 한 해 동안 공항 부문에 투자한 예산 규모는 표[10]와 같다.

한편, 우리나라는 지리적 특성상, 국토 면적이 작고, 인구가 수도권에 집중해 있어서 국내 항공 부문 교통수요가 적은 편이다. 따라서 정부의 공항 부문에 대규모 투자가 소극적인 것은 이해할 만

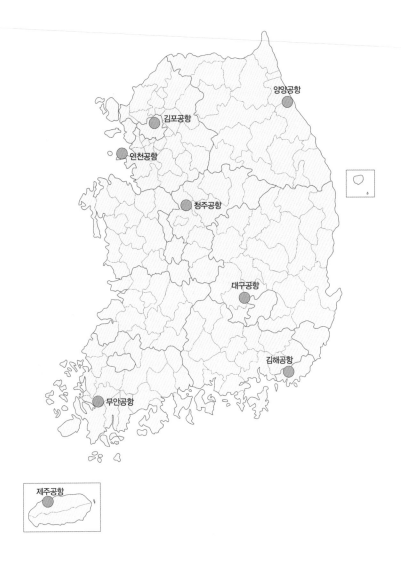

우리나라의 국제 공항 위치도
(출처: 한국공항공사)

하다. 그러나 이미 언급한 대로, 우리나라 경제 수준이 날로 높아져 해외여행 기회가 늘어나고, 사람들이 비행기를 타고 통행을 쉽고 빠르게 하려는 욕망이 높아지고 있기 때문에 앞으로 정부에서는 공항 부문 재정 투자에 훨씬 적극적일 것이 분명하다.

비행기가 뜨고 내리는 비행장이 만들어지기까지는 여러 가지 다양한 비행장 시설이 존재한다. 그중에서 중요한 몇 가지 시설을 들자면, 먼저 비행기가 이착륙하는 시설 공간인 활주로Runway가 있

고, 비행기가 비행장 내 각 지점으로 이동할 수 있도록 설치하는 육
상의 유도로Taxiway가 있으며, 비행장 내에서 승객의 승하물, 화물,
우편물의 적재 및 적하, 비행기의 급유, 주기, 제빙, 또는 정비 등을
위한 계류장Apron이 있고, 끝으로 비행기의 효율적인 지상 이동을 위
해 비행기를 대기시키거나 통과시키는 지정지역인 대기지역Holding
bay이 있다.

로마시대 도로의 모습
(출처: 위키백과)

바퀴로 굴러가는 편안함과 즐거움은 도로에서

옛날 사람들은 먼 곳으로 이동하거나 물자를 나르려면 무조건 걸어
야만 했다. 그러나 사람들은 걸어서 먼 곳까지 이동하는 것이 너무
힘들다는 것을 깨닫고 걷는 대신 말을 타거나 우마차라는 굴러가는
바퀴 위에 앉아서 갈 수 있는 교통수단을 발명했다. 참조로 인류가

눈이 번쩍 뜨이는 **토목 이야기**

세계 최고의 공항, 인천공항

인천국제공항은 2001년 처음 개항한 이후 세계 최고 공항의 명성을 유지하고 있다. 2004년 국제공항협의회
ACI, Airport Council International 공항서비스 평가 시상식에서 '세계 최우수 공항상'을 처음 수상한데 이어서 2006년
부터 2014년까지 9년 연속 세계 최고 공항의 위치를 지키고 있다. 또한 인천국제공항은 세계 항공사 조종사

들이 평가하는 항행 안전시설 조종사 만족도에서도 5회 연
속 세계 1위에 오르며 안전한 공항으로서의 입지를 다지고
있다. 개항 13년 만에 연 4,000만 명이 넘는 이용객이 사용
하고 있는 대형 국제공항인 인천공항은 2017년 연 5,000만
명 이용객 돌파를 목표로 하고 있다. 또한 인천공항은 공항
면세점 판매에서도 매출 1위를 지키고 있으며, 세계적인 여
행 전문 잡지인 《비즈니스 트래블러》로부터 2010년부터 5
년 연속 '세계 최고의 면세점'으로 선정되기도 했다.

인천공항

사람과 물자의 소통

바퀴를 발명한 시점은 기원전 3200년경이다. 청동기 시대에 들어와 점차 농업이 발달하고 교역활동이 시작되면서 먼 곳까지 이동을 보다 편리하게 할 수 있도록 도로를 만들었다. 고대 도시 아수르와 바빌론(기원전 700~600) 유적에서는 벽돌과 돌을 이용해 신전이나 왕궁에 이르는 포장도로를 만든 것을 확인할 수 있다. 고대 중국에서도 원대한 길이의 도로망을 갖추고 있었다. 중국에서 인도와 소아시아에 이르는 무역로였던 비단길도 기원전에 만들어서 오랜 기간 동안 사용된 도로이다. 한편 고대 로마 시대에도 아피아가도 같은 훌륭한 도로가 존재했다.

로마는 자기 영토 내에 85,000km의 도로망을 가지고 있었고 세계 여러 곳으로 향한 29개의 군용도로가 뻗어 있었다. 로마에서 가장 유명한 아피아가도는 도로 가운데 2차선이 있고, 그 양옆에 보조차선이 있는 형태이며, 포장두께가 0.9~1.5m에 달하는 거대한 규모의 튼튼한 도로였다. 기원전 300년경에 채택된 로마시대 도로 규격은 향후 2,000년간 유럽 도로건설의 표준이 되었다. 또한 남아메리카 지역에서도 잉카 제국이 훌륭한 도로망을 건설했다. 에콰도르의 키토에서 페루의 쿠스코에 이르렀던 잉카의 도로망은 두 갈래로 나뉘어 하나는 해안을 따라 3,600km, 다른 하나는 안데스 산맥을 따라 2,640km의 길이로 뻗어 있었다.

18세기 후반에는 프랑스와 영국을 중심으로 토목기술이 발달하기 시작했다. 1775년 프랑스의 트레사게가 하층토에 돌을 깔고 그 위에 흙을 덮는 새로운 도로포장법을 개발한 데 이어, 영국의 매캐덤도 트레사게와 비슷한 방식의 과학적 도로포장법을 개발했다. 1820년경 영국에서는 20만km에 달하는 도로망이 완성되었다. 그리고 사람과 물자의 이동이 철도를 통해 이루어지면서, 도로 건설은 한동안 정체되었으나, 20세기 들어 자동차가 널리 보급됨에 따라 도로건설은 대변혁을 맞게 된다.

우리나라의 경우 조선시대까지의 도로는 사람과 우마차의 통행을 위한 길이었다. 이 당시의 대부분의 도로는 산과 하천 등의 자연을 따라 자연스럽게 생기고 발달된 '길'이었다. 우리나라에서 현재와 유사한 도로의 모습은 자동차의 출현으로 자동차를 위한 도로가 만들어지기 시작하면서 형성되었다. 실질적으로 1950년대까지 우리나라의 주 교통수단은 철도였고, 현대적인 도로는 전무하였으나, 1962년 경제개발 5개년 계획과 함께 도로개발이 본격적으로 추진되면서 현대적인 도로가 건설되기 시작하였다. 특히 경부고속도로가 개통된 1970년대 이후 다양한 형태의 간선도로가 건설되어 우리나라 경제성장에 크게 이바지하였다. 2000년대 초반까지 본격적으로 이루어진 도로건설은 주요 물류와 교통거점 중심으로 이루어져 화물수송력 증대뿐만 아니라, 주요 도시와 농어촌 지역까지 실질적인 교통서비스가 이루어지도록 함으로써 국가경제발전과 함께 지

 눈이 번쩍 뜨이는 **토목 이야기**

세계에서 가장 이상한 도로들

세계에서 가장 짧은 도로는 스코틀랜드의 위크주에 있는 **206m** 길이의 에베네제르Ebenezer도로이다. 반면에 세계에서 가장 긴 도로는 캐나다의 욘지 스트릿인데, 이 도로의 총 길이는 1,896km에 이르며 서울에서 부산까지 거리를 두 번 왕복하는 거리를 넘는다. 다음으로 세계에서 가장 폭이 넓은 도로는 아르헨티나의 수도 부에노스아이레스에 있는 9드 줄리오 도로이며(폭 110m), 반대로 폭이 좁은 도로는 독일의 로이틀링겐에 있는 스파오호스타세이다(폭 31cm).

에베네제르도로 (출처: Betty Longbottom)

욘지 스트릿 (출처: 크리에이티브 커먼즈)

사람과 물자의 소통

역균형발전과 국민 생활환경 개선에 크게 이바지하였다.

도로를 구분하는 방법을 살펴보면, 도로의 기능에 따라 '간선도로', '집산도로', '국지도로'로 구분할 수 있다. 하지만 그보다 보편적인 도로구분방법은 도로 건설 및 운영 책임기관에 따라 구분하는 방법이며, 가장 상위도로인 고속국도, 일반국도, 특별시도·광역시도, 지방도, 시도, 군도, 구도로 이루어진 7종의 도로로 종류를 나누는 방법이다. 고속국도는 일반적으로(지방부) 고속도로라고 일컬으며, '자동차 교통망의 증축을 이루는 주요 도시를 상호 연락하는 자동차 전용도로'이다. 마치 인체의 대동맥과 같이 사람과 화물의 이동에 있어서 가장 중요한 도로축이다. 우리나라 최초의 고속도로는 1968년에 개통한 23.89km 길이의 경인고속도로이다. 하지만 1번 고속도로는 중요성과 의의에 따라 두 번째로 건설된 경부고속도로이다. 경부고속도로는 1970년 7월 7일 전구간이 개통되어 고속도로를 중심으로 한 우리나라의 일일생활권 시대의 시작을 열게 된 도로이다. 현재 우리나라에는 31개 노선 약 4,000m의 고속도로가 있다. 정부에서는 고속도로 건설을 위해 2014년 기준 예산규모 1조 4,611억 원, 우리나라 전체 예산의 0.38%, 국가 사회간접

도로 관할권에 따른 우리나라의 도로 유형
(출처: 한국도로공사)

도로종류	표지판 모양	관리기관
고속도로	15	한국도로공사 (국토교통부 장관을 대행)
일반국도	1	국도 유지건설 사무소 (시 구역 : 시장)
특별광역시도	88	특별·광역시장 (시 구역 : 시장)
지방도	507	도지사
시도	88	시장
군도	–	군수
구도	–	구청장

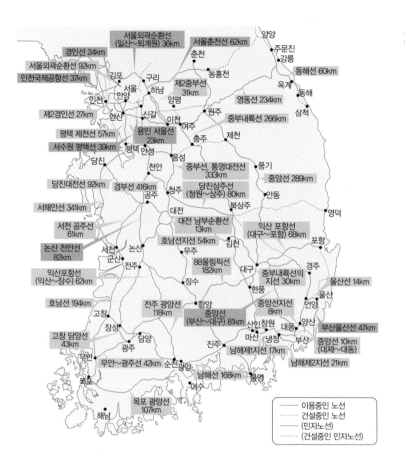

고속도로 현황도
(출처: 국토교통부)

자본 예산 투자액의 6.83%를 썼다. 이로 인하여 세계 11위 고속도
로 보유국이 되었다. 일반국도 역시 우리나라 정부에서 관할하는
도로 유형이다. 우리나라에서 일반국도라고 하면 고속도로를 제외
한 국가의 주요 간선도로를 말한다. 우리나라 일반국도는 우리나라
주요 도시, 지정 항만, 주요 비행장, 국가산업단지 또는 관광지 등
을 연결하는 기능을 수행한다. 현재 우리나라에는 총 51개 노선에
약 13,800km의 일반국도가 있다. 정부에서는 일반국도 건설을 위
해 대규모 예산을 투입하고 있으며, 2014년 기준 예산 규모는 3조
8,350억 원 정도로서 이는 우리나라 전체 예산의 9.97%, 모든 국가
사회간접자본 예산 투자액의 17.93%였다.

일반국도 현황도
(출처: 국토교통부)

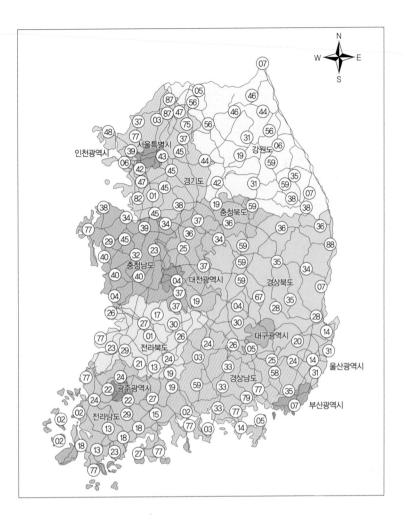

좌 남북노선(27개 노선)
우 동서노선(24개 노선)

노선번호	연장	노선번호	연장	노선번호	연장	노선번호	연장
제 1호	497km	제 33호	174km	제 2호	468km	제 34호	273km
제 3호	557km	제 35호	345km	제 4호	377km	제 36호	296km
제 5호	551km	제 37호	399km	제 6호	269km	제 38호	315km
제 7호	484km	제 39호	212km	제 14호	291km	제 40호	123km
제 13호	311km	제 43호	242km	제 18호	234km	제 42호	304km
제 15호	150km	제 45호	181km	제 20호	230km	제 44호	132km
제 17호	408km	제 47호	114km	제 22호	178km	제 46호	215km
제 19호	445km	제 59호	404km	제 24호	369km	제 48호	63km
제 21호	343km	제 67호	34km	제 26호	166km	제 56호	189km
제 23호	370km	제 75호	78km	제 28호	196km	제 58호	84km
제 25호	272km	제 77호	694km	제 30호	324km	제 82호	13km
제 27호	163km	제 79호	84km	제 32호	172km	제 88호	39km
제 29호	302km	제 87호	59km				
제 31호	619km						

자동차는 사람이나 물자 운반에 쓰는 교통수단으로서 각 자동차에 달린 엔진에서 만들어 낸 동력을 차량 바퀴에 전달하여 달린다. 영어로 자동차를 뜻하는 단어인 'car'는 라틴어 'carrus' 혹은 'carrum'(바퀴달린 탈 것)에서 왔다. 아마도 인류 최초의 자동차는 레오나르드 다빈치가 1482년에 만든 태엽자동차일 것이다. 그러나 현대적 의미에서 볼 때, 누가 자동차를 처음 발명했는지에 대한 주장은 나라마다 차이가 있다. 미국은 헨리 포드, 영국에서는 찰스 롤스와 헨리 로이스, 프랑스는 드 디온 백작과 조지 버튼, 그리고 오스트리아는 지그프리트 마커스(1831~1890)가 세계 최초로 1865년 운반용 수레에 엔진을 고정한 최초의 자동차를 제작하여 200m 시험주행을 했다고 믿고 있다. 그러나 이러한 주장은 자동차라는 기계 자체를 놓고 벌이는 주장일 뿐, 사실상 사람과 물자의 이동에 일상적으로 사용하는 교통수단으로서의 자동차는 1886년 독일의 카를 벤츠 그리고 고틀리프 다임러와 빌헬름 마이바흐로 이루어진 팀에 의해 제작되었다. 그 후, 미국의 헨리 포드가 1927년에 제작한 그림11과 같은 Ford-T 모델이 선풍적인 인기를 누렸고, 1931년 Ford-A로 계속해서 그 인기를 이어갔다. 그러나 1930년 세계적으로 불어닥친 공황으로 인해 자동차 제조회사의 수가 급격히 감소하였고, 인수합병이 이루어지면서 자동차 산업은 성숙기에 접어들게 되었다.

한편 1939년 발발한 제2차 세계대전을 통해 독일의 폭스바겐과 같은 군수용 자동차 생산이 이루어졌으며, 전쟁 이후 1950년대에는 온 세계로 자동차가 보급되기 시작했다. 그리고 우리나라도 자동차라는 경이로운 발명품을 갖게 되었으니 이는 대한제국 순종의 전용차를 도입한 1911년의 일이다.

11 미국의 포드 회사에서 제작한 Ford-T 모델
(출처: 크리에이티브 커먼즈)
미국 포드사에 의해 미국 포드사에 의한 대규모의 자동차 제작(Ford-T 모델, Ford-A 등)은 보급형 자동차 판매가 가능하게 되고 자동차 이용의 급증의 원인이 되어 도로 건설의 수요를 높이게 되는 역할을 하게 된다. 또한 이러한 포드사의 컨베이어 시스템의 도입은 대량생산 혁명이라 불리우는 '2차 산업혁명'을 이루게 된 핵심이다.

이제 사람들은 자동차라는 매우 매력적인 교통수단을 갖게 되었다. 사람들이 걸어서 이동할 경우, 한 시간에 대략 4km 정도를 이동한다. 반면에 사람들이 좋은 자동차를 타고 이동할 경우, 같은 시간 동안에 120km를 이동할 수 있다. 무려 30배 정도나 빨라진 것이다. 그러나 문제는 자동차를 통해 사람과 물자를 이동하려면 자동차 못지않게 도로 또한 신경 써야 했다. 아무리 좋은 자동차를 갖고 있어도 그에 걸맞은 도로가 없다면 자동차는 더 이상 매력적인 물체가 아니다. 이와 더불어, 사람들은 먼 곳까지 빨리 이동하기 위해 자동차를 만들어냈기 때문에 자동차 속도에 대한 관심은 당연히 높아질 수밖에 없었다. 다른 한편으로는, 빨리 달리는 물체를 타고 있던 사람들이 교통사고라는 문제에 봉착하게 되었다. 훌륭한 자동차를 타고 먼 곳까지 단숨에 달리기를 하되, 동시에 통행 목적지까지 안전하게 도착할 수 있는 방안이 필요해진 것이다. 그렇다면 이 필요성을 어떻게 만족시킬 수 있을까?

이 질문에 대해 다음과 같은 생각을 해 볼 수 있다. 사람들이 고속으로 주행하는 차량을 타고 출발지를 떠나 목적지까지 안전하고 편리하게 가기 위해서는 좋은 도로가 있어야 한다. 그런데 도로를 넓고 좋게 만들면 사람들이 무한정 더 빠르게 갈 수 있을까? 물론 아닐 것이다. 빠르기만 하다고 좋은 도로가 될 수 없다. 둘째로, 사람들이 원하는 곳까지 빠르게 간다는 것은 차량 운전자가 아닌 보행자나 자전거 이용자 등에게도 반가운 일일까? 다시 말해서, 넓고 좋은 길을 만들기 위해서 태곳적부터 존재하는 자연을 무분별하게 개발하거나 차량 운전자 이외 사람들에게 피해를 주는 것은 괜찮을까? 당연히 피해를 주지 않고 도로를 건설하는 것이 좋을 것이다.

도시의 많은 사람들의 이동을 위한 교통

우리나라 도시 대중교통의 시작은 1899년 5월 17일 전차가 처음으로 등장한 시기부터이다. 이는 미국의 콜브런이 고종에게서 전차 부설권을 따내어 최초로 청량리~서대문 간 약 8km의 궤도로 건설한 것이다. 당시 서울의 교통수단은 인력거와 자전거 정도였으니, 전차의 등장은 도시교통시스템으로써 대중교통의 혁명과도 같은 의의가 있었다. 이러한 전차는 동양에서 일본의 도쿄와 오사카 다

초기의 대중교통수단
a 초기의 노면전차(출처: 위키피디아)
b 초기의 기관차(출처: 위키피디아)
c 초기의 버스(출처: 서울역사편찬원, 서울2천년사)

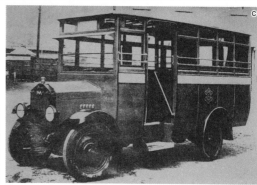

음 세 번째에 해당하는 빠른 도입이었다. 버스운행의 시작은 1911년 12월 말 경남 마산~진주~삼천포 간을 운행하는 8인승 소형버스 운행이었으나, 1915년에 서울 을지로 입구에 우리나라 첫 자동차 운수회사인 '오리이자동차상회'가 설립된 것을 계기로 각 지역에서 승합차 영업이 활발하게 전개되었다. 하지만 실질적인 시내버스인 공영버스는 1927년 6월 경성부영버스가 최초인데 서울시(당시 경성부)가 직접 운영한 공영버스였다. 한편 도시철도는 1974년 8월 15일 지하철 1호선이 개통된 이후 서울 및 대도시에 설치되어 운영되고 있다. 도시철도는 지하철, 전철, 경전철, 그리고 무인운행하는 모노레일 등으로 구분될 수 있는데, 초기 공사비는 높으나 수송효율이 높아서 자동차의 급증과 도로시설 공급의 한계에 따른 도시교통문제 해결의 중요한 역할을 담당하고 있다. 하지만 도시의 대중교통수단은 적자운영과 서비스 저하 등의 문제가 있어 교통수단 분담율 증대의 한계에 봉착하였다. 이를 해결하기 위해 시행된 것이 서울시의 경우 대중교통체계 개편이다. 버스를 준공영 운영방식으

서울역 버스환승센터
(출처: 크리에이티브 커먼즈)

로 수정하고, 버스의 노선조정 및 통행목적에 따른 네 가지 단계의 버스를 운영하는 한편, 지하철과의 경쟁을 피하고 연계 환승되도록 환승요금제를 도입함으로써 서울시 대중교통 서비스 수준을 높여 이용률 증가와 만족도 증가를 얻게 되었다. 이와 같이 대중교통시스템은 시민의 편리한 이용을 위해 상호 간 연계 환승되며, 적절한 대중교통 네트워크를 계획하는 매우 중요한 부분이다. 이제 대중교통은 첨단교통기술과 접목하여 보다 편리하고 안전한 서비스를 제공하고 있다.

첨단교통시스템에 의한 미래 교통시스템

영화 〈마이너리티 리포트Minority Report〉를 보면, 자동차는 무인 자율주행으로 운행되며, 별도의 주차시설 없이 건물의 벽에 붙어 있다가 별도의 램프로 도로에 진입하게 된다. 자율주행 차량은 1993년에 개봉한 〈데몰리션 맨Demolition Man〉에서부터 미래 사회를 다루는 많은 과거 영화에서 자주 등장하는 교통수단이다. 이러한 자율주행 차량의 상용화는 이제 가까운 미래에 이루어질 것으로 보인다. 그림12은 자율주행 차량의 기술 5단계를 설명하고 있다. 현재의 일반적인 운전은 Level 0의 수준이고, 일부 고급차량에 장착되어 있는 자율주행기능은 Level 2 정도의 수준이라고 할 수 있다. 이러한 자율주행 차량의 상용화는 Door-to-door 서비스로 대중교통수단을 대체하고, 불필요한 도심주차공간의 새로운 활용과 교외 주거용 주택의 가치 증가로 출퇴근 거리 증가, 그리고 자동차의 소유개념이 공유개념으로 변화하는 등, 기존의 도시교통정책뿐만 아니라, 주택, 환경, 물류 등 도시 시스템의 전반적인 패러다임의 변화가 예상

	Level 0	Level 1	Level 2	Level 3	Level 4
	No-Automation	Function specitic Automation	Combined Function Automation	Limited Self-Driving Automation	Full Self-Dirving Automation
설명	주행 보조 장치없음	단일 주행 보조 기능	복수의 주행 기능 융합 보조	제한적 자율 주행	안전한 자율 주행
예시		크루즈 콘트롤, 긴급 제동, 차선 유지	차선 유지 기능 + 적응형 크루즈 콘트롤	자율 운전단, 단, 위급상황 시 운전자 개입 필요	모든 환경에서 자율 주행 가능

된다. 자율주행 차량으로 실질적인 도심 내 차 없는 거리가 가능하게 되고, 이는 단거리 대중중교통수단이나 자전거 및 개인이동수단 등과의 연계가 필수적이다. 이 밖에도, 영화 〈이글아이Eagle Eye〉에서처럼 인공지능의 슈퍼컴퓨터가 모든 차량들을 모니터링하며, 교통 관리 및 관제를 함으로써, 실시간 교통상황 판단에 따른 정확한 관제가 가능하게 될 것이다. 장거리 이동을 위해서는 하이퍼루프와 같이 초고속 장거리 통행수단이 등장하여 초장거리 급행광역교통시스템이 자율주행 생활권 미니버스와 함께 도시의 대중교통을 담당하게 될 것으로 예상한다. 하지만 이러한 미래 교통시스템은 무인자동차에 의한 사고의 책임소재 문제와 해킹에 따른 교통수단의 범죄수단으로 악용될 소지 등의 해결해야 할 문제가 아직 많이 남아 있다.

사람과
물자의 소통

01 우리나라 고속도로 건설과 경제성장의 관계를 조사하고, 이를 통해 국가경제에 있어서 SOC의 중요성을 설명하시오.

02 최근 건설된 신항만을 조사하고, 조사된 신항만의 건설배경 및 국가 물류에 있어서의 역할에 대하여 설명하시오.

> **힌트** 최근에 건설된 신항만으로는 부산 신항만이 대표적이다.

03 항만에 함께 건설되는 주변 및 연계시설들에 대하여 조사하고 각 시설별 역할과 항만과의 연계성에 대하여 설명하시오.

04 우리나라에 고속철도가 처음 완공된 것은 2004년 서울~부산 간 경부고속철도이다. 우리나라에 고속철도망이 건설되어 나타나게 되는 사회경제적 측면과 교통이용 측면에서의 변화를 설명하시오.

05 우리나라의 도로망과 철도망을 비교하고, 도로와 철도의 역할 분담 및 연계방안에 대하여 논하시오.

06 우리나라의 인천공항과 주변 국가의 허브공항 특성을 비교하고 인천공항의 의의와 인천공항 건설이 우리나라 사회경제 및 글로벌 위상에 미치는 영향에 대하여 설명하시오.

07 서울의 교통수단별 분담율을 조사하고, 대중교통 이용율을 높이기 위한 방안에 대하여 설명하시오.

> **힌트** 2016년 서울시 교통수단별 분담률: 버스(26.1%), 지하철(38.9%), 택시(6.6%), 승용차(24.3%), 기타(4.1%)

08 과거 2000년대 초반에 비하여 현재 변화된 서울시 대중교통환경에 대하여 설명하고 앞으로 10년 후 서울시 대중교통환경의 변화될 모습을 예측하시오.

09 자율주행차 시대가 도래하게 되면 달라지게 될 도시구조와 도시민의 생활 변화에 대하여 예측하여 설명하시오.

10 20년 뒤 서울시 교통시스템의 모습을 전망하고, 이러한 새로운 교통시스템에서 발생할 수 있는 또 다른 문제들에 대하여 논하시오.

5장

시간과 공간의 연결,
교량과 구조

교량, 기능 이상의 가치

사전적 의미의 '교량'은 도로, 철도, 수로 등을 통한 운송에 장애가
되는 하천, 계곡, 강, 호수, 해안, 해협 등을 건너거나, 다른 도로,
철도, 가옥, 농경지, 시가지 등을 넘어갈 목적으로 건설되는 구조물
을 총칭한다. 그러나 교량은 이러한 기능적 가치 외에도 다양한 상
징적, 역사적, 그리고 문화적 가치를 함께 지니고 있다.

교량의 '상징적 가치'는 샌프란시스코San Francisco 하면 골든게이트
Golden Gate교가 떠오르고 골든게이트교하면 샌프란시스코가 떠오르는
것으로부터 쉽게 이해할 수 있다. 경관과 융합된 독특한 교량들은

골든게이트교

미요바이아덕트

그 지역을 대표하는 랜드마크로서 영화의 소재가 되기도 하며 누구나 한번쯤 배경에 담아 사진을 찍고 싶은 충동을 느끼게 한다.

'역사적 가치'는 교량이 한 시대의 산업과 기술, 그리고 예술적 관심사를 가늠케 하는 역사의 증거물이 되는 것을 의미한다. 예를 들어, 프랑스 남부의 가르Gard교는 2천 년 전 로마시대의 물 자원에 대한 중요성과 토목기술의 융성을 잘 드러내고 있고, 뉴욕 브루클린Brooklyn교는 19세기 급속히 발전한 공학 기술을 지금까지 생생하게 보여 주고 있다. 20세기 들어서는 아카시카이쿄Akasi Kaikyo교, 미요바이아덕트Millau Viaduct 등이 공학기술의 끝없는 도전과 세련된 아름다움을 추구하는 시대의 요구를 여지없이 보여 주고 있다. 이러한 교량의 역사적 가치는 많은 명화나 음악, 그리고 문학작품에서 하나의 모티브로 다루어지고 있는 교량들을 통해서도 느낄 수 있다.

'문화적 가치'는 삶과 문화의 활발한 교류를 가능케 함으로써 인류의 삶을 보다 융성하게 하고 발달된 문화를 널리 확산시키는 것을 의미한다. 쉬운 예로, 우리는 교량 없는 베니스를 상상하기 어렵다. 베니스의 중심부는 도시의 다른 부분과 그랜드 캐널Grand Canal로

**교량이 도시문화 형성에 중요한
역할을 한 예**
a 파리
b 뉴욕
c 베니스

분리되어 있기 때문에 생활과 문화의 모든 욕구는 수많은 다리를
통해서 넘나든다. 뉴욕의 맨해튼Manhattan은 미국 상업과 문화의 중
심지로서 브루클린교, 맨해튼교를 통해 모든 교류와 경제활동이 이
루어지고 있다. 런던의 교량도 마찬가지이다. 한강의 기적이라 불
리는 경제 발전과 한류 문화도 한강을 자유로이 넘나드는 교량 없
이는 이루어질 수 없었을 것이다. 교량은 도시의 성장과 문화를 창
출하는 역할을 성실히 수행해 왔다.

잘 만들어진 교량이 갖춘 기본 가치

잘 만들어진 교량은 안전하고 기능적이며 경제적이고 또한 보기 좋
아야 한다. 안전하다는 것은 차량, 지진, 바람, 온도변화, 땅의 부
등침하 등으로 발생하는 하중에 대하여 교량의 모든 부재가 허용되
는 강도나 응력을 초과하지 않는 것을 의미한다. 만약 이 조건을 만
족하지 못하면 교량을 안심하고 사용할 수 없게 된다. 해당지역의
교통 수요와 그로 인해 요구되는 차선 수 등의 다양한 요구는, 교량
의 기본가치인 안전성이 위협받지 않는 가운데에서 만족될 수 있도
록 공학적인 해결점을 찾는 것이 중요하다. 안전성뿐만 아니라, 처

짐이나 진동 등에서 사용자에게 불편을 초래하지 않는 등 기본적인 기능성Serviceability을 확보하는 것 또한 매우 중요하다. 반면 경제적이고 보기 좋아야 하는 것은 교량의 중요한 기본가치이지만 절대적 기준을 만족하려하기보다는 주어진 조건에서 최적의 결과물을 도출해 내려는 전문가의 노력이 필수적으로 요구된다.

결국 하나의 교량을 계획, 설계하고 시공하는 것은 주어진 요구사항과 가용한 예산 범위 내에서 안전하고 기능적이며 아름다운 교량을 만들어 내는 것으로서, 정해져 있는 모범답안을 찾는 단순 작업이 아니라 주어진 상황에서 최선의 교량을 찾아내는 하나의 창작 활동이다. 최근 들어 교량의 계획과 설계과정에서부터 내구성, 지속 가능성, 생애주기 비용, 환경 영향성 등의 가치도 적극적으로 고려하는 등 교량기술은 끊임없이 고도화되고 있다.

눈이 번쩍 뜨이는 **토목 이야기**

교량 아래로 하천을 통행하는 배가 지날 수 있다. 이를 위해 교량은 수면으로부터 일정 높이 이상의 다리 밑 공간을 확보해야 한다. 그러나 양쪽 지형이 수면으로부터 높지 않을 경우 무리하게 교량을 높이기 보다는 도개(跳開)식 교량을 계획할 수 있다. 프랑스 보르도의 Pont Jacques Chaban-Delmas나 잉글랜드 풀의 Twin Sails Bridge 등 다양한 형식의 도개교는 도시를 구성하는 하나의 요소가 되고 있다.

상좌 Pont Jacques Chaban-Delmas (출처: CC BY-SA 3.0, A. Delesse(프로 메테우스))
상우 Twin Sails Bridge (출처: 크리에이티브 커먼즈)
하 Rolling Bridge(출처: geograph)

교량의 형식

고대인들은 강이라는 장애물을 만났을 때 어떻게 건너려고 했을까? 아마도 주변에서 강폭보다 긴 나무를 찾아 쓰러뜨려 건넜을 것이다. 가장 원시적인 교량의 출현이다. 처음에는 하나의 나무로 건넜지만 이내 균형을 잡기가 어려워 개선의 필요성을 본능적으로 깨닫게 되었을 것이다. 그래서 옆에 하나의 나무를 더 놓아 조금 더 편하게 건너는 시도를 하지 않았을까? 이러한 시도들이 역학적, 재료적으로 뒷받침되면서 다양한 교량형식을 만들어 내게 되었다.

구조공학적인 관점에서는 교량 외부로부터 오는 힘이 교량의 부재에 어떻게 분배되느냐에 따라 교량을 크게 거더교, 아치교, 현수교, 사장교로 분류할 수 있다. 이 절에서는 이러한 교량형식들 각각의 특징과 주로 활용되는 재료들에 대해 살펴본다.

원시적 교량

1 외력이 작용하는 보

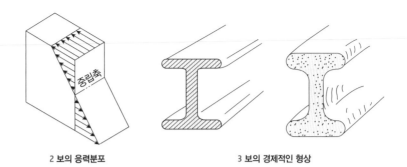

2 보의 응력분포   3 보의 경제적인 형상

거더교

고대인들이 원시교량에서 사용한 나무를 교량의 주요 부재형식인 보Beam 혹은 거더Girder의 예로 볼 수 있다. 두 개 또는 그 이상의 보를 나란히 배열하면 더 많은 사람이나 수레도 지지할 수 있다. 구조공학에서 '보'는 그림1에서 보는 바와 같이 휨bending을 일으키는 변형에 저항하는 부재를 의미한다. 보가 그림에서와 같이 휘어질 때 보의 상단은 압축이, 하단은 인장(끌어당김)이 발생한다. 단위면적당 부담하는 힘의 크기를 응력Stress으로 나타내는데 보에서는 그림2와 같이 상단에서 가장 큰 압축응력이 발생하고 하단에서 가장 큰 인장응력이 발생한다. 이러한 응력의 분포로부터 알 수 있는 것은, 보는 한 단면 내 모든 요소가 외력을 동일하게 분담하지 않고 외곽 쪽에 응력이 집중되어 재료사용의 효율성이 떨어진다는 것이다. 이러한 약점을 보완하기 위해 보는 그림3과 같이 휘어지는 방향으로 최대한 위 또는 아래 위치에 넓은 면적을 배치하여 응력분포의 집중을 최대한 줄이는 것이 일반적이다. 따라서 교량에 사용하는 대부분의 거더는 그림3과 같은 단면 형태를 취하고 있다.

거더가 받는 휨의 크기는 지간Span(교각과 교각 사이) 길이의 제곱에 비례하여 증가하기 때문에 거더교는 자연스럽게 지간 길이의 한계를 갖게 된다. 따라서 거더의 높이는 지간 길이의 1/20 정도를 취

브리타니아교 (출처: 위키미디어)

브리타니아교 튜브형 단면
(출처: 위키미디어)

하는 것이 일반적 경험지식이다. 즉, 150m의 지간 길이를 갖는 거더교의 거더 높이는 대략 7.5m 정도이면 되나 이를 5m 정도로 줄이려고 한다면 별도의 해결방안을 강구해야 할 것이다. 현존하는 가장 긴 거더교는 중국 충칭Chongqing의 쉬반포Shibanpo교로서 지간 길이 330m이다.

1850년대에 지어진 브리타니아Britannia 거더교는 튜브형 모양의 거더를 연철Wrought Iron 재료로 만들었다. 이 튜브형 거더 속으로 기차가 달렸으나 1970년 거더 내에 발생한 화재로 교량이 약해지자

교량의 구성요소

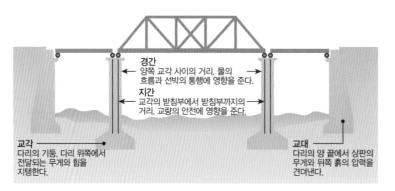

경간
양쪽 교각 사이의 거리. 물의 흐름과 선박의 통행에 영향을 준다.

지간
교각의 받침부에서 받침부까지의 거리. 교량의 안전에 영향을 준다.

교각
다리의 기둥. 다리 위쪽에서 전달되는 무게와 힘을 지탱한다.

교대
다리의 양 끝에서 상판의 무게와 뒤쪽 흙의 압력을 견뎌낸다.

시간과 공간의 연결, 교량과 구조

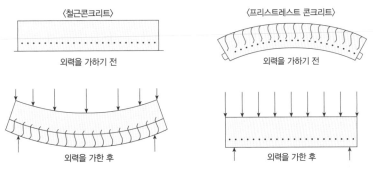

〈철근콘크리트〉	〈프리스트레스트 콘크리트〉
외력을 가하기 전	외력을 가하기 전
외력을 가한 후	외력을 가한 후

외력 작용 전후의 철근콘크리트와 프리스트레스트 콘크리트의 거동 비교

거더 부분만 트러스 아치로 교체되었다.

거더교에는 다양한 재료들이 활용될 수 있다. 강Steel은 높은 강도를 인장과 압축 방향으로 동시에 갖고 있기 때문에 상하대칭 단면 형상을 가진 거더에 많이 활용된다. 콘크리트는 압축강도가 높고 가격이 저렴하나 인장에는 취약하기 때문에 철근으로 보강하여 활용한다. 그러나 철근콘크리트도 처짐 관리나 균열 제어에는 한계를 갖기 때문에 규모가 커지면 프리스트레스 강선(미리 인공적으로 스트레스를 가하기 위해 부재 내부에 장착된 강선)을 사용하여 문제를 해결한다. 콘크리트는 강재와 더불어 현대 교량의 가장 주된 재료로 활용되고 있다.

강화유리는 압축강도가 높고 기능성과 내구성을 갖추고 있지

그랜드캐니언의 스카이워크교

만 일반적으로 강새 프레임과 함께 사용해 왔다. 그랜드케니언Grand Canyon의 스카이워크Skywalk교는 유리소재를 사용하여 극도의 긴장감과 흥미를 유발하고 있다. 앞으로 유리 소재의 발달은 완전한 유리만으로 교량을 만들어 내는 것을 가능케 할 것이다.

아치교

"모든 길은 로마로 통한다."라는 속담처럼 로마인들은 문화 융성을 위하여 대로와 수로를 많이 건설했다. 이 과정에서 나무나 돌로는 건널 수 없는 강과 계곡을 건너기 위하여 '아치Arch'라는 독특한 구조 형식을 개발했다. 아치는 웨지Wedge 모양의 돌Voussoir을 곡선모양으로 쌓아 올리고 최 정점에 키스톤Keystone을 끼워 완성하는 구조이다. 초기 로마인들은 각 돌을 거의 비슷한 모양으로 만들며 반원형 구조를 구상하여 아치의 중심 유지를 용이하게 하였다. 아치 위에 작용

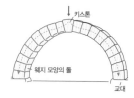

아치교의 하중 흐름

반원형 아치를 적용한 산탄젤로교
(출처: 크리에이티브 커먼즈)

시간과 공간의 연결, 교량과 구조

가르교

세고비아 수로교

하는 하중은 아치의 축선을 따라 압축력으로 교대까지 전달되며 따라서 각 돌들은 별도의 부착 없이도 튼튼한 구조를 유지할 수 있었다. 압축에는 강하지만 인장에는 약한 돌을 가장 효과적으로 배치한 구조가 아치인 것이다.

산탄젤로Sant'Angelo교는 서기 134년에 만들어졌다. 이 다리는 정확한 반원형의 아치를 채용하고 있어 아치 위로 전달되는 힘이 대부분 수직방향의 힘으로 지점(교량과 지반이 만나는 지점)에 떨어지고 있다. 유럽의 관광 명물 중 하나인 수로교Aqueduct 역시 대부분 반원형의 아치 구조로 지어졌다. 기원전 18년에 가설된 가르교는 가장 잘 보존된 고대의 수로교이며 스페인 세고비아Segovia 수로교는 모르타르를 사용하지 않은 자연석의 아치 구조를 선명하게 보여 주고 있다.

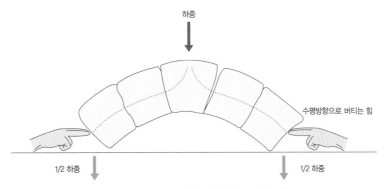
호 모양의 아치교를 지탱하는 수평방향으로 버티는 힘

고대의 아치교가 반원구조인 것에 비해 이후의 아치교들은 원의 일부를 활용하는 얕은 깊이의 아치를 취하고 있다. 이 경우 아치를 고정하는 교대에 수직방향의 힘뿐만 아니라 수평방향으로 미는 힘이 함께 발생하게 된다. 따라서 교대(교량 양쪽 끝의 지지대)가 수평방향으로 밀리지 않도록 견고하게 만들어야 한다. 현대의 아치교는 콘크리트나 강재를 고루 활용하고 있다.

현수교

앞서 기술한 바와 같이 가장 원시적인 교량은 나무를 통째로 뉘여 건너는 형태였을 것으로 추측해 볼 수 있으나, 조금 더 먼 거리는 덩굴을 이용했을 것이다. 그림4은 일본 이야벨리Iya Valley에 있는 덩굴 교량으로서 12세기에 처음 만들어졌으며 적들의 침입을 차단하기 위해 쉽게 잘라버릴 수 있는 구조로 되어 있다. 또한 그림5과 같이 외부로 노출된 나무의 뿌리도 교량의 재료로 활용되었다. 동양에서는 대나무 교량도 찾아볼 수 있는데 대나무는 압축과 인장에 강하고

눈이 번쩍 뜨이는 **토목 이야기**

로마의 수로교(Aqueduct)

로마 제국은 멀리 떨어진 수원지에서 도시나 마을의 공중목욕탕, 공중화장실, 분수, 사유지에 수돗물을 공급하기 위해 다양한 수로교(수도교)를 지었다. 물을 흘려보내기 위해 일정한 경사의 수로를 확보했다. 경사도는 평균 0.2~0.5%였고 경우에 따라서는 16.5%가 되었다. 언덕이 그리 크지 않으면 갱도를 파고 들어가 관통하는 방법을 택했고 일정한 간격으로 언덕에서 수직으로 굴을 파서 수리구멍과 환기구를 만들었다. 골짜기가 나오면 다리를 놓거나 사이펀 원리로 밑을 파고 들어갔다.

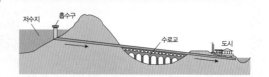

4 오쿠이야 카즈라바시(Oku–Iya Kazurabashi)
(출처: wikipedia)

5 더블데커 리빙루트(Double Decker Living Root)교
(출처: 크리에이티브 커먼즈)

유연하며 가볍기 때문에 작은 하중을 받는 현수식 교량에 활용될 수 있었다.

이와 같이 덩굴로 지어진 원시적 현수교까지 고려한다면 현수교의 역사는 수천 년에 이른다. 그러나 지간길이가 급격히 늘어나는 기술의 진보는 케이블 재료가 개발되기 시작한 최근 200여 년에 집중되었다. 현수교는 높은 인장강도를 보이는 케이블에 의해 지지되는 교량이다. 데크(교량을 통해 운송하는 사람이나 차가 지나가는 길쭉한 부분)에 가해지는 힘은 행어Hanger라고 불리는 수직방향의 케이블을 통해 주케이블에 전달되고 주케이블은 인장방향의 변형을 통하여 이 힘을 앵커리지(케이블에 가해지는 힘을 지지하는 구조물)에 전달한다. 이 구조형식의 역학적 메커니즘에서 중추적 역할을 하는 케이

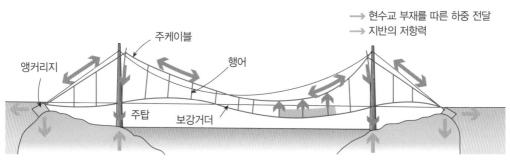

차량하중에 의한 현수교의 변형 모습과 하중전달 원리

브루클린교 (출처: 위키미디어)　　　　　　　아카시카이쿄교 (출처: 크리에이티브 커먼즈)

블은 포물선 모양을 취하고 있는데 이 곡선은 아치의 형상과 비슷
하나 곡률의 방향이 반대이다. 아치는 압축력을 지지하며 위로 볼
록한 형상을 취하고 있지만 현수교 주케이블은 인장력을 전달하며
아래로 볼록한 형상을 취하고 있다. 아치의 교대는 바깥으로 미는
수평력을 버텨야 하는 반면 현수교의 앵커리지는 주케이블로부터

개통 직전의 이순신대교

시간과 공간의 연결, 교량과 구조

전달되는 안쪽으로 잡아당기는 수평 방향의 힘을 지탱해 주어야 한다. 현수교는 지간 길이가 수 킬로미터에 달하기 때문에 케이블을 따라 전달되는 수평력이 매우 크며 따라서 대규모의 콘크리트 덩어리 등으로 만들어진 앵커리지로 움직이지 못하게 단단히 잡아주는 것이 중요하다.

초기의 현수교는 철제 체인으로 연결된 케이블을 활용하기도 했으나 이후 1883년 건설된 브루클린교에서 소선wire을 수천가닥 합쳐 케이블을 구성하는 기술을 처음 선보이게 되었다. 소선은 강재를 사용하여 제작되지만 신선과정을 거치면서 조직이 치밀하게 되어 일반 강재보다도 인장강도가 4배에 달하기 때문에 같은 양의 재료로서 가장 큰 힘을 지탱할 수 있는 건설재료가 되었다. 현수교는 지간길이가 가장 긴 교량을 만들 수 있는 형식이며 현존하는 최장지간의 교량은 아카시카이쿄교로서 주경간이 1,991m에 달하고 있다.

신선과정 코일모양의 강재를 인발하여 강선으로 만드는 과정

인장강도 인장력을 받는 재료가 파단될 때까지 받을 수 있는 단위 면적당 최대 힘 또는 응력

눈이 번쩍 뜨이는 **토목 이야기**

현수교 주케이블의 소선 한 가닥만으로도 코끼리를 들어 올릴 수 있다?

소선 한 가닥 한 가닥이 모여 스트랜드를 구성하고 이 스트랜드가 모여 현수교의 주 케이블이 완성된다. 건설현장에서는 보통 스피닝 휠이라는 장비를 사용하여 소선 가닥별로 주 케이블을 가설한다. 이순신대교의 경우 지름 5.35mm의 소선 400가닥이 모여 스트랜드를 구성하고 다시 스트랜드 32개가 모여 지름 0.677m의 주 케이블을 이루게 되었다. 각 소선은 파단될 때까지 최소 1,860MPa의 인장응력을 지탱할 수 있는데, 지름

5.35mm 소선의 단면적을 감안한다면 하나의 소선으로도 4톤이 넘는 코끼리를 들어 올릴 수 있음을 알 수 있다. 이러한 소선의 높은 인장강도로 인해 현수교는 수 km에 이르는 자신의 무게와 외력을 지탱할 수 있다.

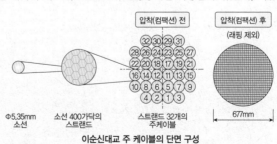
이순신대교 주 케이블의 단면 구성

아카시카이쿄교 이전의 현수교는 인장강도 1,680MPa의 소선을 사용했으나 이 소선을 아카시카이쿄교에 그대로 적용하게 되면 한쪽 주케이블이 두 줄로 구성되어야 하는 어려움이 발생했다. 이를 극복하기 위해 엔지니어들은 1,760MPa의 인장강도를 갖는 소선을 개발하여 1줄의 주케이블로 아카시카이쿄교를 건설하는 데 성공하였다.

우리나라도 지간길이 1,545m의 이순신대교를 설계부터 소재와 시공에 이르기까지 국내 기술을 사용하여 건설함에 따라 당당히 교량 강국의 대열에 합류하게 되었다. 이순신대교 소선의 인장강도는 1,860MPa로 당시 역대 최고 수준이었으며, 울산대교에는 한 단계 더 높여 1,960MPa의 소선을 세계 최초로 적용하였다.

사장교

현수교에 비하면 사장교의 역사는 훨씬 짧다. 최초의 근대식 사장교는 1956년에 지어진 스트룀순드Strömsund교이다. 현수교가 장지간

외레순교

시간과 공간의 연결, 교량과 구조

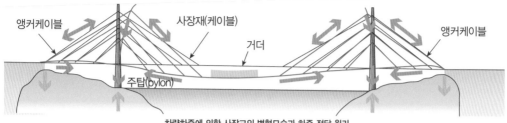

앵커케이블　　　사장재(케이블)　　거더　　　　　　　앵커케이블

주탑(pylon)

차량하중에 의한 사장교의 변형모습과 하중 전달 원리

화할수록 강성 저하를 고민하게 되었는데 사장교도 현수교와 같이 강성의 문제를 겪었지만, 주로 지금과 같은 고강도 케이블을 사용하지 못한 데서 오는, 케이블의 강성저하 효과에 의한 것이었다.

　사장교 역사상 큰 변화 중 하나는 다수의 케이블을 사용하는 멀티케이블Multi-Cable 사장교로의 변화다. 이전까지 높은 부정정 차수로 인한 해석의 한계는 사장교에서 많은 수의 케이블을 사용하는 것을 어렵게 했다. 1960년대에 이르러 컴퓨터의 발전은 구조적 측면에서 더욱 다양하고 복잡한 형태로의 시도를 가능하게 했다. 멀티케이블 사장교는 케이블 수를 증가시켜 보다 날렵한 거더를

에라스무스교
(출처: 크리에이티브 커먼즈)

쓸 수 있게 했고, 단위 케이블의 하중부담을 줄임으로써 장대화의
기틀을 마련했다.

사장교는 멀티케이블의 배치 형식에 따라 하프형, 방사형, 팬
형 등으로 구분하기도 하는데 일반적으로 방사형이 주류를 이루고
있다. 외레순Øresund교는 하프형의 케이블 배치를 선택한 도로철도
병용교이다. 이 교량은 덴마크와 스웨덴을 연결하는 국가 간 교량
으로서 출퇴근 인구를 포함해 하루 60,000명 이상이 횡단하는 것으
로 알려져 있어, 소통과 문화 창출에 기여하는 교량의 기능을 잘 보
여 주고 있다. 다소 특이한 형식을 취한 에라스무스Erasmus교의 케이
블 배치 형식은 방사형을 취하고 있지만 지간이 하나인 사장교로서
주탑을 기준으로 방사형 케이블의 반대 측은 케이블을 모아 별도의
앵커를 사용하여 지반에 고정시켰다. 이렇게 고정된 외측 케이블은

눈이 번쩍 뜨이는 **토목 이야기**

인천대교 왕복하는 코스만으로도 마라톤 경기가 가능하다?

인천대교는 총 연장이 21.38km로서 왕복을 하게 되면 마라톤코스 길이인 42.195km를 능가할 수 있는 세
계 5위급의 긴 교량이다. 실제로 2009년 개통 직전 교량 위만을 달리는 국제마라톤대회가 개최되기도 하였
다. 우리에게 잘 알려진 사장교 구간은 인천대교를 구성하는 교량의 일부에 불과하다. 이와 같이 해상 교량
의 일부에 사장교나 현수교를 계획하는 주된 이유는 교량 밑을 항행하는 대형 선박의 항로를 확보하기 위해
서이다. 인천대교 사장교도 주경간 중앙부는 수면까지 80m 이상의 높이를 유지하고 있다. 주탑과 주탑 사이
의 거리를 800m로 계획함으로써 선박의 항행에 충분한 공
간을 확보했지만 만일의 경우를 대비하여 주탑 부근에 선박
충돌 보호시설도 설치하였다. 이와 같이 장대교량의 주경간
길이나 수면에서 거더까지의 높이는 교량의 기능과 주변 여
건에 따라 결정된다. 그러나 이 외의 접속교 구간은 적절하
게 교량 높이를 낮추고 교각을 촘촘하게 배치함으로써 전체
건설 예산을 절감하는 것이 필요하다.

21.38km의 인천대교를 구성하고 있는 사장교와 접속교

시간과 공간의 연결, 교량과 구조

주경간으로부터 전달되는 강한 인장력을 지지점에 전달하는 "백스테이Back-stay" 기능을 충실히 하고 있다. 특히 앵커케이블 뒷부분의 접속 교량은 들어 올릴 수 있는 도개 구조로 되어 있어 다리 밑으로 배가 지나갈 수 있다.

앵커리지를 사용하는 현수교와 달리 사장교는 거더가 케이블을 자체적으로 지지하기 때문에 주탑 부근으로 갈수록 케이블의 수평장력 성분이 누적되어 거더에는 큰 압축력이 발생한다. 장대교로 발전해 갈수록 이 압축력에 대한 거더의 좌굴Buckling 안정성 문제가 심각해진다. 주경간 길이 827m의 노르망디Normandie교에서는 측경간과 주탑 부근 거더에 압축력에 강한 콘크리트 단면을 사용하여 이 문제를 해결한 바 있다.

현수교에서의 강성문제를 해결함과 동시에 별도의 앵커리지가 필요하지 않다는 점 때문에 사장교의 건설 단가는 현수교보다 낮으며 이 점이 사장교가 각광을 받는 이유가 되었다. 그러나 장경간으로 갈수록 현수교에 비해 극복할 수 있는 경간장의 한계가 여실히 낮은 것이 사실이다.

트러스를 거더로 사용하는 교량

삼각형 모양으로 부재를 배치하고 각 절점을 핀으로 연결하면 각 부재는 인장이나 압축만을 받는 안정된 구조를 이루게 된다. 이러한 삼각형 모양의 부재를 연속적으로 배치한 구조형식이 트러스Truss이며 거더교, 아치교, 현수교, 사장교 형식 속의 거더로서 트러스 구조가 활용되기 때문에 별도의 교량 형식으로 분류하지 않았다.

트러스 부재는 인장이나 압축력만을 받기 때문에 단면 내에 응

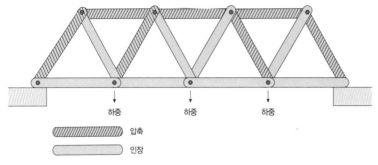

하중

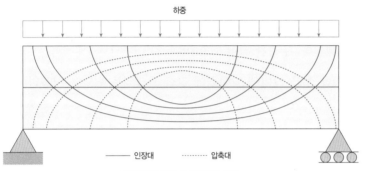

압축

인장

6 **트러스의 인장 및 압축력 분포**

하중

인장대   압축대

7 **휨부재의 인장 및 압축응력 분포**

력이 고르게 분포되며 휨부재와는 달리 단면 전체를 최대로 활용할 수 있다. 그러나 압축력을 받는 부재는 좌굴이 발생할 수 있기 때문에 허용응력이 낮아지게 되며 따라서 트러스 내에서도 압축력을 받는 부재는 인장력을 받는 부재에 비해 단면이 더 크게 설계된다.

그림6은 하중을 받는 트러스를 나타내고 있는데 지점 방향으로 누워 있는 트러스 부재는 압축력을 받게 되고 반면 중앙을 향하여 누워 있는 부재는 인장력을 받게 된다. 이는 재료역학 등의 과목을 통하여 외력을 받는 거더 내에서 인장대와 압축대가 그림7처럼 발생하는 원리를 배우면 작용 하중이 부재를 따라 지점까지 전달되는 힘의 흐름을 이해할 수 있다.

철과 강을 사용하여 더욱 강하게

철Iron이 교량의 재료로 처음 쓰인 것은 15세기경 중국에서였으며 당시의 현수형식의 교량은 서양 사람들에게도 경이로운 대상이었다. 이후 주철Cast Iron이 교량에 처음 사용된 것은 1781년 영국 세번Severn강을 건너는 아이언Iron교에서였다. 주철은 일반 철에 비해 녹는 온도가 낮아 주물로 만들기 유리한 철이다. 총 417톤의 철이 사용된 이 교량은 인근 용광로에서 대형 주철 부재로 제작되어 강을 따라 옮겨와 설치되었다. 산업혁명 이후 주조방식에 의해 만들어진 동일한 형상의 주철 부재는 구조적으로 효율적일 뿐만 아니라 장식적 형상을 지닌 교량을 가능케 하였다.

포스레일교 (출처: 크리에이티브 커먼즈)

근대적 제강기술이 도입된 19세기말에는 본격적으로 강재를 사용하게 되면서 획기적인 발전을 이루게 되었다. 철과 탄소의 합금인 강Steel은 철에 비해 인장과 압축강도가 우수하기 때문에 교량의 성능을 높이고 공법을 다양화 시켰다. 1883년에는 강선을 사용한 최초의 근대적 현수교인 브루클린 교가 지어졌고, 1890년에는 520m 달하는 경간을 두 개 이어 완성한 포스레일Forth Rail교가 웅장한 켄틸레버 형식의 트러스로 그 모습을 드러냈다.

눈이 번쩍 뜨이는 **토목 이야기**

포스레일교의 역학적 원리

포스레일교의 역학적 원리를 설명하기 위해 두 사람이 의자에 달린 지지대를 붙잡고 앉아 있다. 그들은 각각 완전한 교각이 되었다. 두 사람의 바깥쪽 팔과 그 아래의 막대 위로 들리지 않도록 벽돌 더미(카운터 웨이트)가 끌어 내리고 있다. 두 사람의 안쪽 팔과 막대는 중앙경간을 지탱하고 있다. 사람이 가운데 걸터앉아 하중을 가하면 두 사람의 팔과 카운터 웨이트에 연결된 로프에는 당기는 힘(인장력)이 가해진다. 반면 두 사람이 잡고 있는 막대에는 누르는 힘(압축력)이 발생한다. 의자는 교각 기초와 같이 연직하중을 지반에 전달하는 역할을 하고 있다. 두 사람의 안쪽 팔과 막대는 캔틸레버(내민보)로 뻗어 나와 가운데 매달린 부분을 지탱하고 있어 결과적으로 두 주탑 사이의 길이를 효과적으로 벌릴 수 있다. 이와 같이 캔틸레버 위에 단순보를 얹혀 주경간길이를 넓힌 보를 게르버보라고 한다.

포스레일교의 역학적 원리 형상화

시간과 공간의 연결, 교량과 구조

주변 배경을 화폭삼아 서 있는 교량

같은 교량이라도 조망하는 시간, 장소, 주변배경이나 인접 구조물의 배열된 모습에 따라 전혀 다른 느낌을 준다. 이는 교량이 주변배경과 어우러지면서 서로 주고받는 상대적 영향력이 매우 크기 때문이다. 부산에 최근 소개된 부산항대교를 예로 들어 보자. 총 연장 3,331m, 가운데 주경간 길이 540m, 주탑 높이 190m의 사장교를 주교량으로 배치하면서 주변경관의 다양한 조건에 따라 여러 분위기를 연출하고 있다. 낮 동안 교량은 원형식 램프와 함께 하늘을 배경삼은 단아한 모습을 보여 주는 반면 야간에는 조명을 이용해서 발광체를 머금은 화려한 새의 모습으로 보는 이의 눈길을 사

부산항대교

로잡고 있다.

호주 시드니에 위치한 시드니하버^{Sydney Harbour}교(1923~1932)는 이후 인접해 건립된 오페라하우스(1957~1963)와 절묘한 조화를 이루면서 교량의 미학적 가치가 크게 상승되었다. 시드니하버교는 1916년 완공된 미국 뉴욕의 헬게이트^{Hell Gate}교와 같은 중로아치 형식으로 설계되었다. 아치의 지간길이 면에서 298m인 헬게이트교에 비하여 503m로 크게 증가한 시드니하버교는 기술적 우위도 점하고 있으나, 이보다는 주변경관과의 조화가 교량의 가치를 높이는 데 더욱 크게 기여했다. 이러한 이유로 시드니하버교는 1988년 미국 토목

시드니하버교 야경과 주변경관

시간과 공간의 연결, 교량과 구조

학회American Society for Civil Engineers가 지정하는 역사적 토목공학 랜드마크 Historic Civil Engineering Landmarks의 반열에 포함되었다.

교량의 진정한 아름다움 이해하기

교량은 인간의 생명을 담보로 하는 구조물이므로 설계목표 우선순위의 최상위에 구조적 안전성을 두고 있다. 따라서 교량을 생각하면 흔히 떠올리는 것이 교통의 기본적 기능 이외에 튼튼하고 강하다는 느낌에 근접한 것들이 대부분이다. 하지만, 규모가 커질수록 기술력의 대단함에 감탄하여 굉장하다는 느낌을 더할 뿐, 아름답고 멋스러움에 대한 느낌을 선뜻 표현하지 못했다. 그런데 근·현대에 들어서면서 교량건설이 기하급수적으로 늘어남에 따라 날마다 생활 속에서 마주하는 조형물이라는 새로운 인식이 싹트기 시작했다. 따라서 일반 조형물을 설계하거나 평가하는 데 적용되는 미학적 기본원리를 확장해서 아름다운 교량의 조형미 평가나 설계에도 사용 가능하다는 인식이 자리 잡게 되었다.

교량 구조물은 주요 골조를 마감재로 감싸는 건축물과 달리 구

살지나토벨교
(출처: 크리에이티브 커먼즈)

조물의 뼈대를 그대로 노출하고 있어서, 힘을 저항하는 구조요소가 곧 조형적 요소가 된다. 따라서 교량의 아름다움의 진정성은 구조요소의 형태미에서 찾아내야 한다. 구조형태란 어떻게 결정되는가? 구조물에 부담되는 하중을 물 흘려보내듯이 구조물을 지지하는 기초와 지반으로 잘 전달시켜야 한다. 이러한 힘의 흐름과정에서 구조요소 배치와 단면의 크기가 결정된다. 그러므로 교량의 진짜 아름다움을 맛보기 위해서는 교량의 각 구조형식에 따라서 하중의 흐름체계를 잘 이해해야 한다.

구조미학을 잘 표현한 대표적인 교량구조예술가로 스위스 엔지니어 로베르 마야르Robert Maillart(1872~1940)와 프랑스 엔지니어 귀스타브 에펠Gustave Eiffel(1832~1923)을 손꼽을 수 있다. 로베르 마야르는 3-힌지 아치 구조형식을 최초로 개발하여 당시 육중해 보이던 조적조 아치교량을 힘의 흐름을 따라서 철근콘크리트 재료를 사용하여 아름다운 조형물로 표현할 수 있는 구조미Art of Structure의 원칙을 제시했다. 로베르 마야르가 설계한 살지나토벨Salginatobel교(1930년 스위스)와 귀스타브 에펠이 설계한 마리아피아Maria Pia교(1877년 포르투갈)는 1990년 나란히 미국 토목학회 지정 역사적 토목공학 랜드마크가 되었다. 마리아피아교는 포르투갈 여왕의 이름을 따라서 명명

된 것으로 중앙지간 길이 160m 아치높이 42.6m인 당시 최장의 단
경 간 아치교로 설계된 철도교였다. 이 교량은 유속이 매우 빠른 지
역적 특성을 해결하기 위한 방안으로 2힌지 아치 형식을 기반으로
건축가 테오필 세이리그Théophile Seyrig와 함께 초승달 형상을 제시하여
다른 경쟁 설계 대안들에 비해 구조미학적 효율성이 두드러져서 당
선되었다.

아름다운 교량을 위한 설계

교량의 아름다움은 힘의 흐름에 근거한 구조형식미에서부터 출발
한다. 따라서 각 교량형식에 걸맞은 구조미학적 완성도와 역학적
비례가 존재한다. 아름다운 교량설계에서 주의를 기울여야 할 점은
구조형식을 바르게 표현하고 있는지에 초점을 두면서 불필요한 군
더더기로 인해서 구조형식미를 저해하거나 오히려 예상치 못한 부
작용을 야기시키는 것은 아닌지 살펴보면서 다듬어 가는 것이다.
이러한 설계과정에서 "Less is more."라는 기본원칙을 잘 지킨다면

인피니티교 (출처: Mick Garratt)

교량의 구조미학적 세련미를 실현시킬 수 있다. 2009년 영국 북동부에 보도와 자전거도로를 위해서 놓인 인피니티Infinity교는 지형적 여건과 주변 환경을 고려해 크고 작은 2개의 타이드 아치를 배치해서 통일된 교량 전체의 형상으로 완성시켰다. 구조형태요소만을 이용해서 미니멀리즘을 선보인 인피니티교의 세련된 실루엣은 형상 그 자체만으로도 조형미가 물씬 느껴진다.

때로는 구조물의 비대칭성을 이용해서 동적 감흥을 유발하는 전혀 새로운 교량형태를 설계할 수 있다. 구조예술가인 산티아고 칼라트라바Santiago Calatrava가 설계한 이스라엘 베들레헴Bethlehem의 예루살렘 라이트레일Jerusalem Light Rail교는 1주탑 3차원 케이블 교량이다. 케이블 교량이 동일한 평면상에서 펼친 것에 비해서 3차원적으로 펼쳐 구조적 안정성을 효율적으로 실현하기 위한 노력을 기울이는 가운데 새로운 교량미학 형태가 탄생했다. 서울 여의도 샛강다리도 이와 유사한 3차원 케이블교량의 효과를 감상해 볼 수 있는 교량이다.

비대칭 사장교의 경우 구조적 균형을 위해서 백스테이(주탑 측면

예루살렘 라이트레일교
(출처: 위키미디어)

시간과 공간의 연결, 교량과 구조

부를 지지하는 케이블)를 안정적으로 잘 고정시켜줘야 한다. 미국 밀워키Milwaukee 미술관과 연결된 접속교는 비대칭 사장교로 되어 있다. 이때 백스테이의 정착을 별도의 균형을 잡아주는 구조물을 설치하지 않고 건축물의 무게로 균형을 잡아주도록 설계함으로써 교량과 건축물이 자연스럽게 미학적 통일감을 이루도록 하였다.

한편, 소규모 교량에서는 더욱 다양한 구조형식의 교량들이 과감하게 시도되고 있다. 2009년 호주의 퀸즈랜드 브리즈번Queensland Brisbane에 놓인 쿠릴파Kurilpa교는 가느다란 압축재와 인장재들이 매우 복잡하게 얽혀 있는 것으로 보이지만 데크의 단면도 축방향으로 힘을 받는 부재들과 잘 어울리도록 가늘고 길게 설계하여 전체적인 미적 조화를 추구하였다. 이러한 실험적인 형태의 교량들은 전체적으로 비례배분과 형상 조화를 위해 어떻게 하중을 분배하여야 하는지에 대한 많은 힌트를 제공한다.

쿠릴파교 (출처: 위키미디어)

교량의 관리

교량의 성능 평가

교량은 짧게는 50년 길게는 100년 이상의 설계수명 동안 온도변화, 습도, 염해, 진동 등 다양한 외부 영향에 노출되며 조금씩 그 성능이 떨어지게 된다. 뿐만 아니라 차량하중, 교량 자체의 무게, 바람, 지진 등으로 인해 부분적으로 혹은 광범위하게 손상이 발생할 수도 있다. 따라서 교량의 성능을 평가한다는 것은 이와 같은 손상이나 열화의 발생 유무 및 발생 정도를 파악하고, 나아가 교량이 충분한 안전도를 가지고 있는지 진단하는 것을 말한다. 만약 성능의 저하나 손상을 조기에 발견하지 못한다면 심각한 손상으로 이어져 교량의 목표수명을 만족시키지 못할 것이며, 극단적인 경우 교량이 붕괴되어 큰 인적, 물적 손실을 불러올 수 있다. 반면, 현장실험, 계측 등을 통해 교량의 성능을 평가할 수 있다면 문제가 있는 부재나 연결부의 보수, 보강, 교체 등을 통해 교량의 안전도를 확보하고 목표 성능을 유지시킬 수 있다.

건전도 모니터링이란 무엇인가?

기침, 열, 통증 등의 외부적 증상을 통해 한 사람의 병 발생 가능성을 예측하고 대비할 수 있는 것처럼, 교량에 발생하는 여러 징후를 통해서도 그 현재 상태를 평가하고, 미래에 발생할 수 있는 손상과 열화를 대비할 수 있다. 교량의 이상을 알려 주는 과도한 진동 발생, 균열, 콘크리트 박리, 철근 및 강재의 부식, 침하 등의 증상들을 진단하기 위해서는 단순한 육안조사뿐 아니라, 음향탐사법, 자기탐상법 등의 비파괴검사Non-destructive Test, NDT 기법들을 이용할 수 있다. 하지만 일반적으로 교량은 규모가 크고 여러 부재들로 구성되어 있기 때문에 사람이 일일이 검사하는 것에는 한계가 있으며, 운용중인 교량들은 차량 통제가 어렵기 때문에 접근이 어려운 경우도 많다. 한편, 사람의 건강상태를 더 상세히 진단하기 위해 MRI 등의 추적반응용 정밀 장비를 이용하듯이, 트럭, 액추에이터, 해머 등을 이용해 교량에 계획된 하중을 가하고, 가속도계, 변위계, 변형률계 등을 이용해 응답을 계측하여 상태를 평가할 수도 있다.

하지만 공용 중인 교량의 경우 차량을 통제하기 어렵기 때문에 상시계측Operational Monitoring을 통해 교량의 성능이나 이상 발생 유무를 평가하는 기술이 종종 이용되고 있다. 상시계측시스템은 차량을 통제할 필요 없이 실시간으로 교량의 응답과 외부 환경의 영향을 계측하는 시스템이다. 점검자가 교량을 일일이 검사할 필요가 없기 때문에 멀리 떨어진 여러 개의 교량들도 효과적으로 관리할 수 있

비파괴검사 및 육안조사를 통한 교량의 점검(출처: 크리에이티브 커먼즈)

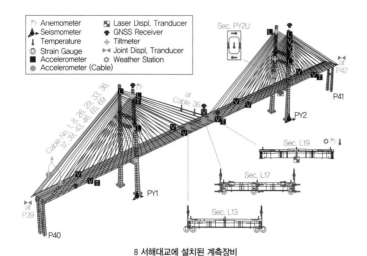

8 서해대교에 설치된 계측장비

다. 이처럼 계측 시스템을 이용하여 교량의 성능을 평가하는 것을 건전도 모니터링Structural Health Monitoring, SHM이라고 한다.

국내 대부분의 케이블교량은 상시계측시스템이 설치되어 실시간으로 교량의 건전도를 모니터링하고 있다. 건전도 모니터링을 위한 상시계측시스템은 교량의 성능 평가를 위해 유용하게 사용될 수 있는 반면 시공비용을 증가시키는 요인이 되기 때문에 모든 교량에 적용하기는 어렵다. 케이블 교량의 경우 일반 교량에 비해 더 높은 사회·경제적 중요도를 가지며 목표 수명도 더 길기 때문에, 건전도 모니터링을 이용할 경우 당장의 시공비용은 늘어날지라도 생애주기에 걸친 유지관리 비용은 줄일 수 있다.

대표적인 예로 서해대교를 들 수 있다. 현재 9가지 종류의 94개 센서가 주탑, 케이블, 거더 등 주요 부재에 설치되어 있으며, 케이블 장력, 변위 및 변형도, 교량의 동특성, 온도변화, 풍속/풍향 등 다양한 정보들을 수집 분석하고 있다(그림8). 각각의 센서에서 얻은 데이터는 10분마다 서버로 전송되며, 그 결과 하루 평균 약 70만 개의 데이터가 축적된다. 이러한 장기계측 데이터는 교량의 건전도 모니터링뿐만 아니라 케이블교량 설계기준을 만들고 보정하는 데에도 중요하게 활용되고 있다.

상시진동 데이터는 구조물의 고유진동수와 감쇠비, 모드 형상과 같은 주요 구조정보를 판별하는 데에도 활용될 수 있다. 구조물의 응답을 이용하여 동적인 특성이나 손상 등을 역으로 탐지하는 역해석Inverse Analysis은 마치 겉으로 보이는 질병의 증상을 통해 인체 내부의 질병 원인을 진단하는 것과도 같은 개념으로서, 구체적으로는 수치모델 업데이트나 구조물 파괴 및 손상 추정, 진동 제어 등을 통한 구조물의 안전성을 확보하는 데 활용 가능하며 향후 노후교량 증대에 따른 유지관리의 수요가 요구될 우리나라의 교량 시장에서 매우 중요한 분야 중 하나라고 할 수 있다.

눈이 번쩍 뜨이는 **토목 이야기**

이순신대교는 왜 낮은 풍속에서도 흔들렸을까?

2014년 10월 26일 약 2시간여 동안 이순신대교가 흔들렸던 현상이 언론을 통해 보도되었다. 당시 10분 평균 풍속은 5~7m/s 수준의 평범한 바람이었다. 이런 풍속의 바람에 대해서 이순신대교와 같이 거대한 교량이 어떻게 진동을 보일 수 있을까? 한국교량및구조공학회는 전라남도와 함께 원인 규명에 착수하였고, 2차원 풍동 실험을 통하여 그 원인이 노면 포장의 양생을 위해 설치한 가림막 때문에 데크 주변을 지나는 기류가 변화하면서 반복적으로 발생하는 작은 소용돌이 모양의 흐름(와류) 때문에 발생하게 되었음을 입증하였다. 소용돌이는 풍속이 빨라질수록 더 빨리 생성되는데 생성주기와 교량의 진동주기가 일치하게 되면 공진현상으로 인해 이순신대교와 같은 큰 교량도 느낄 수 있을 정도의 큰 진폭을 보일 수 있게 된다. 와류의 발생

여부는 단면의 형상에 민감하며 이번 이상 진동은 일종의 해프닝으로서 가림막이 제거된 본래의 단면은 와류에 대하여 안정된 성능을 보임을 풍동실험을 통해 재확인하였다.

와류진동 재현을 위한 2차원 풍동실험 광경

교량 데크 후면에서 발생하는 와류 예 (출처: 이탈리아 Politechnico di Milano, G. Diana교수 제공)

교량 형식별 한계길이는 얼마인가?

구조적으로 의미를 갖는 교량의 길이는 교각(케이블 교량의 경우는 주탑도 포함)과 교각의 지지점 사이의 거리인 지간 길이이다. 기술적으로 보면 이 지간길이를 늘리는 것은 교량공학에서 가장 도전적인 과제임에 분명하지만 교량의 길이가 늘어나면 단위 길이당 공사비도 급속히 증가하기 때문에 필요 이상으로 긴 지간 길이를 계획하는 것은 바람직하지 않다. 그러나 최근의 국가나 대륙을 연결하는 해협 횡단 프로젝트에서 볼 수 있듯이, 수심이 깊거나 대형 선박의 항행을 보장하기 위한 기술적 이유와 함께 랜드마크적 요소를 강화하기 위해 효과적으로 지간길이를 늘리는 것은 여전히 교량기술자에게는 관심의 대상이 되고 있다.

그럼 각 형식별 지간길이의 한계는 얼마인가? 이에 대해서는 여러 연구자가 각자의 논리에 따라 다양한 의견을 제시했다. 현재까지 건설된 교량형식별 최대 지간길이의 교량을 표에 정리했는데, 참고의 목적으로 형식별 한계 지간길이에 대해 최근 제안된 값을 함께 나타냈다. 가장 긴 교량은 역시 현수교로서 일본 아카시카이쿄 교가 2000년 이전에 2km에 달하였고 후발 주자인 사장교도 2009년 1km를 넘어선 뒤 현재 1.1km의 실적을 보이고 있다. 우리나라의 경우, 사장교로서는 인천대교가 800m의 지간길이를, 현수

시간과 공간의 연결, 교량과 구조

교량 형식	교량 이름, 위치	건설연도	주경간(m)	한계지간길이(m)
거더교	쉬반포교, 중국	2006	330	550
아치교	차오티안멘(Chaotianmen)교, 중국	2009	552	4,200
사장교	러스키(Russky)교, 러시아	2012	1,104	5,500
현수교	아카시카이쿄교, 일본	1998	1,991	8,000

교로서는 이순신대교가 1,545m의 지간길이에 달함으로써 국제적 수준에 손색없는 실적을 보이고 있다. 그러나 한계지간길이와 현재까지의 실적 사이에는 여전히 격차가 있기 때문에 앞으로도 발전 가능성이 풍부하다고 볼 수 있다.

바다 속에서는 거꾸로: 수중교량의 계획

그림9은 수중에 터널 형태로 가설되는 수중교량의 원리를 설명하고 있다. 그림의 좌측 형태는 교량 본체에 큰 부력이 작용할 때 본체를 해저에 고정된 케이블로 잡아 고정시키는 방식이며 우측은 교량본체의 무게가 부력보다 커서 폰툰Pontoon을 이용하여 매다는 형태로 가설하는 방식이다. 아르키메데스가 발견한 부력의 원리를 활용하기 때문에 아르키메데스교량이라고도 불리며 부유식 터널Submerged Floating Tunnel이라고도 불린다. 1960년대 이탈리아 메시나해협을 횡단하는 교량형식을 논의하던 중 처음 제안되었던 이 교량의 형태는 1980년대 이후 부분적 연구가 수행되었지만 아직까지 실현된 바가 없는 미래형 교량이다. 그러나 최근 해양개발과 더불어 대륙 간 연결이 이슈화됨에 따라 실현 가능성이 활발히 논의되고 있다.

수중교량은 그림10과 같이 케이블교량, 침매터널, 해저터널과 대비되는 구조형식으로 장대교량에 비하여 연결 길이에 대한 제약이

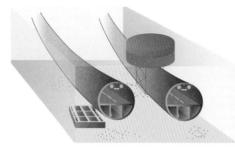

9 수중교량 개념도 (출처: http://en.wikipedia.org)

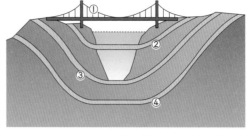

10 ①케이블교량, ②수중교량, ③침매터널, ④해저터널 비교

원천적으로 적으며 침매터널에 비해서는 수심의 제약을 상대적으로
덜 받는다. 또한 해저터널에 비해 육상과의 연결 길이를 최소화할
수 있어 대륙 간 연결을 위한 효과적 대안으로 고려할 수 있다.

미래의 교량

현존하는 최고의 교량 기술은 주경간길이 3.3km의 메시나해협 교
로 설명할 수 있을 것이다. 이 외에 지브롤터Gibraltar나 베링Bering 해협
을 횡단하는 연결 프로젝트는 극한환경에 대한 구조기술자의 또 다
른 도전을 기다리고 있다. 이미 우리나라의 교량 건설 기술은 국제

검토되고 있는 미래의 교량

시간과 공간의 연결, 교량과 구조

적 수준에 도달해 터키 제3 보스포러스교를 시공하였으며 칠레차카오교와 세계 최장의 주경간 길이를 갖게 될 터키 차나칼레교 등 국제적 관심이 집중된 프로젝트의 건설을 주관하고 있다. 토목공학을 전공하는 학생들이 향후 10~20년 후 지금은 상상조차 하지 못하는 메가 프로젝트에서 탄탄한 지식과 창의적 아이디어로 새로운 가치를 만들어 내기를 기대해 본다.

시간과 공간의 연결,
교량과 구조

01 일상생활에서 자주 이용하는 교량과 그 교량으로 인해 본인이 얻은 편리함에 대해 설명하시오. 이러한 내용을 기반으로 교량의 사회·경제적 중요성에 대해 기술하시오.

02 현수교와 사장교는 모두 케이블을 활용한 교량의 형식들이다. 이 두 교량 형식의 구조적 차이점을 설명하고, 각 형식이 지니는 장단점을 기술하시오.

03 교량이 도시의 상징으로 자리매김한 예를 들고, 해당 교량의 특이사항에 대해 설명하시오.

04 교량 건설에 가장 많이 사용되는 재료인 강재와 콘크리트의 장단점을 비교하시오. 또한 재료의 성능 개발이 교량 건설 기술에 미치는 영향을 기술하시오.

05 콘크리트 교량의 가설 공법인 FCM, PSM, ILM 등에 대해 조사하고 각 공법의 장단점을 기술하시오. 또한 각 가설 공법으로 시공된 대표적인 교량에 대해서 조사하시오.

06 국내에서 완공된 교량 중 미학적으로 아름답다고 판단되는 교량을 제시하고 그 이유를 설명하시오.

07 세계적으로 사회 기반시설의 유지·관리에 대한 관심이 증가하고 있다. 대표적인 사회 기반 시설인 교량의 유지관리가 중요한 이유에 대해 설명하고, 교량이 설계수명 동안 기능을 온전히 발휘하지 못할 경우 발생할 사회·경제적 문제점에 대해 기술하시오.

08 여러 연구자가 교량 형식별 한계길이에 대해 다양한 의견을 제시하였으나 현재까지 그러한 한계길이를 실제로 구현하지는 못하고 있다. 현재 지간길이를 한계길이까지 늘리지 못하는 구조 및 재료적 이유는 무엇일까?

09 최근 소금산 출렁다리, 마장호수 흔들다리와 같이 체험형 교량이 관심을 끌고 있다. 이러한 교량 위를 건널 때 진동을 더 느끼게 되는 현상을 물리적으로 설명하라. 또한 이러한 유형의 교량을 계획할 때 일반 도로교량에 비해 더 고려해야 할 사항이 어떤 것이 있을지 논의해 보시오.

10 4차 산업혁명의 흐름에 따라 인공지능(AI), 빅데이터, 사물 인터넷(IoT) 등에 대한 관심이 급격히 증가하고 있다. 교량의 스마트 관리와 운영에 이러한 4차 산업혁명의 기술을 반영할 수 있는 방안에 대해 자유롭게 논의하시오.

11 본문에서 소개한 도개교의 작동 동영상을 인터넷을 통해 확인해 보고 도시의 구성요소를 책임지는 교량기술자의 창의성에 대해 정리해 보시오.

6장

또 다른 세계,
지하공간의 개발

지구의 극히 일부만 이용하고 있는 인류

우리가 살고 있는 지구의 중심은 수천도의 뜨거운 바윗물로 되어 있고 지구의 표면은 그 바위물이 식어서 굳은 암반으로 이루어진 '지각'이 덮고 있다. 대략 6,400km의 반지름을 갖는 지구에서 지각은 달걀로 비유했을 때 달걀 껍데기 정도의 두께밖에 되지 않는다. 지각은 대륙지각과 대양지각으로 나눌 수 있는데, 대륙지각의 두께는 대양지각의 6~8배로서 30~40km이다. 인간이 개발에 이용하는 지각의 두께는 기껏해야 2km 이내로서 지각의 최상부 표면에 머물고 있다. 지각 표면의 일부는 바위가 풍화되어 생성된 흙으로 덮여 있고, 또 일부는 바다와 호수, 강 그리고 얼음으로 덮여 있다.

지구상에 존재하는 모든 구조물은 땅 위, 땅속에 바위와 흙

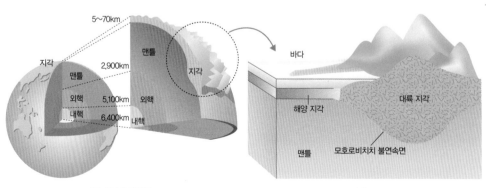

지구 내부의 성층구조   지각구조

을 이용하여 축조된다. 인류가 끝없이 높은 속도로 발전해 왔음에도 불구하고 현재에도 주로 이용하고 있는 부분은 지표면에서 30~50m 깊이에 불과하며, 따라서 지하공간의 개발은 앞으로 한계가 없으며, 무한한 발전 가능성이 있다.

기초란 무엇인가?

어려서부터 "기초가 튼튼해야 한다."는 말을 수도 없이 들어왔을 것이다. 이 말은 모든 토목 및 건축구조물에도 해당되는 말이다. 기초란 기초 위쪽의 상부구조물로부터 기초로 전달되는 하중을 안전하게 기초 주변의 지반에 전달하는 역할을 하는 구조체로서 구조물 중 가장 중요한 역할을 하며, 지구상에 존재하는 모든 구조물은 기초를 갖고 있다. 즉, 주택, 빌딩 등 건축구조물은 물론이고 교량, 댐, 발전소, 옹벽 등 모든 구조물에는 기초가 있다. 구조물에 작용하는 하중은 기초를 통해 기초 주변지반에 전달되는데, 안전하게 기초의 기능을 수행하기 위해서는 기초 종류, 기초 크기, 근입 깊이 등을 적절하게 결정해야 한다.

기초는 크게 얕은기초와 깊은기초[1]로 구분되며 다시 여러 가지 형태로 세분된다. 얕은기초shallow foundation는 상부기초와 일체로 비교적 얕은 심도의 지층에 설치되며 가장 간단하고 경제적인 형식의 기초이지만 구조물과 맞닿는 부분의 지반 상태가 양호한 경우에만 설치할 수 있다. 지반이 양호하지 않은 경우에는 약한 지층을 관통해서 말뚝이나 피어 및 케이슨 등을 설치하여 지반상태가 좋은 깊은 지층에 상부구조물의 하중을 전달하는 형식인 깊은기초deep foundation를 적용해야 한다.

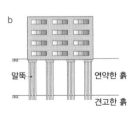

1 얕은기초와 깊은기초
a 얕은기초, b 깊은기초

얇은기초는 구조물의 무게가 비교적 작고 지지력이 양호한 지반이 지표 가까이에 있는 경우에 설치되며 상부구조물의 하중을 지반에 직접 전달한다고 하여 직접기초라고도 하고 그 모양이 기둥의 하단을 확대시킨 형태이므로 확대기초라고도 한다. 얇은기초는 상부구조물의 하중을 기초 슬래브에서 지반에 직접 전달시키는 구조이며, 기초슬래브에 접속되어 있는 기둥과 벽의 관계에 따라 다시 독립기초, 연속기초, 복합기초, 전면기초 등으로 구분할 수 있다.

구조물과 직접 맞닿는 부분의 흙이 상대적으로 연약하여 상부구조물로부터 전달되는 하중을 충분히 지지할 수 없을 때나 또는 압축성이 매우 커 구조물에 큰 침하가 발생할 것으로 예상되는 경우에는 깊은기초를 사용한다. 깊은기초에는 말뚝, 피어pier, 케이슨caisson 등이 있는데, 이 중에서 말뚝이 가장 대표적이다. 말뚝과 피어는 시공방법과 크기에 따라 구분되는데, 말뚝은 주로 공장에서 만든 콘크리트 말뚝과 강관말뚝을 사용하는 것이 보통이다. 현장에

눈이 번쩍 뜨이는 **토목 이야기**

말뚝과 임플란트

말뚝과 임플란트는 유사한 점이 많다. 잇몸에 인공치아를 심는 임플란트는 튼튼하게 기능을 발휘하기 위해 나사와 비슷한 하부구조를 갖는데 이것은 구조물(인공치아)을 지지하기 위해 땅(잇몸)에 시공되는 말뚝(임플란트 하부구조)과 다를 바가 없다. 임플란트가 오랫동안 제 역할을 하기 위해서는 잇몸에 설치되는 부분이 가장 중요하며, 이것은 구조물에서 말뚝기초가 하는 역할과 같다. 의사들이 임플란트가 얼마나 튼튼한지 컴퓨터로 해석하는 것과, 토목기술자가 말뚝이 얼마나 큰 하중을 받을 수 있는지 혹은 얼마나 가라앉을지 계산하는 방식이 똑같다는 점이 흥미롭지 않은가?

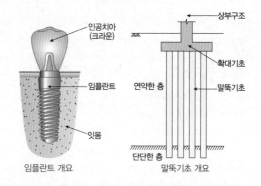

임플란트 개요

말뚝기초 개요

또 다른 세계, 지하공간의 개발

서 직접 말뚝을 타설하여 사용하는 경우도 있으나 일반적으로 현장에서 직접 타설해서 만드는 현장타설말뚝은 피어라고 부른다. 케이슨은 강, 호수, 바다 등 수면아래 지역에서 주로 사용하는 데, 수평력에 대한 저항이 비교적 큰 기초이다. 속이 빈 우물통 또는 박스를 소정의 위치에 놓고 내부 토사를 파내어 단단한 지층까지 내린 후, 콘크리트로 속을 채워 만들기 때문에 우물통기초라고도 한다.

교량같이 큰 구조물의 기초는?

20세기 들어서 구조물이 커지면서 무게가 무거워지자 기초가 흙보다 단단한 암반 위에 설치해야 하는 일이 자주 생기게 되었다. 암반까지 굴착하고 기초를 설치하는 경우에는 직접기초를 사용할 수 있으나 암반까지 굴착하는 일은 쉽지 않기 때문에 대형구조물의 기초로 피어, 케이슨 등 깊은기초를 사용해야 하는 경우가 많아졌다. 표²는 최근 설계 및 시공된 우리나라 대표적인 대형 교량들의 기초형식을 정리한 것이다. 표²에서 보는 것처럼 대구경 현장타설말뚝인 피어가 가장 흔하며, 케이슨 기초가 그 다음이며, 일부이지만 직접기초

2 국내 교량 기초형식

교량 이름	교량 종류	주경간(m)	기초 형식	완공 연도
이순신대교	현수교	1,545	피어	2012년
울산대교	현수교	1,150	피어	2015년
영종대교	현수교	300	케이슨	2000년
인천대교	사장교	800	피어	2009년
북항대교	사장교	540	피어 + 직접기초	2014년
목포대교	사장교	500	케이슨 +피어	2012년
여수대교	사장교	430	피어 + 직접기초	2012년
거북선대교	사장교	230	케이슨 + 피어 +직접기초	2012년

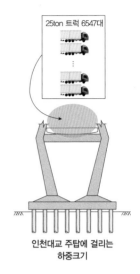

25ton 트럭 6547대

인천대교 주탑에 걸리는
하중크기

인천대교

를 사용한 경우도 있다.

2009년 완공된 인천대교는 총 길이 21.38km로, 국내에서 가장
긴 교량이며 주탑 사이의 거리가 800m나 되는 사장교이다. 인천대

눈이 번쩍 뜨이는 **토목 이야기**

백령도 모래사장에 비행기가 착륙할 수 있을까?

모래사장에서 자동차가 바퀴자국을 남기며 멋지게 회전하는 광고가 십여 년 전 TV광고에 나온 적이 있다.
너무 건조하거나 바닷물이 많으면 바퀴가 빠져서 자동차가 이동할 수 없는 모래사장에, 이렇게 힘차게 자동
차가 움직일 수 있는 것은 모(세)관 현상 때문이다. 모래사장 아래 적당한 깊이에 지하수위가 있는 경우 모
(세)관 현상에 의해 모래 사이의 공간을 통해 지표면 가까이까지 수분이 공급될 수 있으며, 이런 경우 흙은 상
당히 단단해져서 자동차뿐만 아니라 비행기 무게까지 견딜 수 있다. 백령도 모래사장에 비행기가 비상착륙

할 수도 있다고 하는데 모(세)
관 현상이 일어나는 하루 중
적당한 시간을 택해서 착륙해
야지 그렇지 않으면 비행기는
착륙이 아니라 곤두박질칠 것
이다.

(출처: Klaus Burri)

또 다른 세계, 지하공간의 개발

교의 주탑 기초로 지름 3m, 평균길이 63m의 피어 24개가 사용되었으며, 주탑 한 개에 걸리는 총 하중은 163,680톤이다. 이것은 25톤짜리 트럭 6547대에 해당하는 무게이며, 피어 한 개에는 25톤짜리 트럭 273개에 해당하는 무게가 작용한다는 이야기이다.

더 깊게 더 크게! 기초의 진화

구조물이 대형화되면서 구조물 하중이 크게 증가함에 따라 기초의 크기 및 근입 깊이 또한 커지게 되었다. 산업화의 발달과 토목기술이 발전하여 매우 깊은 수심에 석유 시추기지를 건설하는 경우와 비교적 수심이 깊은 지역을 통과하는 교량 건설이 증가하여 기존 기초로는 부족한 지지력을 보완하기 위해 새로운 형식의 기초가 등장하였다. 대표적인 것이 스커트 석션 파일기초이다.

스커트skirt기초, 또는 버켓bucket기초라고도 불리는 스커트 석션 기초skirt suction foundation는 1970년대 초 해양 탄화수소 개발프로젝트에

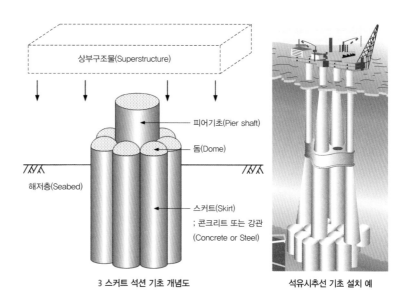

3 스커트 석션 기초 개념도

석유시추선 기초 설치 예

서 부상구조물의 앵커 또는 하부구조를 지지하기 위해 처음 사용되었다. 최근에 스커트 석션 기초는 바다 또는 하천 등 해상에 설치되는 교량의 기초로 사용될 수 있는 해결책 중 하나로 인식되고 있는데 그것은 스커트 석션 기초가 시공 혹은 사용되는 동안 주변 환경에 미치는 영향이 적고 침하량도 조절 가능하기 때문이다.

그림³에서 보는 것처럼 스커트는 속이 빈 원통형 콘크리트 또는 강철 벽이며, 지지층까지 깊게 상부하중을 전달하기 위해 해저층까지 관입된다. 스커트 석션 기초는 석유시추선 및 대형교량의 기초로 사용될 수 있다. 현재까지 전 세계적으로 약 30개의 스커트 중력식 기초가 50~200m 깊이의 해상에 설치되었으며, 지름 5~10m의 수많은 원통형 석션앵커와 말뚝들이 수심 100~2,000m 해상에 설치되었다.

눈이 번쩍 뜨이는 **토목 이야기**

기초의 침하와 피사의 사탑(Tower of Pisa)

모든 구조물을 설계 및 시공하기에 앞서 기초에 발생할 수 있는 침하량을 계산하여 이 값이 허용값보다 작게 발생하도록 해야 한다. 기초 또는 구조물에 발생하는 침하에는 균등 침하와 부등 침하가 있는데 부등 침하가 더 위험하며 이것은 피사의 사탑을 보면 잘 알 수 있다. 피사의 사탑은 1174년 착공 후 시공과정에서부터 부등 침하문제가 발생하여 완공까지 무려 200년 가까운 세월이 소요되었다. 1370년 완공된 피사의 사탑은 하부 연약지반의 불안정으로 최대 5.5°까지 남쪽으로 기울어졌다. 최근 이탈리아 정부는 침하가 생긴 반대쪽에 600톤의 납덩어리를 설치하여 침하량의 상당부분을 복원시킨 바 있다. 피사의 사탑은 기술적으로는 문제가 있는 구조물이지만 한해 일억 달러 이상의 관광수입을 올리는 국보급 유물이다.

(출처: 크리에이티브 커먼즈)

또 다른 세계, 지하공간의 개발

터널이란?

지하철을 타거나 자동차나 철도를 이용하여 여행을 하다 보면 우리 주변에서 흔히 볼 수 있는 것이 그림4과 같은 터널Tunnel이다. 땅속을 통과하거나 산을 가로 질러 가기 위해서는 터널건설이 필수이다. 최근에는 국토개발, 고속도로 및 고속철도의 신설, 지하철 공사, 대도시 교통처리 등을 위해 터널건설이 급격히 증가하는 추세이다.

터널을 쉽게 이해할 수 있는 것이 바로 두더지 땅굴이다. 그림5에서 보는 것처럼 두더지는 앞발을 이용해 자기 몸이 들어갈 수 있는 정도의 크기로 땅을 파내고, 이것이 무너지지 않게 단단히 흙을 지탱하여 땅굴을 완성한다. 터널은 일정한 크기의 단면 형태로 지중을 인공적으로 굴착시켜 도로, 철도 등의 교통운수, 배수 및 용수의 수로, 통신 및 전기의 지하공동구 등에 이용하는 긴 선상의

4 터널 내부 (출처: 크리에이티브 커먼즈)

5 두더지의 땅굴 파기

구조물로서, 대부분 지하 땅속에 만들어지는 가장 오래되고 대표적인 지하구조물이다.

터널의 역사는 원시시대의 동굴의 확장 및 토굴의 굴착으로부터 시작된 것이며, 인간의 활동이 다양해짐에 따라 터널의 용도가 운송, 배수, 기타 특수용도로 확대되었다. 터널의 분류는 용도에 따라 도로터널, 철도터널, 지하철 터널 및 수로터널 등으로 구분되며, 지반특성에 따라 또는 터널 단면 크기와 터널 연장에 따라 구분되기도 한다.

터널 굴착의 원리

지하에 터널을 굴착하면 터널주변에는 응력이 발생하고 그 응력이 재분배되어 터널 주변 지반이 느슨하게 이완되어 변형하게 된다. 이를 최대한 억제하기 위해 일정한 강성을 가진 지지시스템이 필요하게 된다. 이때 지반이 연약하거나 지압이 큰 경우에는, 지반의 느슨해짐을 가능한 빨리 제어하면서 지반 변형을 일정하게 허용할 수 있는 지지시스템을 적용해야 안정성이 높아진다. 그림6은 지질조건에 따른 터널 단면형상이다. 터널단면을 원형으로 하면 응력의 집중을 최소화할 수 있어 가장 안정하게 굴착할 수 있다.

a 지질이 좋은 경우 b 보통 지질 조건 c 지질이 나쁘고 큰 지압이 작용하는 경우 d 지질이 나쁘고 지압이 작용하는 경우 e 지질이 나쁘거나 균질한 경우

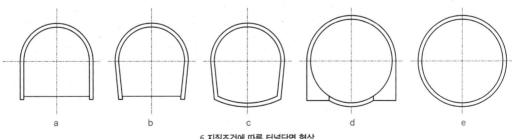

6 지질조건에 따른 터널단면 형상

또 다른 세계, 지하공간의 개발

터널 굴착과 지지시스템

터널 단면은 목적과 기능에 따라 시공 한계와 선형조건에 따른 확폭량, 터널 내 설비 시설공간, 유지관리에 필요한 여유폭 등을 결정하며 지형, 지반조건, 터널 깊이 등에 따라 구조적으로 유리한 형상이 되도록 결정하며, 터널 단면형상은 마제형(말굽형), 원형, 난형 등으로 구분할 수 있다.

터널 단면을 굴착하는 방식 및 순서는 지형, 지질, 환경조건, 터널 길이, 공사기간 등을 고려하여 선정되지만, 일반적으로 전단면 굴착 또는 그림7과 같이 상하 반단면 분할굴착이 적용된다. 지반이 매우 불량한 경우에는 굴착단면을 더욱 작게 분할하여 굴착할 수도 있다. 터널 굴착이후 지반을 지지하여 안전을 유지하고 능률적으로 갱내작업을 수행할 수 있도록 하는 것을 지지시스템이라고 하는데, 지반특성, 터널 단면크기와 굴착공법, 작업 특성에 따라 강지지Steel rib, 록볼트Rock bolt, 숏크리트Shotcrete를 상호 조합하여 적용한다. 이러한 지지시스템을 1차로 설치한 후 2차로 콘크리트 라이닝을 타설하는 것이 일반적이며, 숏크리트나 세그먼트만으로 라이닝을 형성하기도 한다.

7 터널 굴착 (상하반단면 분할굴착) 지지시스템 설치

터널 설계와 계측

터널을 굴착할 때 현장의 안정성을 확보하기 위한 적정 지지시스템을 설치하는 것이 매우 중요하다. 하지만 지반조건이 매우 다양하기 때문에 각각에 대하여 어떤 크기로 지지해야 하는지를 구체적으로 계산하는 것은 한계가 있다. 이러한 이유로 터널 설계는 암반을 몇 개의 등급으로 구분하고 암반등급에 따른 지지 패턴을 제시하고, 수치해석을 통해 지지시스템의 적정성 및 터널의 안정성을 상세하게 검증해야 한다.

터널해석은 터널굴착과 지보설치에 따른 터널 내 발생하는 응력과 변위를 구조적으로 검토하여 터널의 안정성 및 지지시스템의 적절성을 확인하는 것으로 연속체 해석과 불연속면을 고려하는 불연속체 해석이 사용되고 있다(그림8). 또한 시공 중 터널은 설계 시 예측 가능한 조건과 차이를 보이게 되는 경우가 많으므로, 시공 단면마다 굴착면 조사와 암반분류를 실시하여 실제 조건에 맞게 지지시스템을 선택하여 시공해야 한다. 그리고 시공 중 터널 및 주변지반의 거동을 파악할 수 있도록 계측을 실시하여 터널 안정성 여부를 확인해야 한다(그림9).

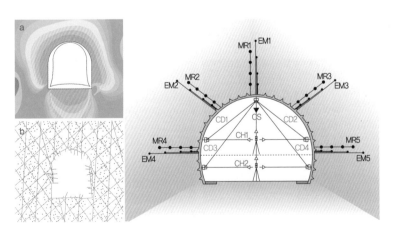

8 터널 수치해석 예
a 연속체 해석(FEM)
b 불연속체 해석(DEM)

9 터널 계측시스템

또 다른 세계, 지하공간의 개발

터널 시공공법

| **NATM 공법** | 재래식 터널은 인력이나 장비 굴착 후 목재나 벽돌 그리고 강재를 이용하여 지지했으나 지반과 지지시스템 사이에 틈이 많아 지반의 이완을 제어하지 못해 이로 인한 낙반사고 등이 많이 발생하게 되었다. 이러한 문제점을 해결하기 위해 1962년 오스트리아에서는 NATM New Austrian Tunnelling Method 공법을 개발했는데, 이는 록볼트와 숏크리트를 이용하여 지반의 이완을 최대한 억제하면서 터널을 반복적으로 굴진해 가는 공법이다.

이 공법은 발파나 기계굴착을 한 뒤 굴착면에 숏크리트를 타설하고 록볼트를 설치하여 터널을 안정시킨다. 이로 인해 지지시스템이 재래식 터널에 비해 최소화되고, 갱내의 작업공간이 넓게 유지될 수 있게 된다. 또한 시공이 용이한 숏크리트와 록볼트를 이용함으로써 터널 내구성이 높고 강지지와 같은 가설용 강재가 필요하지 않다는 점에서 경제성이 높다. 그리고 지반조건에 따라 지지량을 변화시켜 적용함으로써 단단한 지반의 산악터널부터 연약한 지반

눈이 번쩍 뜨이는 **토목 이야기**

모래사장에서 두꺼비 집 짓기

어렸을 때 모래사장에서 두꺼비 집을 지어 본 적은 누구나 있을 것이다. 두꺼비 집을 짓기 위해서는 모래가 적당한 물을 가져야 한다. 모래는 건조하면 입자와 입자가 서로 잘 붙지 않지만 적당한 물을 함유하면 마치 점토처럼 입자가 서로 잘 붙게 되어 원하는 형태로 모양을 만들 수 있다. 모래입자가 물에 의해 이렇게 갖는

점착력을 전문용어로 겉보기 점착력이라고 하며, 물이 너무 많거나 너무 적으면 이런 겉보기 점착력은 줄어들거나 없어져 모양을 유지할 수 없게 된다.

(출처: 크리에이티브 커먼즈)

의 지하철 터널까지 그 활용범위가 매우 크다. NATM 공법은 가장 대표적인 터널공법으로서, 각국의 시공특성과 지반조건에 따라 여러 가지 형태로 발전해 왔으며, 국내에서는 1982년 서울시 지하철 공사에 처음으로 적용되었다.

NATM 공법
(출처: 크리에이티브 커먼즈)

| **TBM 공법** | TBM 공법은 터널굴착기Tunnel Boring Machine를 이용하여 암반을 압쇄하거나 절삭해 굴착하는 기계식 굴착공법이다. 특히 연약지반에 터널을 굴착할 경우 토압 및 수압에 견딜 수 있도록 원통형 쉴드Shield를 이용해 굴진하고 곧이어 후미에서 제작된 세그먼트를 조립하여 터널 라이닝을 동시에 시공하면서 굴진하는 공법을 말한다. 이 공법은 NATM 공법과 달리 굴착 단면이 원형인 굴착기를 사용하여 굴진함으로써 소음과 진동으로 인한 환경 피해를 최소화하고, 역학적으로 안정된 원형구조를 형성하여 장대터널 시공 기간을 단축하고 공사비를 절감하는 효과가 있다.

　TBM 공법은 쉴드의 유무에 따라 Open TBM과 쉴드 TBM으로 구분되는데, Open TBM은 경암지반에, 쉴드 TBM은 연약한 토사지반에 적용된다. 쉴드 TBM은 터널굴진 중 안정성을 확보하기 위해 일정한 크기의 압력을 굴착면에 가하면서 커터헤드를 회전

TBM 장비

또 다른 세계, 지하공간의 개발

 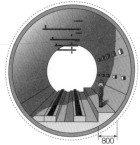

하며 굴진한다. 세그먼트Segment는 터널 라이닝을 구성하는 단위조각으로, 운영 중에 작용하는 지반 하중과 수압을 지지하여야 한다. 일반적으로 콘크리트 세그먼트가 사용되며, 공장에서 미리 제작하여 운반되어 굴진 중에 원형의 링Ring으로 조립된다(그림10). 또한 세그먼트 라이닝과 굴착 지반 사이에 공간은 뒷채움재를 주입하여 완전히 채워져야 한다.

터널의 대단면화와 초장대화

터널기술이 급속히 발전함에 따라 터널의 기능과 특성도 크게 변화하고 있다. 가장 큰 특징은 터널 단면이 대단면화되는 것이다. TBM 터널의 경우 직경이 10m이내의 경우가 대부분이었지만 현재는 직경 15m 이상의 터널도 가능하게 되었으며, 단면이 대단면화됨에 따라 터널내부 공간을 활용하여 복층기능을 가질 수 있게 되었다. 또한 NATM 터널의 경우 각종 보강공법의 발달로 터널 단면크기에 대한 제약이 줄어들게 되었고, 개착공법이 적용되던 지하철 정거장 터널 등에 단면적 $300m^2$ 이상의 대단면 터널시공이 가능하게 됨으로써 도심교통 및 환경문제 등을 최소화할 수 있게 되었다.

세계 최단면 TBM 터널
(지름15,4m)
(출처: 크리에이티브 커먼즈)

터널기술의 또 다른 특징은 터널연장이 점점 길어지는 초장대화이다. 이는 물류시스템의 발달로 인하여 철도나 도로 등이 길어지게 됨에 따라 장대터널의 건설이 필수적으로 요구되고 있기 때문이다. 일반적으로 연장 4km 이상을 장대터널, 연장 10km 이상을 초장대 터널이라 하는데, 표11에서 보는 바와 같이 대륙과 대륙을 연결하는 터널이나 거대한 산맥을 관통하고 바다 밑을 통과하는 초장대터널 등이 시공되었으며, 국내에서는 연장 50km가 넘는 율현터널(고속철도터널)이 운영 중에 있다.

초대형 단면 지하철
(반포터미널역과 녹사평역)
(출처: 크리에이티브 커먼즈)

11 세계 초장대 터널

터널 이름	국가	공법	연장(km)	용도	특징
Seikan 터널	일본	NATM	53.85	철도	세계 최장 해저 터널
EURO 터널	영국-프랑스	쉴드 TBM	50.45	철도	도버 해협 해저 터널
Laerdal 터널	노르웨이	NATM	24.50	도로	세계 최장 도로 터널
Gottard-Base 터널	스위스	TBM+NATM	57.07	철도	세계 최장 터널
율현터널	한국	NATM	50.32	철도	국내 최장 터널

또 다른 세계, 지하공간의 개발

미래터널(SMART Tunnel)

터널이 대단면화 및 초장대화됨에 따라 터널건설에 요구되는 기술도 다양해지고 있다. 복잡한 도심지에서의 대단면 시공기술과 초장대 터널에서의 급속 시공기술이 대표적인 예이다. 또한 터널은 지하에 구축되는 폐쇄된 공간으로서 터널 내 사고발생시 대형인명사고 가능성이 크므로, 장대터널에서 비상시 환기 및 방재피난기술에 대한 기술요구가 증가하고 있다. 이와 같이 터널은 토목공학적 측면뿐만 아니라 지질 및 암반, 기계 및 전기 그리고 건축 및 환경 등과 같은 관련분야 기술이 하나의 시스템으로 연결되고 통합되는 기술의 형태로 발전하고 있다. 또한 제4차 산업혁명의 핵심기술인

터널 통합기술시스템 – 환기 방재기술

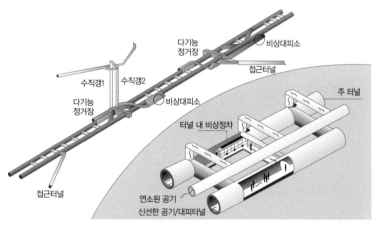

12 국내 초대형 터널 프로젝트

Project	사업비	공법	연장(km)	용도	특징
서울시 지하도로 U-smart way	11.2조	NATM TBM	53.85	도로	격자형 노선(6개축)
수도권 급행철도 GTX	12.5조	NATM TBM	50.45	철도	3개 노선(KTX와 연계)
호남–제주 고속철도 해저터널	14조	TBM	24.50	철도	목포–제주 해저 연결
한일 해저터널	100조	TBM	57.07	철도	대한해협 해저 연결
한중 해저터널	98조	TBM	23.02	철도	서해(인공섬 계획)

한중 해저터널 프로젝트

ICT와 빅데이터 기술을 응용하여 터널 설계부터 시공 그리고 유지
관리를 통합적으로 관리하는 미래형 터널인 SMART Tunnel 기술
이 실현될 것이다.

　현재 국내에서는 서울같이 대도시 도심지 교통시스템의 안정적
확보와 일본·중국 등의 국가 간 물류시스템을 체계적으로 구축하
기 위해 다양한 형태와 구조의 대형 터널들을 계획하고 있다(표12).
이는 엄청난 규모의 사업비와 기술적 노력이 요구되는 초대형 프로
젝트들로서, 향후 미래지향적이며 지속 가능한 특수 물류공간을 창
출하는 데 '터널'이 중추적인 역할과 기능을 담당하게 될 것임을 보
여준다.

눈이 번쩍 뜨이는 **토목 이야기**

흙이 물처럼 바뀔 수 있다?

어떤 종류의 흙에서는 지진이나 발파, 차량 진동과 같은 순간적인 동적하중이 작용할 경우 흙이 마치 물처
럼 바뀌어 구조물을 지지할 수 없게 된다. 이렇게 흙이 동적하중에 의해 잠시지만 물처럼 되는 현상을 액상
화 현상liquefaction이라고 한다. 액상화 현상이 발생하면 구조물에 큰 피해가 발생하게 되는데 사진은 1964년
일본의 이가타현에서 발생한 지진으로 인해 액상화 현상이 발생하
여 붕괴된 아파트를 보여준다. 2011년 뉴질랜드 크라이스처치에서
발생한 지진으로 액상화 현상이 발생하여 수만 채의 가옥이 파괴되
었다. 또한 2017년 우리나라에서 발생한 포항지진에서도 일부지만
액상화 현상이 관측된 바 있다.

또 다른 세계, 지하공간의 개발

지하공간의 개발과 활용

지하공간이란?

지하공간이란 지하 또는 지중에 만들어지는 일정한 크기의 공간으로서 지상공간에 대한 상대개념이다. 지하공간은 인공적으로 구축되는 공간형태의 구조물로서 자연적으로 지하에 형성되는 자연동굴과는 다르며, 긴 선상의 구조물인 터널과는 구분된다. 최근 지속적인 인구증가와 급격한 도시화 그리고 환경문제 이슈화에 따라 지하공간은 또 다른 대체공간으로서 주목받고 있다. 특히 도심지 과밀화로 인한 토지자원의 수급문제와 도시자원의 고갈 등의 문제에 대비하여 도시공간의 효율적인 이용과 개발을 위한 새로운 공간의 확보가 필요한 실정이다. 그림13과 같은 도심지 지하공간을 이용하는 방안이 활발하게 제시되고 있으며, 또한 각종 생활 및 산업폐기

13 도심지 지하공간 예

물이 증가함에 따라 폐기물에 대한 처리, 석유나 가스 에너지의 비축, 그리고 방사성 폐기물에 대한 대심도 처분도 구체화되고 있다.

북미와 유럽 등의 선진국에서는 이미 1900년대 중반부터 지하공간에 대한 개발계획을 수립하고 현재 다양한 분야에서 지하공간 개발을 위한 다수의 프로젝트를 추진하고 있다. 향후 지하공간은 토지보상 불필요로 인허가상의 민원이나 개발지연에 대한 위험성이 줄어들어 다방면으로 활용도가 높아지고 있으며, 지하공간은 안전성 및 환경 문제를 기술적으로 해결할 수 있는 새로운 공간으로서 미래 인류에게 반드시 필요하다고 할 수 있다.

지하공간의 특성과 활용

지하공간은 지상공간의 하부에 공간을 확보하므로 지상시설과의 간섭문제가 줄어들고 이용상 제약을 받지 않는다. 지상이용이 활발히 진행되고 있는 지역일지라도 지하공간은 사용하지 않는 경우가 많아 개발 가능성이 크고, 지가가 높은 지역 내에서도 비교적 경제적으로 이용 가능하여 효율적으로 활용할 수 있다. 또한 지하공간은 지상공간과 비교했을 때 항온, 항습, 내진성, 폐쇄성, 은폐성 및 격리성 등이 뛰어나므로 이를 활용한 특수구조물 건설이 가능하며, 에너지절약, 비용절감 및 환경보존 등의 이점도 있다. 지하공간 이

지하공간 활용 시의 장점

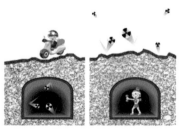

또 다른 세계, 지하공간의 개발

용의 주요 장점은 사전보상 없이 사용설정 가능, 합리적인 선형으로 공사비용 절감, 소음 및 진동 감소, 경관유지, 지상부 환경보전, 태풍 및 수해 등 자연재해 피해 경감, 배기가스 감소로 인한 친환경적인 기능 강화 등으로 요약할 수 있다.

국토가 협소하고 산지와 임야가 70%나 차지하고 있는 우리나라의 경우 지하공간을 새롭게 개척해야 할 공간으로 간주하고 지상의 도시기능과 산업시설 등을 지하로 적극 이전하여, 지상과 지하를 유기적으로 결합시킨 입체적인 국토이용을 통해 지하공간을 적극 개발할 필요가 있다. 그림14은 지하공간의 심도별·시설별 활용도를 나타낸 것으로, 50m 이하의 주거문화공간에서부터 수백m 대심도에서의 에너지시설 및 저장시설 등으로 그 활용성과 적용성이 매우 큼을 알 수 있다.

14 지하공간의 심도별 시설 활용도

지하공동의 공학적 특징

그림15에서 보는 바와 같이 지하저장공동, 지하발전소, 방사성 폐기물 처분시설 등의 대단면 지하공간은 공동의 크기가 일반터널의 10~20배 정도로 대규모이기 때문에 기존 중·소규모 터널에서 적용해 온 설계방법을 그대로 적용하기 어렵다. 굴착단면이 큰 대규모 지하공동은 일반적으로 공사기간이 길며, 장기간에 걸쳐 공동상부로부터 단계별 굴착이 이루어지며, 굴착단계마다 공동 주변암반에서 응력재분배가 발생한다. 따라서 공동 안정성은 굴착규모와 파쇄대, 절리 등 불연속면의 특성에 영향을 받으며, 불연속면의 방향 및 연속성에 따라 지하공동의 안정성이 큰 문제가 되는 경우도 있으므로 암반 초기응력, 불연속면 특성분석과 병행하여 응력거동 메커니즘을 충분히 고려해야 한다.

지하공동은 세로로 긴 형상이기 때문에 측벽부의 안정이 중요한 요소이다. 일반적인 형상은 측벽부에 곡률을 준 계란형, 불필요한 공간을 최소화하기 위해 측벽을 수직으로 한 버섯형, 탄두형 등이 있지만, 지하공간이 건설되는 위치에 대한 지반 특성을 고려하여 역학적, 경제적으로 유리한 단면을 선정해야 한다. 지하공동 안정성 측면에서는 단면이 크기 때문에 작은 단면의 터널에 비해 불리하지만 보다 상세한 지질조사와 정밀 안정성 해석을 통해 문제점

15 지하공동의 특징과 형태
a 대형 대단면 지하공동의 특징
b 지하공동 단면 형태
b-1 버섯형
b-2 계란형
b-3 탄두형

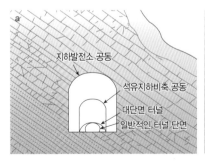

지하발전소 공동
석유지하비축 공동
대단면 터널
일반적인 터널 단면

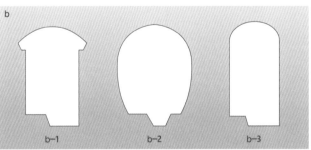

b-1   b-2   b-3

또 다른 세계, 지하공간의 개발

을 기술적으로 해결할 수 있다. 공동위치가 결정되면, 시추조사나 물리탐사 외에도 조사갱을 굴착하여 상세한 지반조사를 수행하여 단층파쇄대 등을 파악하고, 현장실험에 의한 초기지압의 크기와 방향 측정도 수행된다. 지반조사결과를 바탕으로 지하공동의 단면 형상과 위치, 배열 방향이 검토되며, 기본적으로 지질 및 지반조건이 양호한 곳에 위치를 선정하게 된다.

지하공동의 설계와 시공

지하공동의 경우 분할굴착에 의해 대단면을 단계적으로 굴착하는 공법을 적용하기 때문에 시공진행과 함께 단면형상이 변화하므로 설계 및 시공 시 이를 정확히 고려해야 한다. 지하공동을 합리적으로 시공하기 위해서는, 시공단계별로 지반상황을 정확하게 파악하고, 지반거동을 정밀하게 예측함으로써, 지지시스템의 규모와 굴착 방법을 재검토해야 할 필요가 있다. 지하공동의 안정성을 확보하는 방법으로는 주변암반을 보강하여 안정성을 확보하기 위한 지보재인 록볼트와 숏크리트가 주로 이용되고 있으며, 대단면의 경우에는 PS앵커 및 케이블 볼트가 추가지보재로 적용된다. 보강공 및 공동에 대한 안정성을 검토하기 위해서는 수치해석을 수행하며, 정확한 거동을 파악하기 위해서는 3차원 해석을 한다. 시공 각 단계에서 지질, 지반거동을 관찰·계측하고 그 결과를 분석하여 설계 및 시공에 반영시키는 정보화 설계 및 시공이 중요하다. 계측 분석결과를 바탕으로 필요에 따라 적절한 대책을 강구함으로써 대규모 지하공동의 안전성 및 경제성 확보가 가능하게 된다.

대형 지하공간 건설사례

초기 지하공간은 단순한 저장공간으로 이용되었지만, 점차적으로 다양한 목적을 가진 산업시설 등에 적용되어 개발되고 있다. 또한 환경문제 등으로 인하여 폐기물 처리시설로서의 대형 대단면 지하공간 활용계획이 검토되고 있다. 국내의 지하공간 개발은 스웨덴, 노르웨이, 일본, 미국, 캐나다 등 해외선진국에 비해 상대적으로 뒤떨어진 실정이며, 대형 지하공간 건설기술은 유류 비축공동, 지하발전소 등 소수 특수목적시설에 국한되고 있다. 외국의 대형 대단면 지하공간 개발사례는 유럽 및 일본에서의 사례가 다수를 차지하며, 지하공간 시설물의 용도는 지하저장소뿐만 아니라 연구·문화·체육시설 등으로 다양화되고 있다.

| 지하 유류비축공동 | 지하저장시설은 그림과 같이 지하공동에 원유를 저장한 후 지하공동 주변의 지하수압으로 저장유가 누출되지 않도록 밀봉하는 것으로, 지하수는 항시 공동 내로 유입되어야 하고 공동 하부에 집적된 물은 주기적으로 배출해 주어야 한다. 이러한 과정에서 공동주변의 일정한 지하수위 유지를 위해 인공적으로 용수를 주입하는 수벽시설water-curtain을 공동 상부에 설치함으로써 일

울산 원유 비축 기지 동굴 내부

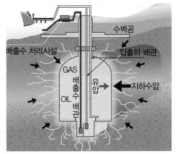

지하유류 저장의 원리

정한 지하수압을 유지시켜주는 것이 중요하다. 지하공동은 보통 탄두형 또는 계란형 단면이 적용되며, 암반이 상대적으로 양호하고 유류의 운반이 용이한 해저암반에 만들어진다. 현재 국내에는 5개의 지하유류비축기지가 건설되어 운영되고 있다.

| **지하발전소** | 지하발전소는 수력발전을 목적으로 지하암반에 건설되는 발전소를 말하며, 양수발전은 발전소의 아래와 위에 저수지를 만들고 발전과 양수를 반복하는 수력발전이다. 야간에 남은 전력으로 펌프를 가동하여 하부 저수지(하부지)의 물을 상부 저수지(상부지)로 퍼 올린 후 전력이 많이 필요할 때 방수하여 발전한다. 지하발전소에는 펌프 터빈과 발전전동기, 변압기 등의 보조기기들이 설치되고, 모든 기기는 자동화되어 중앙제어실에서 컴퓨터로 원격 제어된다. 지하발전소는 일반적으로 버섯형 단면을 지향하며 발전소 특성상 암반이 양호한 산악지형에 건설된다. 현재 국내에는 총 7개의 양수발전소가 건설되어 운영 중에 있다.

| **방사성 폐기물 저장동굴(방폐장)** | 방사능 폐기물의 처분방식은 천층처분방식과 동굴 처분방식으로 구분할 수 있다. 천층처분방식은 지표면 또는 지하 수십 미터 깊이에 방사성 폐기물을 처분하는 방식이다. 동굴처분은 폐광이나 지하에 동굴을 파고, 동굴 내부에 건설된 콘크리트 구조물에 방사성 폐기물을 처분하는 방식이다. 방사성 폐기물은 수천 년 동안 환경오염 없이 안전하게 저장되어야 하므로 특히 지하수에 대한 수리특성과 영향평가가 중요하며, 여러 개의 방벽 설치가 필수이다. 방사능 폐기물 저장동굴은 보통 원통돔형의 형태로 암반이 양호한 지하심부에 건설되며, 국내의 경

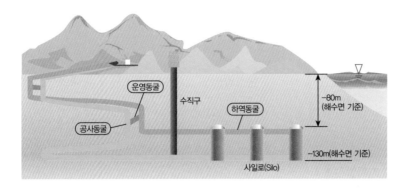

운영동굴

수직구

하역동굴

공사동굴

∇

−80m
(해수면 기준)

−130m(해수면 기준)

사일로(Silo)

우 중준위 방사능 폐기물 처분을 목적으로 지하방폐장을 경주에 건설하고 있다.

대형화 대심도화

최근 지하암반에 대한 굴착 및 보강기술이 발전함에 따라 지하구조물의 크기는 점점 커지고 건설되는 지하심도도 점점 깊어지고 있다. 이는 다양한 사용목적과 복합적인 필요에 따라 지하공간의 크기나 심도에 대한 기술적 문제가 상당한 정도로 해결되고 있기 때문이다. 세계적으로 대형 대단면 지하공간에 대한 개발이 증가하고 있는데, 그 예로서 노르웨이에 만들어진 5,300명의 인원을 수용할 수 있는 세계 최대 규모(폭 61m×높이 25m×길이 90m, 총면적 15,000m²)의 지하 아이스하키 경기장을 들 수 있다. 이 지하공간은 단단한 암반 중에 건설되었다. 또한 대단면 굴착과 지지시스템을 위한 여러 가지 기술들이 개발·적용되었고, 세계 최대 규모로서 지하공간 활용의 대표적인 상징성을 갖게 되었다.

개발 계획과 비전

인구증가, 도시화 및 산업화 그리고 심각한 환경문제 등으로 지상 공간의 한계성이 심화됨에 따라 대체공간으로서의 지하공간에 대한 가치와 중요성이 커지고 있다. 즉, 지하공간은 새롭게 개발하고 만들어 가야 하는 신공간으로서 제3의 개척공간으로 이용하고 활용해야 하는 대상이 된 것이다. 현재 국내뿐만 아닌 세계적인 추세를 살펴보면, 개별 국가를 중심으로 지하공간개발에 대한 구체적이고 장기적인 마스터 플랜을 수립하여 지하공간을 적극적으로 활용하기 위한 비전을 제시하고 있다.

미래지향적인 지하공간개발의 일환으로 지하도시 U-Smart City$^{Underground Smart City}$에 대한 계획이 검토 중이다. U-Smart City는 유비커터스 IT기술을 지하공간에 접목한 개념으로 미래도시의 모델이다. 이는 국토의 균형발전, 과도한 도시화와 같은 문제점을 해결하기 위한 방안으로 도시기반시설에 첨단 정보통신기술을 융합한 유비쿼터스 기반시설을 구축하여 지하도시를 똑똑하게 관리하는 스마트 기능과 사람의 생활을 더 편리하게 만드는 도시의 공간계획 개념이 결합된 첨단 미래도시를 말한다.

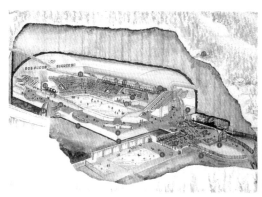

세계 최대 단면 지하공간(노르웨이)

미래형 지하 스마트 도시 U-Smart City

이제 지하공간개발은 인류에게 선택이 아닌 필수사항이 되고 있다. 따라서 안전하고 편안하고 살기 좋은 꿈의 공간을 실현하기 위해 기술개발과 함께 모든 기능과 기술이 통합적으로 활용되는 지속 가능한 공간을 만들기 위해 노력해야 할 것이다.

눈이 번쩍 뜨이는 **토목 이야기**

Soil Magic: 흙에 다른 재료를 섞으면 훨씬 흙이 강해진다!

1950년대 프랑스 공학자인 Henry Vidal은 바닷가를 산책하다가 모래를 쌓을 때 솔잎을 중간에 깔고 쌓으면 훨씬 높고 튼튼하게 쌓을 수 있다는 것을 발견하였다. 그는 흙에 다른 재료를 섞으면 흙이 더 강해진다는 것을 알게 되었고, 보강토reinforced earth라는 용어를 처음 사용하였다. 보강토 공법은 실제적으로는 국내외에서 아주 오래전부터 사용되어 왔다. 역사적으로 가장 오래된 현존하는 보강토 구조물은 약 3000년 전에 건설된 **Agar Quf** 신전이며, 0.5~2m 간격마다 갈대로 엮은 매트를 흙 사이에 깔아 시공했다고 한다. 또한 기원전 200년경에 건설된 고비사막 지역의 만리장성은 다른 지역의 돌로 축조된 성과는 달리 갈대를 이용한 보강토 공법으로 시공되었다고 한다. 우리나라에서는 아주 오래전부터 흙담을 시공할 때 점토에 볏짚을 섞어서 사용하였으며, 5세기에 축조된 풍납리 토성의 남벽과 삼국시대에 건설된 왕궁리토성, 목천토성 등 수많은 토성은 판축법으로 시공되었는데, 이렇게 시공한 것은 모두 보강토공법의 일종이라 할 수 있다. 보강토 공법은 현재 옹벽, 성토, 기초 보강 등 다양하게 응용되어 수많은 구조물에 사용되고 있다.

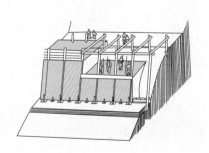

(출처: 크리에이티브 커먼즈)

또 다른 세계, 지하공간의 개발

또 다른 세계, 지하공간의 개발

01 강물을 가로지르는 다리 상판의 양쪽 끝이 통나무로 받쳐져 있는 다리가 있었다. 자체 무게로 상판의 가운데가 부러질 수도 있을 것 같아서 어떤 사람이 중앙에 통나무를 하나 더 설치하자고 제안하였다. 안정성이 개선될 것으로 모두에게 인정되어 이 아이디어는 실행되었는데 설치 후 몇 개월만에 상판 가운데가 부러지고 말았다. 그 이유는 무엇이었을까?

갈릴레오 이야기(American Scientist 잡지 1992년 11~12월호)

힌트 통나무 지지대의 침하와 관련 있음

02 한강에는 30개가 넘는 교량이 있다. 한강에 설치된 교량들의 기초종류는 무엇인지 또한 왜 그런 종류의 기초를 사용하는지 조사하시오.

힌트 교량기초로는 말뚝, 피어, 케이슨 등이 사용됨

03 최근 국내에서도 지진이 자주 발생하고 있다. 지진이 발생하면 느슨한 사질토 지반은 순간적으로 마치 액체처럼 구조물을 지지할 수 없는 상태가 되어 막대한 피해를 줄 수 있다(액상화현상). 액상화가 예상되는 지역에서 사용할 수 있는 기초는 무엇일까?

힌트 얕은 기초보다는 깊은 기초가 효과적임

04 기울어진 피사의 사탑을 원위치 시키기 위해 이탈리아 정부는 많은 비용과 노력을 쏟아 붓고 있다. 사용된 방법이 무엇인지 조사하고 새로운 방법이 있으면 제시하시오.

05 강원도에 가면 석회암 동굴 그리고 제주에 가면 용암 동굴과 멋진 자연 동굴을 볼 수 있다. 자연 동굴과 사람이 굴착하는 터널과의 가장 큰 차이는 무엇일까? 그리고 사람이 굴착하는 터널에는 어떤 방법이 있는지 설명하시오.

06 터널 공사는 강 밑(하저) 또는 바다 밑(해저)을 통과하는 경우가 흔하게 발생한다. 현재 한강 밑을 통과하는 터널은 어떤 것들이 있으며, 이 터널에 적용된 터널공법에 대하여 조사하시오.

힌트 NATM 공법과 TBM 공법

07 터널 기술이 발전함에 따라 터널이 점차적으로 대단면화 및 장대화되고 있다. 세계적으로 설계 또는 시공 중인 최대 단면터널과 최장대 터널 그리고 국내 최대 단면터널과 최장대 터널에 대하여 조사하고, 그리고 각각의 터널에 적용된 굴착공법은 무엇인지 조사하시오.

08 최근 우리 사회가 급속히 발전함에 따라 지상에 설치되었던 다양한 시설물(예 지하철, 철도, 도로 등)의 지하화에 대한 사회적 논의가 활발히 진행되고 있다. 이와 같이 중요 시설물의 지하화에 따른 장점과 단점에 대하여 사회 · 경제적 관점과 환경영향 관점에서 기술하시오.

09 제4공간으로서의 지하공간은 미래의 필수공간이라 할 수 있다. 편안하고 안전한 지하공간을 창출하기 위하여 반드시 고려하거나 필수적으로 설치해야 할 것을 생각해 보고 이를 제시하시오.

또 다른 세계, 지하공간의 개발

물,
생명과 문명의 원천

물, 인류 생존의 조건

물의 순환

지구상의 물은 수증기나 물, 얼음과 같이 그 형태를 달리하면서 계속적으로 하늘과 지표면 및 지하, 강 그리고 바다를 순환한다. 우리에게 중요한 담수의 근원은 바다 표면에서 일어나는 증발로, 이 중약 9%는 육지로 이동한다. 전체 강수량 중 약 80%는 바다에 내리고, 나머지 20%가 육지에 내린다. 육지에 내린 강수는 다시 강물이나 지하수의 형태로 바다로 흘러가 전체적인 물의 균형이 이루어진다(K-water, 2014a).

물의 순환 과정을 정량적으로 살펴보면 매년 바다(약 502,800km³)와 땅(74,200km³)에서 총 577,000km³의 물이 증발한다. 그리고 증발한 물 중에서 약 79.2%인 457,083km³가 바다에, 나머지

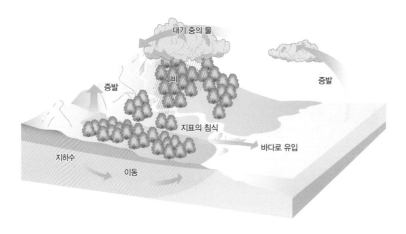

물의 순환

각 나라별 연평균 강수량과
1인당 이용 가능한 수자원량 비교
(K-water, 2014b)

	연평균 강수량(mm/년)		1인당 이용가능한 수자원량 (1인당 연강수 총량)(톤/년/인)
한국	1,274	1,553(2,660)	■ 1인당 이용 가능한 수자원량
일본	1,668	3,232(4,932)	■ 1인당 연강수 총량
중국	645	2,130(4,607)	
인도	1,083	1,647(3,091)	
미국	715	10,075(22,560)	
캐나다	537	89,081(155,486)	
호주	534	23,965(201,364)	
뉴질랜드	1,732	78,986(112,077)	
영국	1,220	2,429(4,736)	
프랑스	867	3,326(7,794)	
이탈리아	832	3,249(4,270)	
러시아	460	31,469(54,915)	
남아프리카공화국	495	1,036(12,489)	
이집트	51	769(688)	
터키	593	2,895(6,290)	
이라크	216	2,666(3,333)	
세계평균	807	8,372(16,427)	

119,917km^{3}은 땅에 비로 내린다. 이 중에서 61,156m^{3}가 실제 가용한 수자원량이며 이는 전 세계 인구(2015년 2월 기준 73억 명)를 기준으로 1인당 약 8,372m^{3}씩 사용할 수 있는 양이다.

그러나 각 지역마다 사용할 수 있는 물의 양은 매우 큰 편차를 보인다. 그 이유는 강수량의 분포가 대륙별로 또는 위도별로 다르고, 인구분포가 달라 같은 양의 수자원에 대하여 1인당 수자원은 큰 차이를 보이기도 한다. 예를 들어 중남미 지역은 지구 전체 수자원의 31%를 차지하고 있어 1인당 수자원 양이 남아시아의 약 12배에 이른다고 한다. 또한 우리나라의 경우 연평균 강수량이 1,274mm로 호주(534mm)와 캐나다(537mm)보다 약 2배 이상 높게 나타나지만 높은 인구밀도로 인하여 1인당 연강수 총량은 약 1/10~1/7배에 불과한 것으로 나타난다.

도시에서 더욱 심각해지는 물 문제

유엔환경계획UNEP이 2006년에 발표한 「세계 물 개발 보고서」에 따르면 세계 500대 하천 가운데 절반 이상이 대형 댐, 기후변화에 의한 강수량 감소 등의 영향으로 하천 수량이 빠른 속도로 감소되고 있다고 한다. 또한 도시화에 따른 시가지 불투수면적의 증가와 이에 따른 지하 수위 저하, 하천으로부터의 취수량 증가도 주요한 원인이 된다. OECD의 "2020년 세계−글로벌시대의 개막" 보고서에 따르면 2000년대 들어 국민의 생활수준 향상과 도시화 및 산업화의 진전으로 현재 25개 국가가 물 부족 사태를 겪고 있으며, 2025년에는 52개국 30억 명이 물 부족 현상을 겪을 것으로 전망하고 있다. 인구 1,000만 명 이상의 초대형 도시를 메가시티Mega-city라고 하는데 2013년 기준으로 전 세계에 총 40개 정도가 있다. 많은 경우 개발도상국의 메가시티에서는 상수도 확보에 투자를 집중하느라 하수처리 시설에는 관심이 미흡하다. 따라서 위생뿐만 아니라 물 재활용률도 떨어트려 물 부족 문제를 키우고 있다. 특히 아시아 개발도상국들의 물 사용량은 매우 가파르게 증가하고 있다. 예를 들어 중

눈이 번쩍 뜨이는 **토목 이야기**

세계에서 가장 비가 많이 내리는 곳에서도 물 부족?

세계에서 비가 가장 많이 오는 곳, 하지만 물 부족 사태가 자주 발생하는 그곳은 방글라데시와 국경을 맞대고 있는 인도 북동부 메갈라야 주의 체라푼지Cheerapunji이다. 체라푼지는 지난 1995년 6월 15과 16일 사이 2,493mm의 비가 내려 세계기상기구WMO에서 48시간 강수량으로 세계 최고를 기록한 것으로 공인받았다. 하지만 겨울에는 여러 달 동안 종종 물이 부족하다. 그 이유는 짧은 우기와 긴 건기를 갖는 기후 특성과 대부분 고지대 경사면을 따라 하천으로 흘러 나가는 양이 많기 때문이다.

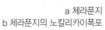
a 체라푼지
b 체라푼지의 노칼리카이폭포

물, 생명과 문명의 원천

국의 경우 가정에서 사용하는 물이 1980년대에는 하루 100리터 정도면 충분하였으나, 2000년에는 하루 물 사용량이 244리터로 증가할 정도로 물 사용량이 급증하고 있다. 아시아개발은행ADB에 따르면 미국 인구의 2배에 가까운 6억 6,900만 명의 아시아인들이 안전한 식수를 공급받지 못하고 있다고 한다.

눈이 번쩍 뜨이는 **토목 이야기**

물이 점점 사라지고 있는 콜로라도강

미국의 서부 주요 7개 주에 물을 공급하고 있는 콜로라도강 Colorado river의 수위가 낮아지고 있다. 최근 기후변화로 인한 가뭄의 발생 빈도가 높아진 것도 원인이 될 수 있지만 로스앤젤레스와 샌디에이고 등의 대도시에서 과도하게 물을 사용하기 때문이다. 경제적인 측면에서 보면 콜로라도강이 1조 4,000억 달러 규모인 서부 7개 주 경제에 공급하는 물의 양이 10%만 감소해도 이들 지역의 역내 총생산이 연 1,434억 달러 감소하고 160만 명이 일자리를 잃게 된다고 한다. 20% 줄면 역내 총생산은 2,870억 달러 줄고 실업자 수는 320만 명으로 증가한다고 한다.

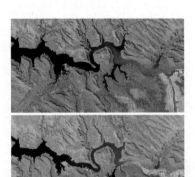

가뭄으로 인하여 콜로라도강 포웰(Powell)호의 수위가 떨어져 있는 모습 (April 20, 2000 (위), April 26, 2013(아래)) (출처: NASA Earth Observatory)

하천의 형성과정 및 미래상

하천의 형성과정

물수요가 증가하고 하천에서의 수자원개발이 활발해지면 자연성을 해치기 쉽다. 지속 가능한 수자원이용을 위해서는 하천의 형성과정과 자연성 유지를 위한 노력이 필요하고 하천의 형성과정을 이해하는 것이 필요하다.

물은 물길의 가장 높은 곳인 발원지를 출발하여 실개천을 만들고 실개천들이 더 흘러가다가 다른 실개천을 만나면 개울Stream을 이루게 되고, 개울과 개울들이 만나면서 하폭이 조금씩 커지고 좀 더 하류로 내려오면 들판을 지나 지류들과 합쳐져 강River이 되고 바다로 나가게 된다.

미국의 대표 하천이며 유역면적이 전체 국토면적의 3분의 1 이상인 미시시피강Mississippi river의 형태 변화는 다음과 같다. 우선 최상류인 발원지 근처에서는 그림1(a)와 같이 아주 작은 물길 형태를 갖고 있으며, 경사가 급한 상류 지역에서는 침식 작용이 하천 바닥을

1 미시시피강의 하천 형상
(출처: USGE)

a 발원지
b 상류하천
c 하류하천(출처: USGS)

하천명	길이(km)	유역면적(km²)	평균 유출량(m³/s)
나일강	6,650	3,254,555	2,830
아마존강	6,400	6,144,727	209,000
양쯔강	6,300	1,722,155	30,166
미시시피-미주리강	6,275	3,202,230	16,792
에니세이-안가라강	5,539	2,554,482	19,600
황허강	5,464	945,065	1,501
낙동강	510	23,384	438
한강	494	25,954	599
금강	398	9,912	209
섬진강	224	4,912	124
영산강	130	3,468	86

깎기 때문에 그림1⁽ᵇ⁾와 같이 하천의 바닥이 깊어지고 폭은 좁아지는 형태가 되고, 경사가 완만한 중하류 지역에서는 침식 작용이 하천의 양쪽 가장자리를 깎아 내기 때문에 그림1⁽ᶜ⁾와 같이 하폭이 넓어지는 형태가 된다.

지역에 따른 하천의 특성 변화를 살펴보기 위하여 세계의 주요 대하천과 우리나라의 주요 하천의 길이, 유역면적 및 유출량을 비교하면 표²와 같다. 세계의 주요 하천들과 규모를 비교하면 우리나라의 하천들은 매우 작은 편이다. 하천을 따라 흐르는 물의 양, 즉 유출량은 유역면적에 비례하여 증가한다. 그 이유는 비가 내리는 면적이 넓으면 넓을수록 하천으로 모여드는 물의 양이 많아지기 때문이다. 하지만 유출량을 결정하는 가장 주요한 요소는 역시 강수량이다. 아프리카 지역의 나일강 같은 경우 유역 면적이 아마존강의 절반에 이르지만 강우량이 작아 전체 유출량은 약 1.4%에 불과하다.

하천 관리의 미래상

하천은 생활 속에서 필요한 물을 공급해 주는 역할을 하며, 자연환경을 깨끗하게 해 주는 정화작용 및 휴식 공간을 제공한다. 그리고 하천의 둔치는 홍수 시 범람을 막아주는 자연제방의 역할을 한다. 최근에는 자연 친화적인 하천에 대한 국민적인 요구가 많아져 하천의 친수적인 기능을 높이려 노력하고 있다.

우리나라는 지난 1960년대 이후 경제개발을 위한 빠른 도시화 및 산업화를 이루어 내면서 하천은 홍수 및 내수침수 등 자연재해 방지 목적의 하천정비가 이루어졌다. 그 이후 1970년대 들어 하천의 수질악화에 대한 심각성이 대두되었지만 크게 문제삼지 않고 하천 복개 등으로 덮어버렸다. 또한 1980년대는 도시 인구의 증가로 교통문제가 대두되면서 하천의 고유기능과 관계없이 주차장이나 도로 등으로 사용하는 경우가 많았다. 1990년대 들어선 이후 우리나라가 경제적으로 안정되어 가면서 환경에 대한 중요성이 강조되기 시작했다. 이는 우리나라뿐만이 아니라 1990년대 초 국제적으로 '환경적으로 건전하고 지속 가능한 개발ESSD: Environment Sound and Sustained Development'에 대한 요구가 높아짐에 따른 것이다. 기존의 하천은 유행처럼 어디를 가나 동일한 형태의 인공하천이 주를 이루었지만 2002년 하천환경 개선사업을 시작으로 자연친화적인 하천정비를

경기도 과천시 양재천
a 하천복원 전
b 하천복원 후

물, 생명과 문명의 원천

위해 하천에 다양한 기법과 공법들이 적용되기 시작했다. 일명 '공원하천'들이 생겨나기 시작했는데, 하천 내에 산책로와 자전거 전용도로가 생기고 호안에는 돌붙임을 하고, 나무와 풀도 심어서 사람들이 이용할 수 있는 공간으로 하천이 변화되었다. 예를 들어 양재천, 자연형 하천 또는 생태하천을 조성했다. 이를 위해서 콘크리트보다는 자연친화적인 재료들을 활용했고, 식생과 생물의 서식처로서의 하천을 만들었다. 홍수에도 안전해야 하기 때문에 하천정비에서 끝나는 것이 아니라 지속적인 모니터링과 유지관리가 필요하게 되었다.

물의 순환 과정에서 물의 이동은 시간 및 공간적인 변동성을 갖고 있기 때문에 호우로 인한 유출이 하천의 통수능력을 초과하면 홍수가 발생하기도 하고, 장기간 비가 내리지 않게 되면 하천 유출이 아예 멈추기도 한다. 가뭄과 같은 물 부족 상황이 발생할 경우를 대비하려면 물을 충분히 확보해 둔 다음 공급 계획을 세워야 한다.

댐

댐은 하천의 물을 조절하기 위해서 만든 인공적인 저수지이다. 댐 건설의 목적과 필요성은 홍수조절과 생활용수, 공업용수와 농업용수, 하천유지용수를 공급하는 한편, 수력발전으로 신재생 에너지를 생산·공급하고 내륙주운과 관광개발에도 기여할 수 있는 등 홍수 방재와 수자원 공급을 위한 가장 효과적인 수단임이 자명하다. 특히 우리나라의 강수량은 연평균 1,274mm로서 풍부하나 연도별, 계절별, 지역별 강우 편중 현상과 급한 유역경사 때문에 하상계수(최소 유출량에 대한 최대유출량의 비)가 전 세계적으로도 높은 편이다. 예를 들어 낙동강이 1:372, 금강이 1:298인 반면 라인강은 1:14, 나일강은 1:30, 미시시피강은 1:119로 우리나라의 하천이 물 관리 측면에서 불리하다. 따라서 효율적인 수자원 관리를 위해 댐을 건설

안동다목적댐

하여 하천의 유량을 관리하고 있다. 하지만 댐과 같은 하천횡단시
설물은 하천의 흐름을 방해하고 수생태계의 교란을 가져올 수 있으
며 저수지 인근지역의 기후환경을 변화시킬 수 있기 때문에 환경과
사회구성원의 삶의 질, 환경 등을 통합적으로 고려한 건설 및 관리
가 이루어져야 한다.

댐 이외의 물 저장 수단들

댐이 하도(하천유로)상에 물을 저장하는 방식이라면 유역 단위의 물
저장 방식도 유력한 수단이 될 수 있다. 이러한 수단으로 강변 저류
지가 대표적이다. 강변 저류지는 하천 제방의 일부를 낮추어 홍수
시 하천의 유량이 제내지로 넘어 들어가게 하여 하류부로 내려가는
홍수량을 흡수하는 역할을 한다. 뿐만 아니라 평수기에는 레크리에
이션 공간으로 활용할 수 있다. 우리나라에서는 4대강 살리기 사업

여주강변 저류지 가상 운영 모습
(좌: 홍수 전, 우: 홍수 후)

을 통해 여주강변 저류지, 영월강변 저류지 및 나주강변 저류지를 설치하여 운영 중에 있다.

강변 저류지의 효과를 가장 크게 본 지역은 의외로 제주도이다. 제주도의 경우 투수성이 좋은 다공질 화산암류 및 화산회토로 이루어져 있어 연평균 강수량이 약 2,000mm로 내륙에 비하여 많은 비가 내리는 다우지역임에도 불구하고 연중 하천유량이 충분치 않다는 문제점이 있다. 또한 전반적으로 하상경사가 급해서 홍수 발생 시 유속이 빠르고 홍수위가 갑작스럽게 올라가기 때문에 홍수에 취약한 지역이다. 2007년 태풍 '나리'에 의한 큰 피해를 겪은 이후 제주도에는 총 78개의 저류지가 설치되었으며, 2021년까지 총 12개의 저류지 설치를 계획하고 있다.

최근 우리나라는 하천 정비에 대한 투자와 노력으로 하천 범람으로 인한 홍수피해가 거의 발생하지 않고 있지만 매년 도시지역의

광화문 내수침수 (2011년 7월)

사당역 내수침수 (2011년 7월)

물, 생명과 문명의 원천

내수침수로 인한 피해는 많이 발생하고 있다. 도시 내수침수의 원인은 저지대로 빗물이 모여들어 침수된 경우와 우수관거의 용량 부족으로 인한 집중호우 대비 부족을 들 수 있다. 2011년 서울에서 발생한 도시 내수침수는 이 두 가지 문제점을 모두 갖고 있다. 즉 내수침수에 취약할 수밖에 없는 저지대에서 발생하였고, 우수관거가 5년 또는 10년 빈도로 설계되어 집중호우 시 빗물을 처리하기 어려운 상황이었다.

홍수량을 지하에 저류시키는 방법도 가능할 것이다. 이와 같은 방법은 지상에 부지를 마련하기 어려운 도심지역에 적합한 형태이다. 서울시와 같이 육상에 저류지를 설치할 부지를 구하기 어려운 상황에서는 지하공간을 활용한 물 저장 방법이 최선일 것이다. 지하에 터널을 만들어 지하로 들어오는 물을 인근 하천으로 넘겨 도심지역의 홍수를 방어할 수도 있다. 일본 도쿄에서는 G-Can Project라고 하는 지하방수로를 설치하여 내수침수에 상당한 효과를 얻고 있다. 이 지하공간은 25m 수영장 25,000개 분량의 물을 한

3 일본 사이타마 현의
　지하방수로 원리

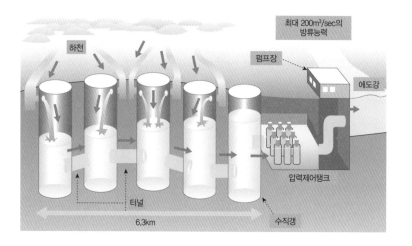

도시지하방수로의 구조

217

꺼번에 저장할 수 있을 정도로 넓게 계획되었다. 물이 유입되는 지하방수로의 수직 낙차부는 직경이 30m이고, 깊이가 70m로 설계되어 유입량을 원활하게 지하로 보내줄 수 있도록 하였다. 사이타마현 지하방수로의 원리는 그림³과 같이 육상에 수직 낙차부를 다섯 곳에 설치하여 빗물을 지하 50m 아래에 있는 지하공간으로 떨어뜨린 다음 총 길이 6.3km에 달하는 지하 터널을 통해 인근에 있는 큰 하천으로 물을 보내는 방식으로 홍수량의 일부를 분산시키는 것이다. 실제로 일 년 중에 평균 가동일은 불과 일주일 정도밖에 되지 않지만 결정적인 순간에 국민의 안전을 지켜줄 수 있는 긴요한 시설이다.

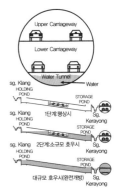

말레이시아의 스마트터널 원리

지하공간을 활용한 물 저장 방법의 아쉬운 점은 평상시 활용이 어렵다는 것이다. 이를 개선한 방법이 말레이시아의 스마트터널SMART, Stormwater Management and Road Tunnel이다. 말레이시아의 수도 쿠알라룸푸르는 국가경제와 상업의 중심지로 최근 몇 년간 클랑Klang강이 범람하는 등 홍수피해가 발생하여 이에 대한 대책으로 스마트터널을 건설하였다. 스마트터널은 길이가 10km이고 직경이 11.8m인 지하터널이다. 평상시에는 지하터널을 4차선 도로로 활용하여 교통체증을 경감하도록 하고, 홍수 시에는 물을 저장하는 수단으로 사용하고 있다. 구체적으로 평상시에는 터널 내부로 물이 들어가지 않기 때문에 일방통행으로 가운데층과 맨 위층을 자동차가 다닐 수 있도록 하고 소규모의 호우 시에는 하단 수로에 물이 흐를 수 있도록 한다. 그리고 규모가 큰 호우가 발생할 경우에는 교통을 차단하고 터널 내부로 물이 들어가게 하여 방수로로 사용할 수 있도록 계획하였다.

과거의 물 공급 수단

과거 고산지대와 사막에 사는 거주민들은 연간 비가 적게 내리고, 풀 한포기 찾아보기 어려운 곳에서 나름 물을 공급하기 위해 사람이 손으로 직접 만든 지하터널인 카나트Qanat를 만들었다. 카나트란 서아시아 같은 건조한 지역에서 지하수를 끌어올려 농사를 짓거나 그 밖의 용수로 이용하기 위한 지하 수도를 말한다. 당시 물이 부족한 중동지역에서는 카나트를 이용하여 산기슭이나 계곡 최상류부에 흐르는 양질의 물을 운반하여 사용하였다. 그림4(b)와 같이 30~50m 간격으로 갱을 파고 그림4(c)와 같이 각 갱을 연결하는데, 갱도의 크기는 평균 길이 5~10km로 사람이 몸을 구부리고 통과할 정도이다. 이란 호라산주 고나바드에는 70km나 되는 카나트가 있는데, 보통 10km의 카나트를 파는 데 5,000일이 걸렸다. 기술이 특수하고 위험하며 막대한 비용이 드는데도 카나트를 만든 이유는,

4 건조지대의 관개수로인 고대 카나트

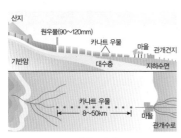

a 카나트 소개

b 수직갱 (출처: 위키피디아)

c 수로관 (출처: 크리에이티브 커먼즈)

경지면적을 넓히고 안정적으로 물을 확보하게 되면 건설비의 25% 정도 연간 순이익을 올릴 수 있기 때문이라고 한다.

하천의 물을 본류로부터 우회하여 필요한 곳으로 흘려보내는 물길을 도수로Aqueduct라고 한다. 미국 서부지역의 도수로가 세계에서 가장 대표적인 사례이다. 로스앤젤레스와 라스베이거스가 있는 캘리포니아주 남부지방과 애리조나주는 강우량이 적어 물이 부족한 지역이다. 따라서 이 지역의 주민들은 물을 구하기 위해 콜로라도 강(2,330km)의 물을 끌어와 사용하기로 했는데, 1930년대 후버댐을 시작으로 수많은 다목적댐과 도수로를 만들어 물을 운반하여 오늘날과 같이 크게 발달한 도시를 건설할 수 있었다. 애리조나 도수로는 파커댐의 물을 애리조나 지역에 공급하고 있으며 길이는 약 541km이고, 콜로라도강 도수로는 로스앤젤레스를 포함한 캘리포니아 지역에 물을 공급하고 있으며 길이는 약 389km로 서울에서 부산까지의 거리와 비슷하다. 또한 미국 동부의 뉴욕도 200km 떨어진 캐츠킬산맥의 상류에서 물을 끌어와 사용하고 있다.

미국 서부지역의 도수로
(출처: 캘리포니아수자원국)

a Central Arizona Project　　　　b California State Water Project(Feather River의 Orrille Dam)

물, 생명과 문명의 원천

현재의 물 공급 수단

상수도를 이용한 물의 공급은 댐 또는 하천의 물을 취수하고 정수
장에서 깨끗하게 소독을 한 후 우리가 바로 사용할 수 있도록 송수
및 배수관을 통해 물을 운반하는 과정으로 이루어져 있다. 원활한
물 공급을 위해서는 취수장의 물이 충분해야 한다. 정수작업에 많
은 비용을 들이지 않기 위해 취수하는 물이 깨끗하면 좋을 것이다.
하지만 지역별로 취수할 수 있는 물의 양에 차이가 있기 때문에 취
수장의 규모와 설비가 달라질 수 있다. 예를 들어 서울에서 사용하
는 물의 취수는 96%를 하천수에 의존하고 있으며 약 4%는 댐을 이
용하고 있다. 대전에서는 93%를 댐에 의존하고 있고, 약 7%는 하
천수를 이용하고 있다. 우리나라의 경우 상수도 보급률은 95.1%로
OECD 평균치인 87.4%보다 높은 수준이다. 그러나 일본(97%), 프

상수도를 이용한 물의 공급 체계
(출처: 환경부, 한국환경공단)

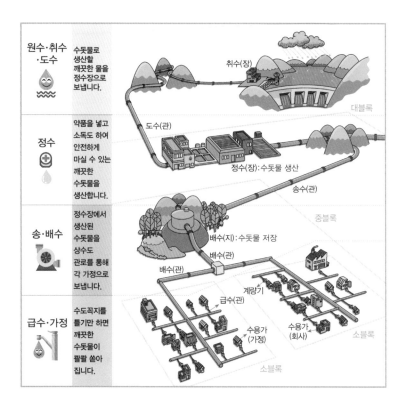

랑스(100%), 이탈리아(97%) 등 선진국의 급수 보급률보다는 다소 낮은 수준이기도 하다.

하천수와 댐이 부족한 지역에서는 지하수를 이용한다. 환경부 (2013)에 따르면 우리나라의 연간 개발 가능한 지하수량은 116억 m^3/년으로 지역별로는 강원지역에 22.3억m^3/년, 경북지역에 20.9억 m^3/년 순이다. 2012년 기준으로 전체 지하수 이용량 39.5억m^3/년 중에서 농업과 어업 용수로 20억m^3/년, 생활용수로 17.8억m^3/년, 공업용수로 1.7억m^3/년을 사용하고 있는 것으로 나타났다. 이는 우리나라의 개발 가능한 지하수량의 약 34%에 해당하고, 우리나라의 총 수자원 이용량의 약 3%에 해당한다. 하천수와 댐 수를 이용하는 것보다 지하수를 이용하는 것이 시설투자 측면에서는 경제적일 수 있으나 지하수의 무분별한 개발과 부실한 관리는 지반 침하, 지하수 오염 등의 문제를 야기할 수 있고, 회복하는 데 오랜 시간과 막대한 예산이 필요하기 때문에 철저한 보전과 관리가 필요하다.

 눈이 번쩍 뜨이는 **토목 이야기**

스마트 워터 그리드 (Smart Water Grid)

효율적인 물 관리의 기본은 제한된 물을 필요한 곳에 적절하게 배분하는 데 있다. IT 기술과 토목공학을 융합한 스마트 워터그리드 기술은 기존 수자원 관리 시스템의 한계를 극복하기 위해 첨단 센서 네트워크를 이용한 고효율의 차세대 물 관리 인프라 시스템으로, 수자원망의 안정성을 모니터링하고, 수자원망에 깨끗한 물을 효율적으로 배분, 관리 및 운반하여 수자원의 지역적·시간적 불균형을 해소할 수 있는 해결책이 될 것으로 기대된다(www. swg.re.kr).

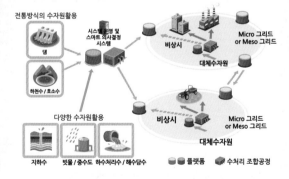

(출처: SWG연구단)

물, 생명과 문명의 원천

홍수

물이 제방을 넘어 범람하는 현상을 홍수flooding라고 한다. 강우가 시작되는 시점의 토양 속 수분함량이 홍수에 있어 중요한 역할을 한다. 수분이 포화된 토양은 젖은 스펀지처럼 더 이상의 습기를 지탱할 수 없다. 만약 습기가 포화된 지역에 상당량의 비가 내린다면 홍수가 나겠지만 동일한 양의 비가 건조한 지역에 내린다면 토양이 많은 양의 수분을 머금을 수 있으므로 홍수가 일어나지 않을 수도 있다.

홍수는 호우의 강도intensity 및 지속기간duration, 지역적 특성에 따라 하천홍수, 도시홍수, 해안홍수, 돌발홍수의 4가지 유형으로 크게 구분할 수 있다. 또한 발생 원인에 따라 눈이 많은 곳에서 봄철 기온상승으로 인한 융설홍수, 계절풍 지대에서 고온 다습한 기류가 유입되어 산맥들에 부딪혀 발생하는 지형성 상승기류로 인하여 국지적으로 내리는 집중호우로 인한 홍수, 태풍이나 발달된 저기압의 통로가 되는 곳에서 이들이 통과할 때 내리는 호우로 인한 홍수, 중위도 지방에서 남쪽의 고온 다습한 기단과 북쪽의 냉습한 기단 사이에 형성되는 기압골(우리나라의 경우 장마전선)에 의해 동반되는 홍수, 산간지대에서 산사태로 하천이 막혀 발생하는 홍수 등 여러 가지로 분류할 수도 있다.

유형	원인	특성
하천홍수	태풍 또는 집중호우에 의한 하천의 범람	제방의 월류 및 붕괴에 의해 발생하는 홍수로서 공간적으로 광범위한 지역에 장기간 피해가 발생함
도시홍수	도시의 주차장, 건물, 도로 등의 불투수 지역의 증가	불투수 지역의 증가로 인한 첨두홍수의 증가 및 도달시간의 단축, 도시 내수 배제의 불량으로 인한 주택지, 상가, 공장지 등의 침수에 의한 피해
돌발홍수	지형적으로 급경사인 소유역(산악지역)에의 집중호우	상류 하천 유량의 급격한 증가, 유사 밀도류의 형성, 산사태, 상류 소형 댐의 붕괴에 의한 홍수 피해로서 공간적으로 좁은 지역에 짧은 기간 동안 발생
해안홍수	태풍 또는 호우 시 저기압 형성에 의한 해수면의 상승 및 높은 파랑의 형성	해안가 저지대에서 파랑에 의한 침수 피해를 일컬으며, 하류지역의 경우 만조위와 하천의 홍수파가 만날 때 가장 위험이 크게 나타남

홍수의 유형 및 특징
(소방방재청, 2011)

홍수를 발생시키는 호우는 장마전선의 남북 이동과 이 전선을 지나가는 저기압, 여름철에 특히 7~9월초 사이에 우리나라에 영향을 주는 태풍과, 중국 화북지방·양쯔강·동지나해 방면에서 이동해 오는 저기압, 그리고 여름철 남동 계절풍과 과열로 인한 뇌우성 집중호우 등을 들 수 있다. 우리나라의 강우는 여름철(6, 7, 8월)을 전후하여 강우가 집중되므로 이 시기에 주로 홍수가 발생한다.

댐이나 제방은 홍수 시 하천의 물을 저류하거나 바다로 신속히 방출하여 홍수로부터 인명과 재산, 농경지를 보호해 주는 매우 중

하천홍수와 도시홍수

a 하천홍수

b 도시홍수

요한 시설이다. 그러나 평소에 이러한 시설들이 적절히 설계·관리되지 못했거나, 예상외의 큰 호우가 발생했을 경우에는 댐이나 제방을 월류하여 이들을 붕괴시키고 하류의 도시와 농경지를 침수시키게 된다. 또한 하천에 인접해 있는 도시는 호우 시 도시 유역 내에 모여진 우수를 하천으로 신속히 배제하지 못하기 때문에 침수되거나 하천의 홍수가 제방을 월류 또는 붕괴시킴으로써 도시전역이 대규모로 침수되기도 한다.

눈이 번쩍 뜨이는 **토목 이야기**

서울 한복판 '슈퍼 도시홍수'… 게릴라처럼, 순식간에 삼키고 사라지다

2010년 추석 연휴의 첫 날인 9월 21일 오후 4시 물에 완전히 잠긴 서울 광화문광장(아래 왼쪽 그림)이 이틀 뒤인 23일 같은 시각, 원래의 모습(오른쪽 그림)으로 돌아왔다. 두 사진은 추석 연휴를 삼켰던 '도시홍수'의 무서움을 잘 보여준다. 예상을 뛰어넘는 대규모 홍수로 도시 기능이 마비된 이러한 현상은 21일 서울에 시간당 100mm에 육박하는 폭우가 내리면서 짧은 시간에 많은 비가 집중되자 도시의 배수 능력이 이를 감당하지 못해 발생했다. 광화문 일대에서는 하수관으로 물이 빠지기는커녕 오히려 역류했으며, 도시 곳곳에서 교통이 마비되는 등 상당한 피해가 발생했다.

광화문 사거리
a 침수 전
b 침수 후

가뭄

가뭄은 홍수와 달리 진행속도가 느리므로 시·공간적으로 정확하게 판단하기 쉽지 않다. 가뭄의 영향은 상당기간 완만히 누적되어 나타나고 가뭄이 해갈된 후에도 수년 동안 파급 효과가 나타날 수 있기 때문에 가뭄의 시작과 끝을 판단하기도 무척 어렵다. 따라서 이와 같은 속성 때문에 가뭄을 잠행潛行 현상이라 한다(K-water, 2014c).

가뭄에 대한 정의는 가뭄을 다루는 목적에 따라 다르기 때문에 명확하게 구분할 필요가 있다. 일반적으로 가뭄을 그림5와 같이 분류하며 정의는 아래와 같다

- 기상학적 가뭄: 주어진 기간의 강수량이나 무강수 계속일수 등으로 정의하는 가뭄

5 가뭄의 정의와 진행과정
(K-water, 2014c)

- 농업적 가뭄: 농업에 영향을 주는 가뭄을 언급한 것으로 농작물 생육에 직접 관계되는 토양수분으로 표시하는 가뭄
- 수문학적 가뭄: 물 공급에 초점을 맞추고 하천유량, 저수지, 지하수 등 가용수자원의 양으로 정의한 가뭄

기상학적 가뭄은 주로 강수량이 계절적 평균치에 미달하여 피해가 생기는 것을 말한다. 따라서 기상학적 가뭄의 기준은 나라마다 매우 다르게 나타난다. 예를 들어, 미국은 48시간 내에 강우가 2.5mm보다 적은 경우를, 영국은 일 강우가 2.5mm보다 적은 날이 연속으로 15일 이상인 경우를 기상학적 가뭄으로 정의하고 있다.

농업적 가뭄은 농업활동과 관련이 깊다. 즉, 토양속의 수분이 부족하여 농작물의 성장에 문제가 발생하는 상황을 농업적 가뭄이

눈이 번쩍 뜨이는 **토목 이야기**

물은 어디로 갔나……, 아리랑호가 찍은 소양강 가뭄

우주에서 보는 우리나라 가뭄이 심상치 않다. 강바닥은 말라붙었고 목이 타는 듯하다. 2015년 아리랑 3호가 찍은 영상에서 오랜 가뭄으로 물줄기가 사라진 소양강의 처참한 모습을 확인할 수 있다.

한국항공우주연구원은 2015년 3월 21일 다목적실용위성(아리랑) 3호가 촬영한 소양강댐 위성영상을 공개했다. 이 영상에는 서울·경기·강원 등 중부지역에 지속되고 있는 가뭄으로 마른 강바닥을 드러낸 소양강의 모습이 담겨 있다(오른쪽 그림). 이에 앞서 아리랑 2호가 2012년 4월 찍은 소양강은 푸른 물줄기가 시원하게 흐르고 있는 모습이었다(왼쪽 그림). 2015년 6월까지 지속된 기록적인 가뭄으로 소양강댐 수위는 역대 최저 수위인 151.93m(1978년)에 거의 근접하였다.

라 부른다. 지역적으로, 토양의 특성에 따라, 또한 재배하는 농작물에 따라 다른 기준이 적용될 수 있다.

수문학적 가뭄은 물 공급에 초점을 맞춘 가뭄이다. 예를 들어보면, 우리나라는 주로 여름철에 내린 강우를 모아 가을부터 이듬해 봄까지 물을 공급해 주는 시스템을 가지고 있다. 따라서 봄철에 우리에게 공급되는 물은 지난해 여름철에 모아둔 빗물이 되는 것이다. 이런 측면에서 보면 수문학적 가뭄은 최소 9개월 이상의 연속기간 동안 내린 강우량과 관련이 깊다. 실제로 9~12개월 동안 내린 강우량이 수문학적 가뭄을 판단하는 데 많이 이용된다.

눈이 번쩍 뜨이는 **토목 이야기**

평온하던 전원마을, 토사 덮쳐 아비규환 쑥대밭

'서울 한복판의 전원주택가'로 각광받으며 고급주택이 즐비하게 들어섰던 서울 서초구 우면산 일대는 2011년 7월 27일에 발생한 폭우로 산사태가 발생해 주민 16명이 사망하고 400여 명이 대피하는 등 큰 피해를 봤다. 서초동 국립국악원에서 방배동 교육과학기술연수원까지의 약 1km 구간 남부순환도로는 산사태로 쏟아져 내려온 토사와 나무가 가득했으며, 도로변의 아파트도 토사가 덮쳐 사진에서 보는 것처럼 집 안으로 밀려들어오기도 했다.

서울시는 산사태 직후 16명의 전문가로 구성된 조사단을 발족시켜 피해조사와 원인을 분석하고, 항구 복구대책 등을 제시하였으며, 1년 만에 산사태 재발 방지를 위해 돌수로와 사방댐 등을 건설하였다.

산사태

산사태는 사면활동의 한 유형으로서 사면의 종류, 지반특성 또는 이동물질, 이동속도와 형태, 유발원인 등에 따라서 정의를 달리하게 되는데 일반적으로 산사태는 '자연사면에서 지진, 강우, 또는 중력작용으로 사면붕괴, 지반침식 및 토석류가 발생하여 한꺼번에 많은 흙과 돌이 빠른 속도로 아래로 이동하는 현상'으로 정의된다. 경우에 따라서는 흙흐름earthflow, 토석류debris flow, 낙석 및 눈사태avalanche 등도 포괄하여 산사태landslide라고도 한다. 우리나라에서는 호우가 빈번한 7, 8월에 산사태도 집중적으로 발생하는 경향을 보인다.

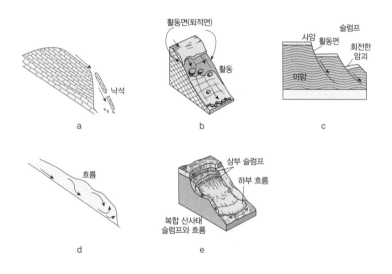

산사태의 형태(이동우 등, 2007)
a 낙석 b 암석상태 c 슬럼프
d 흙흐름 e 복합 산사태

기후변화와 물

지구온난화는 지구 평균기온의 상승뿐만 아니라 강우의 발생 횟수, 강우의 세기 및 강우의 공간 분포에도 영향을 준다. 과거와는 확연히 다른 기후변화로 인해 토양속의 수분 상태, 눈의 녹는 속도, 하천 및 지하수의 흐름도 변하게 되고, 또한 수질이나 수생태계 등 물의 순환 전반에 많은 변화가 나타나게 된다.

이러한 변화는 당장 우리가 사용하는 물(수자원)의 확보를 어렵게 만든다. 기후가 바뀌어 비가 언제 어떻게 내리는지를 예측하기 힘들어지기 때문이다. 수자원의 충분한 확보가 어려워지면 식량의 생산, 위생, 보건, 에너지, 관광, 산업 등 물과 연관된 사회의 다

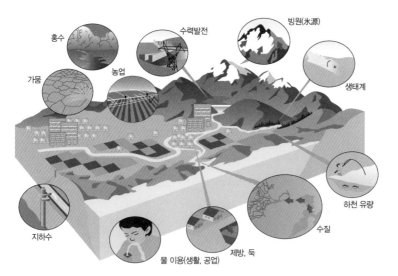

기후 변화가 영향을 주는 물 관련 분야(권형준, 2010)

른 부문에도 문제가 생기게 된다. 예를 들어, 사람이 하루 동안 먹을 식량을 생산하기 위해서는 3,000리터의 물이 필요하다. 이는 사람 한 명이 하루에 2~5리터의 물을 마신다는 사실과 비교하면 엄청난 양이다. 따라서 기후변화에 따른 물 부족은 곡물의 가격 급등을 불러와 사회적, 경제적으로 심각한 상황이 될 수 있다. 전력생산의 상당 부분을 수력발전에 의존하는 나라에서는 기후변화에 의한 유량의 감소로 전력(에너지) 생산에 큰 위기가 닥칠 수 있다. 또한 기후변화에 따른 물 부족은 특히 저개발국가에서 주민들의 보건 및 위생에 심각한 타격을 가할 수 있다. 기후변화는 또한 자연재해의 증가로 이어지기도 한다. 1991년에서 2000년 사이에 전 세계에서 2,557건의 자연재해에 의해 66만 5,000명이 숨졌는데, 자연재해의 90%가 바로 홍수, 산사태 등 물과 관련된 재해였다(http://www.unwater.org).

이처럼 기후변화는 수자원 확보 및 재해 관리에 심각한 영향을 미친다. 기후변화, 물, 그리고 사회 여러 부문이 복잡하고 난해하게 엮여 있는 상황에서 미래의 물 문제를 해결하기 위해서는 보다 통합된 형태의 접근이 필요하다. 물과 직·간접적으로 관련된 다양한 학문분야가 종합적으로 대응할 필요가 있다. 전통적인 분야인 이수(수자원 확보 및 이용), 치수(홍수, 산사태 재해), 환경(수질, 생태 등)은 물론이고 에너지(수력발전), 농업(식량생산), 산업(물이 사용되는 모든 산업) 등 다양한 분야를 고려한 물 관리가 필요하다(UN Water, 2010).

극단적 기상 현상의 빈번한 발생

지구온난화는 폭풍의 빈도와 강도를 변화시키고 있다. 이런 변화는 어느 지역이 습해지고, 건조해지고, 더워지고, 추워지는 문제보다 더 중요할 수 있다. 따뜻해진 대양은 허리케인과 같은 대규모의 폭풍에 더 많은 에너지를 공급한다. 허리케인의 빈도와 강도가 증가하면 인구가 빠르게 늘어 가고 있는 해안에 살고 있는 사람들이 더 위험해질 것이다.

지구온난화에 엘니뇨 현상까지 겹치게 되면 그 상황은 더욱 심각해진다. 이는 엘니뇨가 더 많은 열에너지를 대기 중으로 방출하여 일부 지역에 국한되던 자연재해를 거의 전 지구적인 규모로 증가시킬 수 있기 때문이다. 현재 엘니뇨의 원인은 아직 완전히 파악되지 못하고 있다. 엘니뇨는 그 범위에 관계없이 몇 년을 주기로 일어나는데 가장 최근에 일어난 대규모의 엘니뇨는 1982~1983년과 1997~1998년에 일어난 것이었다. 특히, 1997~1998년의 엘니뇨는 허리케인과 홍수, 산사태, 가뭄과 화재를 일으켜서 많은 사상자를 내었고 농작물과 생태계의 파괴, 건물 피해로 수십억 달러의 재산피해를 가져왔다. 오스트레일리아, 인도네시아, 아메리카대륙, 아프리카가 특히 심하게 타격을 입었다. 지구온난화의 영향으로 앞으로는 더 자주, 더 강한 엘니뇨가 초래될 것이라는 우려가 크다.

해수면의 상승

해수면의 상승은 지구온난화와 밀접한 관련이 있다. 해수면이 상승하게 되는 원인은 대부분 상부의 해수가 가열되어 열팽창을 하기 때문이다. 실제로 빙하와 내륙의 만년설이 녹아서 해수면을 상승시키는 정도는 아주 크지 않다. 다음 세기 동안 예상되는 해수면의 상승치는 40~200cm로서 값의 차이가 크다. 그러나 해수면이 40cm만 상승해도 환경에 대단한 충격을 줄 것이다. 해수면의 상승은 해안의 침식을 증가시켜 해변에서 많은 토양이 유실될 수 있다. 또한 건물이나 기타 다른 구조물들도 큰 폭풍으로 발생한 파도에 더 쉽게 피해를 입을 것이다. 해안의 만estuary이 있는 지역에서는 해수면이 40cm만 상승해도 해안선은 육지 쪽으로 이동하고 해안지역에 있는 여러 시설들은 심각한 침수피해를 입을 수도 있을 것이다. 만일 해수면이 1m 상승한다면 매우 심각한 결과가 초래될 것이므로 해안지역의 재산을 보호하기 위해서는 대대적으로 시설의 재조정이 필요할 것이다.

한반도 해수면 연간 상승률

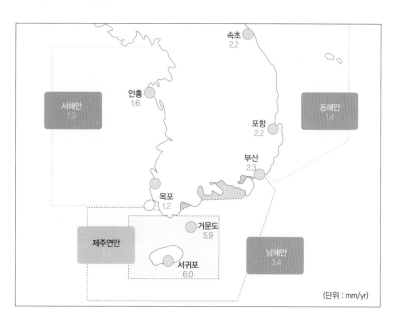

생물권 내의 변화

지구온난화는 이미 생물권에 많은 변화를 일으키고 있으며 생태계와 인간을 위협하고 있다는 증거가 늘어나고 있다. 여기에는 동식물이 살고 있는 환경조건이나 서식지의 변화뿐만 아니라 동식물 분포구역의 변화까지 포함된다. 분포구역의 변화가 관찰된 지역의 예를 들면, 말라리아와 뎅기열과 같은 질병을 옮기는 모기가 아프리카, 남미, 중앙아메리카, 멕시코의 고지대로 이동했다. 또한 유럽의 나비 몇 종류와 영국의 새들이 북쪽으로 이동했으며, 워싱턴의 캐스케이드 산맥에 있는 아고산대 숲이 더 높은 고지의 목초지로 이동했고, 오스트리아에서는 고산식물의 분포지도 더 높은 지대로 바뀌었다. 잘 이주하지 못하는 동물과 식물은 더 큰 생존의 위협을 받고 있다. 예를 들어 북극에 있는 바다얼음이 녹으면서 북극곰들은 점점 살기 어려워지고 있고, 플로리다, 버뮤다, 호주 등 열대의 얕은 바다에서는 수온이 높아짐에 따라 산호초가 큰 영향을 받고 있다.

지구온난화의 영향으로 삶의 터전을 잃고 있는 북극곰

물 안보의 개념

본 내용은 "물 관리 취약성과 물 안보 전략 Ⅲ(한국환경정책평가연구원, 2011)"의 내용을 일부 발췌하여 축약한 것이다.

흔히 안보라는 용어는 군사 분야에서 널리 사용되며, 사전적 의미는 '외부의 위협에 대하여 안전하게 지키고 보호한다'로 알려져 있다. 최근에 수자원관리에 있어서 '안보'라는 용어에 '물'을 더한 '물 안보'라는 개념이 대두되고 있다. 그만큼 인구와 산업이 발달하면서 물사용에 대한 수요가 늘어난 반면 자연에서의 공급은 일정하거나 기후변화 및 도시화 등으로 인하여 오히려 감소하고 있으므로 물을 확보하기 위한 치열한 다툼이 발생하고 있는 것이다.

최근 북대서양조약기구NATO나 국제연합UN 같은 국제기구에서도 안보의 위협 요인을 분석할 때 환경적인 요소들을 고려하기 시작했다. 석유, 가스와 같은 자연 자원과 함께 물에 대한 통제력을 확보하는 것을 국가안보의 전략적 목표로 삼게 된 것이다(Houdret,

물 안보에 영향을 미치는 주요 위협 인자

인위적인 위협	자연적인 위협	기술적인 위협
• 휴먼 에러 • 부정확한 평가 및 자원배분 • 테러리즘(국내외 사이버 테러, 산업 스파이 등) • 전쟁 및 사회 불안 • 인구 증가	• 기후변화 • 허리케인 • 지진 • 쓰나미 • 가뭄 • 홍수 • 산불 • 산사태 • 화산폭발	• 사회기반시설의 고장 • 독성 화학물질이나 생물학적 물질에 의한 사고 • 정보통신기술 및 장치의 기능불량

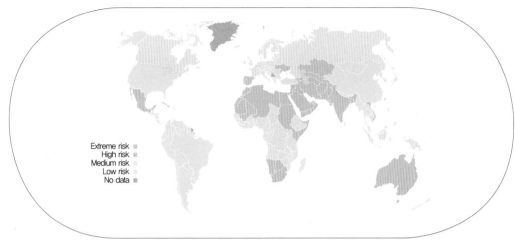

2004). 물의 수요는 점점 증가하고 있으나 깨끗한 담수freshwater를 확보하여 공급하는 것은 오히려 어려워지고 있기 때문에 인간 안보와 환경 안보의 차원에서 물의 중요성은 더욱 커지게 되었다.

아프리카 북부와 중동 등 물 부족이 극심한 지역에서는 이로 인한 분쟁의 조짐이 나타나고 있으며 소위 '물 전쟁'에 대한 관심과 우려가 크게 증가하고 있다(Houdret, 2004). 이에 2000년 제2차 세계 물 포럼World Water Forum 각료 선언에서 "21세기에 물 안보를 제공하는 것이 하나의 공동 목표"임이 천명되었다. 물 안보의 확보 여부는 다음 조건을 만족시키고 있는가를 가지고 평가한다. (1) 양질acceptable quality의 충분한adequate quantity 물을 사용할 수 있는가?, (2) 인간과 생태계가 물에 대한 접근권access을 가지고 있는가?, (3) 물 이용에 갈등이 발생했을 때 이를 조정할 수 있는 확고한 메커니즘이 있는가? 등이다(영국 공공정책연구소, 2010). 캐나다의 물 거버넌스 프로그램 PoWG에서도 이와 유사하게 "인간과 환경의 영위를 위한 충분한 수량 및 적합한 수질의 물에 대한 유역단위에서의 지속 가능한 접근권"으로 물 안보를 정의하기도 하였다(PoWG, 2010).

이러한 물 안보의 조건을 종합하면 물 안보는 "인간과 생태계가 필요로 하는 양의 좋은 물을 지속적으로 공급하고, 물과 관련된 재해에 대응하는 능력을 갖추는 것"이라 정의할 수 있다. 물 관리는 인간뿐 아니라 생태계의 지속성을 유지하기 위한 것이어야 하며, 물의 양과 질, 그리고 지속적인 공급을 확보하는 것이 필요하다. 또한 기후변화로 빈도와 강도가 증가할 것으로 예상되는 물과 관련된 재해 대응능력이 중요하게 다루어져야 한다. 이러한 개념 하에서 기존의 물 관리 주제인 수자원 확보, 홍수 방어, 수질 개선 및 수생태계 보호, 물과 관련한 갈등 조정 등의 사항이 물 안보라는 틀을 통해 보다 통합적인 맥락에서 다루어질 수 있을 것이다.

물 안보의 확보 전략

| 물 순환의 건전성 회복 | 물 부족을 겪는 인구가 증가하고 수질오염에 따른 환경·생태계 파괴가 증가하면서 물을 바라보는 시각이 달라지고 있다. 사람들은 물을 단순히 쓰고 버리면 되는 재화가 아니라, 하늘에서 내린 비가 땅에 내려 강과 바다로 흐르고 이 물이 하늘로 증발하여 구름이 되었다가 다시 비로 내리는 순환하는 과정(즉, 물 순환)으로 인식하게 되었다.

현재 우리나라에는 물 순환의 건전성에 적신호가 나타나고 있다. 하천에 흐르는 물의 36.1%를 취수하고 있어(이는 다른 국가들에 비해 높은 수준이다), 생태계에 큰 압력으로 작용하고 있다. 하천의 건천화도 큰 문제이며, 갈수기의 수질 악화는 매년 반복되고 있다. 좁은 국토에 많은 인구가 모여 살고 있는 우리나라에서 물 순환의 건전성이 악화되는 것은 매우 심각한 문제이다.

따라서 물 안보를 확보하고 기후 변화에 대응하기 위해서는 물 순환의 건전성을 확보하는 것이 필수적이다. 인간과 생태계가 공존할 수 있는 지속 가능한 물 이용의 경계sustainable boundary를 찾아 균형을 잡으려는 노력이 필요하다(샌드라 포스텔·브라이언 릭터, 2009). 예를 들어, 신도시를 만들거나 구도심을 재개발하는 과정에서 실개천이나 습지 공원 등을 적절히 배치하면 도시 내 물 순환 건전성을 확보하는 데 도움이 된다(한국환경정책평가연구원, 2010).

홍수, 가뭄 등 기후변화가 가져올 수 있는 예측하기 어려운 위기에 대비하기 위해서는 물 관리 시스템의 복원력resilience을 확보하는 것이 필요하다. 복원력이란 개념은 생태학 분야에서 처음 도입되었는데, 복원성 또는 복원능력과 의미가 유사하다. 물 관리 시스템에서의 복원력이란 "홍수, 가뭄, 태풍 등의 극한 기상 상황이 발생하거나, 기후변화가 닥쳤을 때, 정상적인 생활용수, 공업용수, 농업용수, 환경용수를 공급할 수 있어야 하고, 생태계의 정상적 유지가 가능해야 하며, 또한 파괴적인 홍수재해나 수질 악화 등의 사태를 회피할 수 있게 하는 것"이다(Swedish Water House, 2005). 물 관리의 복원력을 확보하는 것은, 특히 미래 기후변화에 따른 물 관리의 위기를 관리하는 적극적이며 사전예방적인 접근법이라 할 수 있다.

| 유역 중심의 통합 물 관리 체계 구축 | 현재 우리가 물을 이용하고 관리하는 방식을 향상시킨다면 기후변화에 의한 미래의 위협에 더 효과적으로 대처할 수 있을 것이다(GWP TEC, 2007). 바람직한 물 관리 대안으로 평가받는 통합 물 관리와 통합 유역 관리는 현재의 물 문제를 해결하기 위한 대안이며 동시에 기후변화에의 적응 및 물 안

보를 확보하기 위한 가장 적합한 접근방법으로 평가받고 있다.

통합 물 관리는 유역을 기반으로 하는 것이 중요하다. 유역은 물이 모여서 흘러드는 지역으로 지표수, 지하수, 토양, 동·식물 외에 인간 등 인위적인 영향을 모두 포괄하는 개념이다(박성제, 2005). 하천과 호수에 있는 물을 양적·질적으로 관리하기 위해서는 도시지역, 농업지역, 산림지역, 복합지역 등 유역의 특성에 맞는 물 관리가 이루어져야 한다. 수질관리 측면에서도 공장과 같은 특정 점point 오염원 중심의 관리만으로는 목표 수질을 달성할 수 없기 때문이다. 홍수 방어 측면에서도 과거 제방 위주의 선line적인 치수대책의 한계가 대두되면서, 유역의 저류기능을 확대와 같은 면적area인 치수대책의 중요성이 높아지고 있다.

유역관리에는 물과 관련된 농업, 임업, 산업, 도시계획 등 사회 다른 부분과의 연계가 필수적이다. 이는 물 안보가 추구하는 것과도 잘 부합한다. 물 관리와 동떨어진 영역으로 여겨졌던 분야에서도 수질 및 수량 관리를 위한 정책이 취해지고 있다. 예를 들어, 수질에 민감한 지역에서는 비료사용을 제한하여 하천이나 호수로 영양염류(비료 등)가 과도하게 유입되는 것을 방지한다. 하천으로의 토사유입을 방지하기 위해 개발사업을 엄격하게 관리하고 있고, 빗물이 지하로 더 많이 들어갈 수 있도록 침투시설의 사용을 권장하고 있다. 홍수량을 줄이기 위해 도시계획을 변경하기도 한다. 장래에는 하수처리장 등을 포함한 사회기반시설이 유역의 환경성 제고를 최우선의 목표로 하여 운영될 수도 있을 것이다.

| **기후변화 적응능력 배양** | 기후변화에 대한 적응정책을 이행하기 위해서는 많은 예산의 투입이 필요하므로 효율적인 적응대책을 선별

하여 우선적으로 시행할 필요가 있다. 이러한 정책 수립을 위해서는 기후변화 현상 및 영향에 대한 정확한 예측이 필수적이다(한국지질자원연구원, 2008). 예를 들어, 홍수, 가뭄 등 물 관련 재해를 예측할 수 있는 능력을 향상시키고 해상도가 높은 기후변화 예측 모델을 개발하여 상세한 정보의 제공이 가능하다면 더 효율적이며 신뢰성 높은 정책이 만들어질 수 있을 것이다.

기후변화와 관련된 연구를 확대하고, 교육이나 정보 교류의 활성화 등을 통해 기후변화에 대한 적응능력을 배양해야 한다. 특히, 중앙 및 지방정부 정책담당자, 지역주민 등 성인뿐 아니라 학생들에 대한 교육에 관심을 기울여야 한다. 미래세대는 기후변화의 영향을 가장 많이 받게 될 것이므로 기후변화에 대한 교육이 특히 중요하다. 초·중·고등학교의 각 수준에 맞는 교육을 통해 학생들이 기후변화의 심각성을 이해하고 생활 속에서 물이용 습관을 바꿔 물과 생태계를 보호하도록 행동을 변화시킬 필요가 있다.

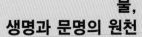

물,
생명과 문명의 원천

01 우리나라에서 기후변화로 인하여 예상되는 하천이나 수자원 측면에서의 변화는 어떤 것들이 있을까?

> 힌트 많은 연구에서 향후 한반도의 기후가 아열대성으로 변할 것이라는 예측을 한다. 즉, 평균기온이 상승하고, 전체적인 강우량도 증가할 것이라 예상한다. 그러나 한편으로는 강우량의 변동폭 또한 함께 증가할 것으로 보고 있다.

02 우리나라의 하천정보, 유역정보, 수문정보, 기상정보 등에 대한 정보서비스를 제공하는 인터넷 사이트(국가수자원관리종합정보시스템, www.wamis.go.kr)에서 제공하는 자료 및 정보의 종류가 무엇인지 구체적으로 조사하시오.

03 2018년 5월 28일 국회에서 의결된 '물 관리 일원화'조치의 내용과 의미를 기술해 보시오.

> 힌트 같은 날 국회에서는 '정부조직법', '물관리기본법', '물관리기술 발전 및 물산업 진흥에 관한 법률' 등 소위 물 관리 3법을 통과시켰고, 물 관리 일원화는 '정부조직법'과 관련이 있다.

04 독자의 집에서 사용하는 수돗물은 어느 하천에서 취수된 물인가? 또한 어떤 처리과정을 거쳐서 집까지 오게 되었는지 조사하시오.

> 힌트 K-water에서 운영하는 물관리 포털사이트인 My Water(www.water.or.kr)에 접속해 보면 사용자의 가정에 공급되는 물의 취수원을 확인할 수 있다.

05 독자의 집에서 가장 가까운 하천의 하천명, 시점과 종점, 길이, 유역면적 등을 조사하시오.

> 힌트 K-water에서 운영하는 물 관리 포털사이트인 My Water(www.water.or.kr)에 접속해 보면 사용자의 인근 하천정보를 확인할 수 있다.

06 우리나라 하천 중 북한과 유역을 공유하는 하천은 무엇인가? 또한 그 하천에 건설된 댐은 어떤 것들이 있는지 조사하시오.

> 힌트 국가수자원관리종합정보시스템(www.wamis.go.kr)에 접속해 보면 남한지역과 남북한 접경지에 위치한 하천유역을 확인할 수 있다.

07 최근 들어 전 세계적으로 태풍에 의한 피해 규모가 커지고 있다. 우리나라에 발생한 역대 최대 규모의 태풍 5개와 최대 피해를 입힌 태풍 5개가 무엇인지 조사하시오.

　힌트 기상청 홈페이지(www.kma.go.kr)에서 확인할 수 있다.

08 레이다를 이용하여 강수량을 계측하는 원리는 무엇인가? 간단히 기술하시오.

　힌트 기상청 기상레이더센터 홈페이지(radar.kma.go.kr)에서 확인할 수 있다.

8장

인류의 삶과
바다

바다, 그 위를 누비는 파도와 속에서 흐르는 해류

해양ocean은 지구 표면적의 약 71%로, 총면적은 3억 6천1백만이고, 평균수심은 3,800m이다. 5대양이라 불리는 큰 바다는 태평양, 대서양, 인도양, 북극해, 남극해이다. 그리고 우리가 지도상에서 볼 수 있는 것과 같이 육지의 68%가 북반구에 있어 남반구의 바다는 북반구 바다의 약 2배 정도에 이른다. 육지에서 가장 높은 산은 8,850m의 에베레스트이다. 그러나 해양에서 가장 깊은 곳은 태평양 마리아나 해구에 있는 챌린저 해연으로 깊이가 11,033m에 이른다. 이 해연은 에베레스트보다도 무려 2,000m 이상 깊으니 얼마나 깊은 골짜기인지 짐작될 것이다.

바다의 표면은 대기와 만나고 있다. 대기에 의한 바람의 영향으로 파도가 생성된다. 그리고 태양열로 데워진 표면은 아래층과 수온 차이가 나게 되고, 위도별 해역별의 온도차와 밀도차에 의해 지구 전체를 순환하는 해류가 형성된다. 이와 같이 바다는 늘 살아 숨 쉬듯 세계를 여행하고 있다.

외해, 즉 먼 바다에서 형성된 파도는 연안으로 상륙하는데, 수심이 얕아지면서 그 모양이 달라진다. 연안으로 오면서 파고(파도의 높이)는 커지고 파장은 짧아져 결국 부서지며 파고가 감소하게 된다. 이 과정에서 쇄파wave breaking(파도가 부서지는 현상)에 의한 해류가

해운대에서 발생한 이안류
(출처: 기상청)

형성되기도 하고, 때로는 큰 파도가 부서지며 해안 구조물에 피해를 주기도 한다. 즉 파도는 해안의 주거와 어업에 영향을 주며 구조물 피해에도 영향을 미친다.

쇄파가 발생하는 연안역을 쇄파대surf zone라고 부르는데, 이 해역에서 쇄파에 의한 응력stress으로 연안에 평행하게 흐르는 해류, 즉 연안류longshore current가 발생한다. 또, 지형의 영향 또는 서로 다른 방향의 연안류가 만나는 지점에서 외해로 빠져나가는 강한 해류가 발생하는데 이 해류를 이안류rip current라고 한다. 연안류와 이안류는 해안의 표사를 이동시키는 역할을 하고, 특히 이안류는 해수욕장에서 인명피해를 주는 사례가 빈번하므로 유의해야 한다.

이와 같이 토목공학의 한 분야인 해안공학에서 파도의 특성을 알고 그 영향을 고려하는 것은 필수이다.

바다 아래 숨겨져 있는 해저의 지형

지구상의 육지는 산, 계곡, 평야 등 그 지형의 형태가 매우 다양하다. 바다의 지형도 육지와 같이 매우 다양한 형태를 가지고 있다. 그렇지만 바다의 지형은 육지의 지형에 비해 그 모양이 단순하고 경사도 완만한 편이다. 이러한 해저지형은 일반적으로 대륙붕, 대륙사면, 해저평원, 해령, 해구·해연, 화산섬으로 이루어져 있다(그림1).

대륙붕은 육지에 접해 있는 해역이다. 수심은 200m 미만이며, 경사가 급하지 않고 완만하다. 일반적으로 해수면의 상승과 파도의 침식작용으로 운반된 퇴적물이 쌓여 형성된 지형이다. 대륙붕은 전체 해양 면적의 8%에 불과하지만 천연가스와 석유 같은 지하자원이 매장되어 있는 경우가 많아 각 나라에서 중요한 자원의 보고가 된다. 대륙붕을 지나면 비교적 경사가 급한(1:2~1:40) 대륙사면이 나타나고, 해구를 지나면 수심이 약 5,000m에 이르는 넓고 평평한 해저평원이 위치한다. 여기에는 저탁류에 의해 운반된 퇴적물이 넓은 범위에 걸쳐 퇴적되어 있다.

해령은 해저평원의 지각 아래에서 밀려 올라온 암석이 해저에서 산맥과 같은 모양으로 형성된 것이다. 해구·해연은 수심 6,000m 이상의 좁고 긴 계곡이다. 그중에서 특히 깊은 곳을 해연이라고 하고, 전 세계에 25~27개의 해구가 있다. 화산섬은 해령이나

1 해저지형

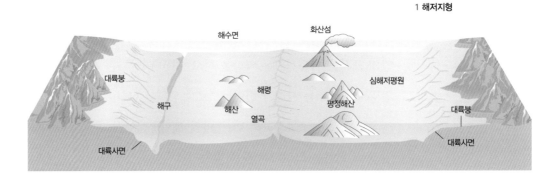

인류의 삶과 바다

해구에서의 화산이 해수면 위로 분화하면서 형성되는 섬이다.

우리 삶에 있어서 바다의 역할

지구상의 물은 바다에서 대기로, 대기에서 육지로, 그리고 다시 육지에서 바다로 끊임없이 순환하며, 인간의 삶에 필수적인 물을 공급한다. 바다는 지구상 물의 97%를 차지하고 있으며, 나머지는 2%의 빙하와 1%의 하천, 호수, 지하수로 구성되어 있다. 또한 바다는 추울 때에는 바다의 열을 방출해 대기의 온도를 높이고, 더울 때에는 대기의 온도를 흡수해 대기의 온도를 낮춰 지구상의 온도를 적절하게 조절하는 고마운 역할을 한다. $1m^3$ 해수의 온도가 $1℃$ 하강하면 $3,000m^3$의 대기의 온도가 $1℃$ 상승한다. 만일 바다가 없으면 지구상의 육지는 엄청나게 덥거나 추울 것이다. 이뿐만 아니라 바

눈이 번쩍 뜨이는 **토목 이야기**

파도를 만들고 공부하고 즐긴다

30~40년 전부터 토목공학자들은 바다에 존재하는 파도를 실험하기 위해 수조를 제작했다. 각 파도는 자신만의 주기와 파고를 갖는데, 이것을 만들기 위해 넓적한 판wave paddle(조파판)을 수직으로 세워 전후로 움직이거나, 펌프로 물을 배출, 흡입하는 방식으로 파도를 발생시킨다. 연구자들은 다양한 주기와 파고를 갖는 파도를 발생시켜 해안과 여러 구조물에 미치는 영향을 관측하여 물리적인 현상을 규명하였으며, 그 규모가 100m

이상의 길이에 해당하는 대형 시설도 국내외 대학 및 연구소에 있다. 파도wave는 해양에서 에너지를 전달하는 수단인데 파도가 부서지면서 에너지가 변환되고 수평으로 힘을 발생시킨다. 이를 이용하여 서핑을 즐길 수 있다. 파도를 이용한 놀이시설도 있다. 수영장에 파도를 발생시킨 파도 풀pool은 이미 우리나라에서도 보편화되어 있으며, 이웃나라 일본에는 실내에서 큰 파도를 만들어 서핑을 즐기는 시설까지 있다.

오레곤 주립대학교 파랑연구소 대형수리모형실험시설

다는 육지에서 흘러 들어오는 오염된 물질들을 자정작용을 통해 분산, 처리하는 청소부 역할을 한다. 여기에다 바다는 우리가 바다에서 즐길 수 있는 여러 가지 레저 활동을 제공해 우리의 삶을 풍요롭게 해 준다. 그러므로 우리는 바다의 중요성과 고마움을 인식해야 하고, 우리 인간과 바다가 어떻게 하면 서로 조화롭게 잘 공존할 수 있을지 모색해야 한다.

해양은 자원의 보고

해양은 육지와 같이 무수한 자원이 있는 자원의 보고이다. 해양에
는 해조류, 어류, 갑각류, 연체동물, 포유류 등의 생물자원이 있다.
또한 석유, 천연가스 등의 화석연료, 모래, 자갈 등의 골재, 망간,
니켈, 구리, 코발트 등의 심해저광산, 금, 은, 구리, 아연 등의 해저
열수광상의 비생물자원이 있다. 그리고 해수에는 염분(해수 중 평균
2.6%)을 포함한 금, 백금, 우라늄, 몰리브덴, 리튬 등의 광물질이 녹
아 있다.

우리에게 생소한 심해저 망간단괴, 해저열수광상, 가스 하이드
레이트는 무엇인가? 심해저 망간단괴는 말 그대로 깊은 바다 밑에
깔려 있는 광석 덩어리로, 검은 노다지라고 불린다. 심해저 망간단
괴는 대부분 수심 4,000m 이상의 심해저 평원에 분포하고 있는데,
북동 태평양 클라리온-클리퍼톤 균열대Clarion-Clipperton Fracture Zone(C-C
해역), 남동태평양 페루분지, 그리고 북인도양 중앙 심해평원에 많
은 양이 분포하고 있다. 망간단괴라고 해서 망간만이 있는 것이 아
니다. 망간단괴라고 불리는 이유는 망간이 가장 많이 포함되어 있
어 그렇게 불리는데, 단괴 속에는 20~30%의 망간 외에 0.5~1.5%
의 니켈, 0.3~1.4%의 구리, 0.1~0.3%의 코발트 등의 고가 광물
들이 포함되어 있다. 이러한 망간단괴를 채광하여 현재의 소비량과

같이 소비할 경우, 망간은 24,000년, 구리는 640년, 니켈은 16,000년간 사용할 수 있다고 한다.

심해저 망간단괴는 1970∼1980년대에 미국, 독일, 프랑스, 일본 등 해양선진국들이 미래 금속광물자원을 확보하기 위해 많은 연구를 수행해 왔고, 현재 여러 선진 국가들이 자신들만의 광구를 확보하고 있다. 우리나라는 1992년부터 당시 해양연구소의 온누리호(총 톤수 : 1,422ton, 전장 : 63.80m, 선폭 : 12.00m, 순항속도 : 15knot)로 C-C 해역 130만km²에 걸쳐 망간단괴 탐사를 시작하여, 1994년에 세계 7번째로 C-C 해역에 남한 면적의 1.5배 정도에 이르는 15만km²의 광구를 등록하였다. 그 후, 2002년 8월에는 유엔으로부터 7만 5천 km²에 이르는 우리들만의 독점 광구를 획득했다. 그러면 이렇게 많은 광물자원을 왜 현재 채광하지 못하고 있을까? 그 이유는 수심 4,000m에 있는 심해저 망간단괴를 채광하는 데 고도의 기술력이 필요하기 때문이다. 현재의 채광기술로는 채광 비용이 많이 들어 육상광물에 비해 경제성이 떨어지므로 채광되지 못하고 있다. 그러나 향후 육상광물이 고갈되고, 채광기술이 충분히 발달할 시에는 우리에게 엄청난 광물자원을 공급할 것이다.

수심 3,000m 내외의 깊은 바다에는 마그마에 의해 데워진 뜨거운 해수가 해저지각을 통해 방출된다. 이 과정에서 형성되는 광

심해저 망간단괴(출처: 위키미디어)와 C-C 지역

인류의 삶과 바다

상을 해저열수광상이라 하며, 금, 은, 구리, 아연 등 고가의 광물들이 다량 함유되어 있다. 우리나라는 해저열수광상 개발을 위해 2008년 4월 남서태평양 통가국 배타적 경제수역Exclusive Economic Zone, EEZ에 약 2만km²의 독점 탐사권을 획득하였다. 이뿐만 아니라, 공해상에서도 해저열수광상 광구를 확보하기 위해 2009년부터 인도양 지역을 대상으로 탐사를 개시했다.

'불타는 얼음' 이라고 불리는 가스 하이드레이트Clathrate hydrates 또는 Gas Clathrates, Gas hydrates는 영구동토永久凍土, permafrost(2년 이상의 기간 동안 토양온도가 0℃ 이하로 유지된 토양)나 심해저의 저온과 고압 상태에서 천연가스가 물과 결합해 생기는 고체 에너지원으로, 메탄가스가 얼음의 형태로 형성되어 있는 것이다.

지구에는 총 250조m³ 정도의 가스 하이드레이트가 매장되어 있는 것으로 추정된다. 일본 난카이 해역에는 약 1.1조m³의 가스 하이드레이트가 매장돼 있는 것으로 추정되며, 2013년 3월부터 가스 하이드레이트 천연가스 시험 생산을 시작했고, 2023~2029년에

세계 및 우리나라 가스 하이드레이트 분포도

상업 생산을 시작할 계획을 세우고 있다. 미국은 알래스카와 멕시코만에 주력하고 있으며, 육상지역인 알래스카는 현재 드릴 시추만으로도 가스 하이드레이트 생산이 가능하다고 한다. 우리나라는 동해 울릉분지에 약 6억 2,000만m^3의 가스 하이드레이트가 매장되어 있는 것으로 추정되며, 이는 우리나라 전 국민이 약 18년간 사용할 수 있는 규모이다.

그러나 가스 하이드레이트는 깊은 바다 밑에 매장되어 있어 채취에 따른 기술적 어려움과 경제성 등으로 인해 실용화 여부는 아직 알 수 없다. 그리고 가스 하이드레이트에 포함된 메탄은 이산화탄소보다 지구온난화에 더 많은 영향을 미치기 때문에 과학자들의 우려를 낳고 있다.

해양에서 얻을 수 있는 에너지원

인류의 주 에너지원인 화석연료가 점점 고갈되고 있다. 이와 더불어, 온실가스의 배출이 급증함에 따라 지구온난화가 가속되고 있고, 이를 방지하기 위해 친환경적인 신재생에너지를 개발하고자 하는 관심이 전 세계적으로 커지고 있다.

해양에서 우리가 이용할 수 있는 무공해 에너지원으로는 조석,

조류, 해류, 파랑, 수온차, 해상풍 등이 있다. 해양에너지는 조력발전을 제외하고는 아직 본격적인 상용화에 이르지 못하고 있으나, 미국과 유럽 등에서는 활발한 실증시험을 진행하고 있어 조만간 상용화가 이루어질 전망이다.

| 조력발전 | 높은 곳에서 낮은 곳으로 물이 흐를 때 에너지가 발생한다. 조수 간만차를 이용하는 조력발전은 밀물과 썰물이 크게 발생하는 하구나 만을 방조제로 막고, 그 안에 수차발전기를 설치하여 외해와 방조제 내의 수위 차를 이용하여 발전하는 방식이다.

세계 최초의 조력발전소는 어디에 생겼을까? 세계 최초의 조력발전소는 프랑스 북서쪽 끝 조그만 항구 도시인 생 말로를 흐르는 랑스강 하류가 대서양과 만나는 어귀에 있는 랑스 조력발전소(1967년, 24만kW급)이다. 그 후, 러시아의 키슬라야(1968년, 800kW급), 중국의 지앙시아(1980년, 3,000kW급), 캐나다의 아나폴리스 조력발전소(1986년, 2만kW급) 등이 건설되었다. 우리나라는 조석현상이 우세한 서해안이 조력발전을 일으킬 수 있는 장소이며, 2011년 7월에 경기도 안산시 시화방조제에 25만 2천kW급 시화호 조력발전소가 완공되었다.

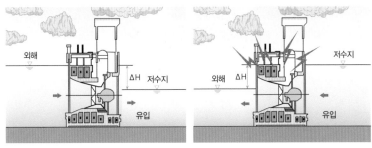

조력발전의 원리

| **조류발전** | 조수 간만차를 이용하는 조력발전과는 달리, 조류발전은 조석에 의해 발생하는 조류로 수차를 돌려 발전하는 방식으로 풍력발전과 원리가 비슷하다. 조류는 일정한 유속으로 흐르기 때문에 풍력과 달리 발전량이 예측 가능하고, 날씨나 계절에 관계없이 가동률이 높으며, 연속적인 발전이 가능한 에너지원이다. 또한 해수의 흐름을 방해하거나 주변 환경에 미치는 영향이 적고, 대규모 건설이 필요 없다는 점에서 환경친화적이다. 풍력발전량과 조류발전량은 매질의 밀도에 비례하는데, 해수의 밀도가 공기보다 약 1,000배 정도 크므로 상대적으로 작은 수차를 사용하여 풍력보다 더 큰 에너지를 생산할 수 있다. 현재 조류발전시스템은 영국, 미국, 캐나다, 노르웨이 등에서 지속적으로 연구개발 중이며, 다양한 형태의 조류발전시스템이 상용화에 근접하고 있다. 우리나라는 2009년부터 해남과 진도를 잇는 울돌목에서 헬리컬Helical 수차를 이용한 조류발전을 시험·운영하여 조류발전을 실증하는 데 성공했다.

울돌목 시험조류발전소 (출처 : 해양대학과학기술원 이광수)

| 해양의 흐름을 이용해 발전하는 방법 | 육상에서 바람을 이용하여 풍력발전을 하는 것처럼, 바다에서도 해류를 이용하여 대규모 프로펠러식 터빈을 돌려 발전하는 해류발전이 있다. 일본은 1983년 카지마 해역에서 최고 1,000W의 전류를 발전하여 세계 최초의 해류 발전에 성공한 바 있다. 미국은 코리올리스 계획Coriolis Project을 세워 플로리다주 멕시코만에 지름 170m, 무게 6,000톤의 초대형 발전기 242대를 설치하여 약 2천만kW를 발전하려는 시도를 하고 있다. 우리나라는 남동해안에 쿠로시오 해류가 흐르고 있어 해류발전에 유리한 조건을 갖추고 있다.

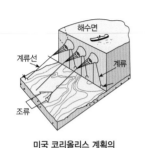

미국 코리올리스 계획의
초대형 해류발전기

눈이 번쩍 뜨이는 **토목 이야기**

이순신장군이 대승을 거둔 명량해전은 어디인가?

지금 신에게는 아직 열두 척의 배가 남아 있사옵니다.
전선은 비록 적으나 미천한 신이 아직 죽지 않았으므로
적들이 감히 우리를 업신여기지 못할 것입니다.

(今臣戰船 尙有十二 戰船雖寡 微臣不死則 不敢侮我矣)

1597년 7월 15일 칠천량(거제도 북쪽 칠천도 앞바다)에 진을 친 원균의 조선 수군 함대가 일본 수군의 기습을 받고 전멸한 이후, 선조는 백의종군을 하던 이순신을 다시 삼도 수군통제사로 임명한다. 그 후 9월 15일, 전투가 임박했음을 안 이순신은 전투 준비를 서둘렀다. 운명의 명량 해전 9월 16일 맑은 아침, 초병으로부터 수없이 많은 왜선들이 접근해 온다는 보고를 접하고, 이에 이순신에 새로 합류한 1척을 추가한 13척의 전선을 이끌고 일본 함대를 요격하기 위해 명량해협으로 출전했다. 명량해협은 '울돌목'이라고도 불리는데, 폭은 294m이고, 바다 표층의 유속은 6.5m/sec 정도로 굉장히 빠르며, 밀물과 썰물 때에는 급류로 변하는 곳이었다. 이순신은 이러한 지형을 이용하여 일본 함대를 울돌목으로 유인하고, 여기에서 333척의 일본 함대 중에서 131척의 전선을 격파했다.

| **파도를 이용하는 파력발전** | 바닷가에서는 파도가 끊임없이 육지로 밀려들어 오는 것을 볼 수 있다. 이러한 파도를 이용하는 파력발전은 파도에 의한 수면의 주기적인 상하운동을 에너지 변환장치를 통하여 기계적인 회전운동 또는 축 방향 운동으로 변환시킨 후 전기에너지를 얻어 내는 방식이다. 우리나라는 파고가 높은 동해안과 제주도 인근해역이 유리한 조건을 갖추고 있다. 파력발전장치에는 다양한 종류가 있는데, 구조물 내에 공기실을 두고 파도의 진동에 따라 공기의 압축과 팽창을 이용하여 터빈을 작동시키는 진동수주형이 있고, 전자기 유도의 원리를 이용한 부유식 발전기 등 파도의 진동 운동을 이용하여 에너지를 발생시키는 다양한 장치가 개발되고 있다. 영국은 루이스Lewis섬 근해에 5,000kW급 파력발전소를 운영하고 있으며, 인도네시아 발리섬에도 1,000kW급 파력발전소가 운영 중에 있다. 일본도 1998년 540kW급 부유식 파력발전장치를 설치하여 시험·운영했다. 우리나라는 1997년 60kW급 파력발

다양한 파력발전 장치
a 부유식 (출처: 크리에이티브 커먼즈), b 가동물체형(pelamis) (출처: 크리에이티브 커먼즈), c 진동수주형

인류의 삶과 바다

전장치를 개발했고, 2015년 제주시 한경면 용수리 앞 500m 해상에 500kW급 시험용 파력발전소를 건설했다.

| 바닷물의 온도 차이를 이용한 발전 | 바닷물의 온도 차이를 이용해서 발전을 할 수 있는데, 그것이 해양온도차 발전이다. 그러면 어떻게 온도차를 이용해 발전을 하는 것일까? 해양온도차 발전은 바다 표층과 심층 사이에 20℃ 전후의 수온차를 이용해 표층의 따뜻한 해수로 암모니아, 프레온 등의 저비점 매체를 증발시킨 후, 심층의 차가운 해수로 응축시켜 그 압력차로 터빈을 돌려 발전하는 방식이다. 우리나라의 동해는 수심에 따른 온도 분포가 양호해 해양온도차 발전에 있어 유리한 조건을 갖추고 있다. 프랑스의 d'Arsonal(1881)이 해양 표층과 심층의 온도차를 이용하여 전기를 얻을 수 있다고 처음으로 시사한 후, 세계 여러 곳에서 현장 실험을 통해 온도차 발전 운영을 현실화하고 있다. 미국은 1978년 하와이 근해에서 50kW급 소규모 시험발전에 성공하였고, 1985년부터는

해상풍력발전 (출처: 크리에이티브 커먼즈)

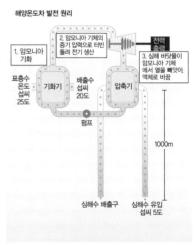

해양온도차 발전의 원리

출력 10만kW급 발전소를 건설하기 위해 모형시험을 실시하고 있다. 일본도 1981년 남태평양의 나우르^{Nauru}공화국 해역에서 최대 출력 120kW의 실험발전에 성공했다. 그리고 1989년 도야마^{Toyama} 만에서 1MW급의 파이롯트 플랜트를 설치하여 시험·운영하는 등 많은 연구를 수행하고 있다.

| **해상풍력발전** | 해상풍력발전이란 육상풍력발전과 같이 해상에서 공기의 유동, 즉 바람이 가진 운동에너지를 전기에너지로 변환시키는 원리로, 풍력발전기 날개의 회전력으로 전기를 생산하는 방식이다. 육상풍력발전은 부지 확보의 어려움, 소음으로 인한 인근 주민의 불편 등의 문제가 나타나지만 해상풍력발전은 이러한 문제가 전혀 없다. 그리고 양질의 바람 확보가 가능해 대단위 풍력발전단지를 건설할 수 있고 발전효율을 높일 수 있다. 현재 유럽을 포함한 전 세계 많은 국가들이 경쟁적으로 해상풍력발전단지를 조성하고 있으며, 2050년까지 최대 650~700GW의 해상풍력발전량을 추정하고 있다. 우리나라는 실증, 시범, 대규모 개발의 3단계 해상풍력로드맵을 계획하여 수행하고 있다. 1단계인 실증연구는 2013년에 완료했고, 2단계인 시범사업에서는 2016년까지 900MW 규모의 해상풍력단지를 조성하였으며, 3단계인 대규모 개발단계에서는 1.5GW 규모의 대규모 해상풍력단지를 조성할 계획이다.

파도는 예로부터 인류에게 두려움의 대상이었다. 어부의 아내는 고기잡이를 나가는 어부의 안전을 위해 늘 마음 졸이며 기다려야 했다. 바닷가에서 흔히 볼 수 있는 방파제는 외해로부터 진입하는 파도를 막아 선박과 마을을 보호하기 위해 건설되었다. 이러한 목적으로 해안에 건설되는 구조물은 다양한 용도에 따라 여러 가지 형태로 설치된다.

해안의 보호막, 외곽시설

태풍이 발생하면 해수면에 작용하는 바람, 기압의 차이 등에 의해 해수면이 상승하고 파랑이 커진다. 이렇게 상승한 해수면과 파랑이 연안으로 이동하면서 폭풍해일을 형성시켜 연안지역을 범람, 침수시키고 해안 시설과 구조물을 파괴하는 등 큰 피해를 입힌다.

또한 해저의 지각변동에 의해 발생하는 지진해일 또는 쓰나미는 어마어마한 파랑에너지를 가지고 있으며, 그 이동속도는 시속 수백km의 속도로 보잉747의 속도와 비슷할 정도이다. 지진해일은 깊은 바다에서는 파고가 작으나, 해안으로 진입하면서 수심이 얕아짐에 따라 파고가 매우 커져 해안구조물을 파괴시키고, 연안지역 깊숙이까지 밀려 올라와 침수시킨다.

이 외, 해안개발, 해안 구조물 및 도로 건설, 준설, 하천에서의 댐 건설 등에 의해 파랑, 연안류, 조류 등의 이동 방향이 바뀌어 해안의 모래가 유실되는 해안침식이 발생한다. 현재 우리나라 해안 전반에서는 해안개발에 따른 해안침식이 지속적으로 진행되고 있다. 특히 동해안의 해안침식은 심각한 수준이며, 장기간의 침식에 의해 관광자원이 상실되고, 해양생태계가 파괴되는 등 막대한 자연적, 경제적 손실을 입고 있다.

해안에서 발생하는 여러 가지 피해를 방지하기 위해 우리는 해안가에 방파제, 방조제, 방사제 등과 같은 해안구조물을 설치하는데, 이를 외곽시설外廓施設, counter facility이라 한다.

방파제防波堤, breakwater는 파도로부터 항내 시설을 보호하고, 항내를 잔잔한 정온상태로 유지하여 선박이 안전하게 항행할 수 있도록 하기 위해 축조된다. 그러므로 방파제는 항내를 효과적으로 방호할 수 있도록 배치, 설계되어야 한다. 방조제防潮堤, seawall는 파랑이나 조석이 내습하는 해안 또는 육지가 해면보다 낮은 해안에서 해수가 월파 또는 월류하여 육지로 침입하는 것을 방지하기 위해 해안선을

삼척시 궁촌해변 백사장 침식

여수 오동도 방파제 (출처: 위키미디어) 새만금방조제 (출처: 새만금사업 추진기획단)

따라 축조되는 제방이다. 방조제는 해당 해역의 조위(조석으로 인한 해수면 높이)와 파고에 따라 설계가 달라지며, 최근에는 사람들이 와서 휴식하고 즐길 수 있도록 환경친화적으로 설계하고 있다.

해안에서는 파도와 해류로 인해 표사, 즉 모래의 이동이 활발하여 침식과 퇴적이 빈번하게 일어난다. 이러한 현상을 인위적으로 조절하려는 구조물이 방사제, 돌제, 이안제, 잠제이다.

방사제防砂堤, groin와 돌제突堤, groin는 해안선에 평행하게 흐르는 연안류에 의해 발생하는 침식과 퇴적 방지, 항로를 퇴적으로부터 보호하기 위해 해안선에 수직으로 설치된다. 도류제導流堤도 해안에 수직으로 설치되며 하천이 바다와 접하는 하구 부분에서 물의 흐름을 원하는 방향으로 유도하기 위해 설치되는 구조물로 돌제의 형태와 비슷하다.

이안제離岸堤, detached breakwater, 잠제潛堤, submerged breakwater, 인공리프

방사제군 (출처: 크리에이티브 커먼즈) 돌제 (출처: 크리에이티브 커먼즈)

이안제 (출처: 크리에이티브 커먼즈)　　**인공리프** (출처: 크리에이티브 커먼즈)

artificial reef는 해안선에서 떨어진 해역에 해안선과 거의 평행하게 설치되는 구조물로, 파도의 에너지를 감소시켜 해안침식을 저감시키는 역할을 한다. 이안제는 수면 위로 나오는 구조물이고, 잠제와 인공리프는 수면 아래에 잠겨 있다. 특히 인공리프는 자연 산호초의 파랑감쇠효과를 모방한 구조물로, 마루의 폭이 잠제보다 매우 넓으며 해양생물의 서식처가 될 수 있도록 설계하는 경우도 있다.

눈이 번쩍 뜨이는 토목 이야기

가나가와 해변의 높은 파도 아래

해외에서 일본 식당에 가면 가장 흔히 볼 수 있는 그림이 '가나가와 해변의 높은 파도 아래(神奈川沖浪裏)'라는 제목의 목판화이다. 1832년에 일본의 화가인 가쓰시카 호쿠사이가 제작한 것으로 현재까지 세계적으로 유명한 일본의 대표적인 그림으로 알려져 있다. 일본의 상징인 후지산이 보이며 거대한 파도 앞에 두 척의 어선이 힘겹게 견디고 있는 모습이 있다. 어부들은 배에 납작 엎드려 큰 파도가 지나가기를 기다리고 있는 모습이 인상적이다. 배의 크기로 미루어 파고는 10~12m 정도로 추정된다. 호쿠사이는 부서지는 파도의 끝자락을 발톱처럼 묘사하고, 파도의 안쪽은 짙은 남색으로 표현함으로써 일본을 둘러싸고 있는 바다에 대한 종교적인 두려움을 나타냈다.

(출처: 위키미디어)

인류의 삶과 바다

선박을 줄로 고정시키는 계류시설

선박이 오랜 항해로부터 목적지의 항내로 진입하게 되면 선박은 정박을 해야 한다. 이러한 선박의 정박을 위해 축조되는 안벽, 잔교, 돌핀 등과 같은 구조물을 계류시설繫留施設, mooring facility이라 한다. 줄로 고정시킨다는 의미인 계류시설은 주로 방파제와 같은 외곽시설에 의해 보호되지만, 경우에 따라 상당한 외력을 받을 수 있어 구조적인 안정성을 확보해야 한다.

안벽岸壁, quay wall은 선박이 안전하게 접안하여 화물을 적하하고 승객을 승하선시키는 벽체 구조물이다. 안벽은 선박이 접안할 때의 충격이나 선박을 계류하기 위한 견인력에 견딜 수 있어야 하고, 육상에 놓인 기계류, 화물 등의 하중에 버틸 수 있어야 한다. 잔교棧橋, pier는 해안선에 접한 육지에서 직각 또는 일정한 각도로 돌출한 접안시설로, 선박의 접·이안이 용이하도록 바다 위에 말뚝 등으로 하부구조를 세우고 그 위에 콘크리트 또는 철판 등으로 상부시설을 설치한 구조물이다.

안벽

잔교

계선부표

　돌핀dolphin은 육지에서 상당히 떨어져 일정한 수심이 확보되는 해상에 몇 개의 말뚝을 박고, 그 위에 상부시설을 설치하여 대형 선박이 계류하여 하역할 수 있도록 시설한 경제적인 해상구조물이다. 주로 유류, 석탄, 광석, 곡물 등의 대량 화물을 하역하는 데 적합하다. 유조선tanker용 돌핀은 육지로부터 상당히 떨어진 깊은 수심에 설치하고 하역은 파이프라인pipeline을 이용한다. 물양장Lighters wharf은 안벽과 같은 기능을 하나, 전면의 수심이 작고, 소형선박(어선, 여객선 등)이 접안하여 하역하는 계선안이다. 마지막으로 계선부표繫船浮標, mooring buoy는 부두외의 외항에 특별히 설치된 선박계류용 부표이다. 일반적으로 강제로 된 원추형 또는 원통형 부체를 해상에 띄우고 움직이지 않도록 해저에 고정시킨 계선시설이다. 선박은 부체 윗부분에 있는 고리에 로프를 매어 계류시킨다.

인류의 삶과 바다

해안구조물 보호 장치, 소파블록

외곽시설은 거센 파도로부터 선박과 해안 거주지를 보호하기 위해 축조되었지만, 이 구조물도 폭풍이 발생할 때 큰 파도에 파괴되는 경우가 종종 있다. 콘크리트 구조물이 파도로부터 손상되는 것을 막기 위해 구조물 전면부에 소파블록을 쌓아둔다. 소파블록의 크기와 중량은 그 해역의 파랑조건에 따라 결정하여 파도가 구조물에 부딪히기 전에 그 에너지를 저감시켜 충격을 줄여 주는 역할을 하며 국내에서는 테트라포드Tetrapod(일명 삼발이)가 가장 흔하게 쓰이고 있다. 한편에서는 소파 성능과 안정성을 높이기 위해 다양한 형태의 소파블록들이 개발되고 있다.

눈이 번쩍 뜨이는 **토목 이야기**

방파제 낚시의 위험성

바다낚시 애호가들은 방파제에서 낚시하는 것을 좋아한다. 그러나 파도는 우리의 생각 이상의 힘을 갖고 있어 잠시만이라도 방심하면 생명을 앗아갈 수 있다. 특히, 삼발이라 불리는 테트라포드와 같은 소파블록 위에서 낚시를 할 때 미끄러지거나 큰 파도에 의해 휩쓸려가는 사고가 빈번하기 때문에 그곳에서는 낚시를 하지 않는 것이 좋다.

해안에서는 맑은 날씨에도 갑자기 큰 파도가 오는 경우가 있는데, 이를 너울성 파랑, 이상고파랑 또는 기상해일이라고 부른다. 이러한 파도는 방파제를 덮쳐 인명 피해를 주기도 하는데 발생 시기를 예측하기 어렵다. 2008년 5월 4일에는 보령 죽도에서 기상해일로 인해 9명이 사망했다. 그러므로 방파제에 낚시 위험구역이라는 팻말을 넘어 들어가는 것은 위험하다. 낚시 애호가 여러분! 낚시도 좋지만 여러분들의 생명은 더욱 중요합니다!

선박의 주차장, 항만

육상에 자동차가 주차하고 정비하는 것 같이 해양을 항행하는 선박
도 다음 항해를 위해 물자를 공급받고 정비를 할 수 있는 정박 장소
가 필요하다. 항만harbor 또는 port은 선박이 안전하게 출입하고 정박, 계
류할 수 있도록 조성한 수역이다. 그리고 항만은 화물을 적하하고
승객이 승하선 할 수 있는 항만시설, 후방지역으로 수송할 수 있는
교통시설, 화물을 쌓아두고 보관할 수 있는 보관시설 등을 갖추어
야 한다.

항만의 지형적 조건으로는 수심이 깊어야 하고, 항내는 외해로
부터 보호되어야 한다. 그리고 선박의 입출항이 용이하도록 출입구
는 충분히 넓어야 하고, 부두시설을 축조할 수 있도록 지반이 양호
해야 한다. 국내에는 이러한 모든 조건을 천연적으로 갖춘 곳은 드

부산항 (출처: 위키미디어)

우리나라의 무역항 및 연안항

물어, 인위적으로 방파제를 만들고 준설을 하여 항만을 건설한다.

항만을 기능상으로 분류하면 외국으로 수출입되는 화물을 싣고 내리는 무역항, 우리나라 내에서 화물을 실어 나르는 연안항, 그리고 수산업의 근거지로서의 어항이 있다. 우리나라에는 해양수산부 장관이 건설하고 운영하는 31개의 무역항(동해안 7개, 서해안 10개, 남해안 14개)과 해양수산부 장관에 의해 건설되고 시·도지사에 의해 운영되는 26개의 연안항(동해안 5개, 서해안 8개, 남해안 13개)이 있다.

항만에는 어떤 시설이 있는데, 그 기능을 충분히 수행할 수 있도록 수역시설(항로, 정박지, 선회장 등), 외곽시설(방파제, 방조제, 방사제, 도류제, 갑문, 호안 등), 계류시설(안벽, 물양장, 잔교, 계선부표 등), 교통시설(도로, 철도, 운하 등), 항행보조시설(항로표지, 통항신호시설, 조명시설, 통신시설 등), 하역시설(하역용 크레인, 하역이송설비 등), 보관·처리시설(창고, 야적장, 컨테이너 하치장 등), 보급시설(선박의 급수, 급유 등), 여객시설(여객의 승강, 대기 등), 후생시설(선박 승무원과 부두 근로자의 휴게소, 숙박소 등) 등이 갖추어져 있어야 한다.

항만은 복합적인 시설로 국가의 무역에 기여하여 경제에 큰 역할을 함과 동시에 생태계 변화와 해안 백사장 침식 등과 같은 환경 파괴를 초래할 수도 있기 때문에 경제적 필요성과 환경 영향을 신중하게 고려하여 설계하고 건설해야 한다.

눈이 번쩍 뜨이는 **토목 이야기**

항만의 역사

BC. 2800년경에는 에게해Aegean sea, 아드리아해Adriatic sea 및 지중해Mediterranean Sea 연안의 고대국가들이 해안에 항만을 건설하여 상호 간의 교류를 활발하게 수행했으며, 페니키아인들은 세계 최초의 인공항인 시돈 항을 건설했다. 14세기경 유럽에서는 제노바, 베니스 도시가 해상교역의 중심적인 역할을 하였고, 한자동맹Hanseatic League의 도시들이 북유럽의 해상활동을 장악했다.

15세기에는 미국, 아프리카, 인도 간의 원격 해상교역이 활발해졌으며, 영국, 스페인, 포르투갈, 네덜란드 등의 나라가 식민지 개척을 시작하면서 런던, 리스본, 암스테르담 등의 해안도시가 항만도시로 발전하게 되었다. 18세기 산업혁명 이후 선박은 대형화되었고, 국가 간의 해상운송량은 급격한 증가를 보였으며, 1869년 수에즈운하Suez canal의 개통은 세계 해상운송의 혁명을 이루었다.

우리나라는 1867년 강화도조약 이후 1876년 부산항, 1882년 원산항, 1883년 인천항이 개항되어 근대적인 해양수송의 길을 열었다. 1970년대 이후 고도의 경제성장과 함께 수출입 물량이 크게 증가함에 따라 해상운송량도 크게 증가하기 시작했고, 울산항, 포항항, 여수항, 광양항, 대산항 등 많은 무역항이 건설되고 확충되었다.

부산항 현재 모습 (출처: 크리에이티브 커먼즈)

인류의 삶과 바다

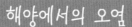
바다는 육상 또는 해상에서 유입되는 오염물질을 바다의 자정작용을 통해 분산, 처리하여 지구생태계로 재순환시키는 고마운 역할을 한다. 바다는 인체의 간처럼 묵묵히 오염물질들을 정화시키지만 무한정 정화시킬 수 있는 것은 아니다. 바다에 대한 우리들의 무분별한 활동으로 인해 바다가 병들기 시작하면 더 이상 자체적으로 회복하지 못하고 죽은 바다에 이를 수 있다. 한번 오염된 바다를 원상태로 회복시키기 위해서는 엄청난 비용과 노력이 필요하고 오랜 시간이 소요된다.

인간 활동의 결과로 생긴 물질들이 직·간접적으로 해양에 유입되어 해양생물자원과 인간에게 해를 입히고, 해수의 질을 손상시키며, 해양환경의 쾌적성을 떨어뜨리는 것이 해양오염이다. 해양오염의 원인으로는 육상기인 해양오염, 해양기인 해양오염, 그리고 대기기인 해양오염이 있다.

육상기인 해양오염은 음식물 찌꺼기 등의 생활하수, 살충제, 가축분뇨 등의 농·축산 폐수, 산업 활동으로 인한 산업폐수, 그리고 폐기물 및 쓰레기 등에 의해 발생한다. 해양기인 해양오염은 유조선 등의 각종 선박의 해난사고, 유류저장탱크 및 해저유전의 누출, 잠재적이고 만성적인 선박운항에서 발생하는 기름 찌꺼기 등의 유류에 의한 오염, 적조현상에 의한 오염, 원자력발전소의 온배수 유

출로 인한 오염, 방사능 물질 유입에 의한 오염 등이 있다. 대기기
인 해양오염은 대기에 있는 화학성분이나 연소물질 등이 강우나 해
면과의 접촉과정으로부터 해양에 유입되어 해양오염을 유발시키는
것이다.

검은 바다를 만드는 해상 유류 유출

바다에서 대규모의 유류가 유출되면 바다의 표면은 순식간에 기름
막으로 덮인다. 이러한 기름막은 파도의 작용에 의해 바다 속으로
유입되고, 흐름을 따라 먼 곳까지 이동한다. 최근의 유류 유출에
의한 대규모 해양오염으로는 2010년 4월 미국 루이지애나주 멕시
코만에서 세계 2위 석유회사인 영국의 BP^{British Petroleum}의 딥워터 호
라이즌^{Deepwater horizon} 석유시추시설이 폭발하면서 5개월 동안 대량
의 원유가 유출된 미국 멕시코만 원유 유출사고가 있다. 우리나라
는 2007년 12월에 충청남도 태안군 앞바다에서 경상남도 거제로
예인되던 삼성중공업의 해상크레인의 쇠줄이 끊어지면서 홍콩 선
적의 유조선 허베이 스피리트^{Hebei Spirit} 호와 3차례 충돌하여 유조선

미국 멕시코만 원유 유출 인공위성은 사진 (출처: 위키피디아)

샌프란시스코 유류 유출 시 설치한 기름울타리(2011년)
(출처: 크리에이티브 커먼즈)

인류의 삶과 바다

탱크에 있던 총 12,547㎘ (78,918배럴)의 원유가 태안 인근해역으로 유출한 사고가 있다.

해상에 유출된 유류는 빠른 시간 내에 일단 기름 울타리oil fence를 설치하여 유류가 더 이상 확산되지 않도록 막는다. 그 후, 우리가 바닥의 오물을 제거하듯이 방제 선박에서 유흡착제 등을 사용하여 유류를 흡착, 수거하거나, 세제를 사용하여 옷가지를 세탁하듯이 유처리제를 사용하여 유류를 제거한다. 이 가운데 유처리제는 취급이 용이하며 복잡한 장비나 기기가 필요 없고, 나쁜 해상조건에서도 살포가 가능해 많이 사용된다. 그러나 유처리제는 해수와 유막 간의 계면장력을 감소시켜 해상에 유출된 유류를 미세한 기름방울의 형태로 수중에 분산시켜 장기적인 생물분해를 유도하는 것으로 근본적인 유류제거방법은 아니다. 그리고 유처리제 처리 후 화학물질이 수중으로 용해되거나 또는 해저층으로 침전되어 2차적인 해양오염을 유발할 수 있어 해양생물체에 지속적인 영향을 미친다. 유출된 유류에 미생물을 살포하여 유류의 생분해과정을 촉진시켜 제거하는 미생물학적인 처리방법도 있다. 이 방법은 적용방법이 간단하고, 나쁜 기상상태에서도 사용 가능하며, 해양오염을 최소화시킬 수 있으나, 많은 양의 미생물의 배양 및 저장이 어렵고, 유류를 제거하는 진행과정이 느리다.

여름철의 불청객 적조현상

우리나라 여름철 서해, 남해, 동해남부에는 왜 적조가 찾아오는 것일까? 유기물의 분해에 의해 생성된 다량의 질소와 인이 해양에 배출될 경우, 해양에서의 영양염 농도는 과다하게 증가하고 부영양화

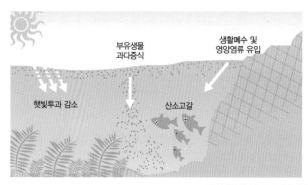

적조현상 (출처: 위키피디아) **(우)**

를 일으킨다. 이렇게 부영양화된 해역에서 소형 플랑크톤(주로 편모류와 규조류 등의 식물성 플랑크톤과 원생동물)이 급격하게 증식하여 해수의 색깔을 적색 또는 적갈색으로 변화시키는 현상을 적조현상이라 하고, 어패류 양식 등에 큰 피해를 입힌다. 발생원인은 뚜렷하게 규명되어 있지 않지만, 주로 기상조건, 수온, 염분, 영양염, 해수의 유동 등 복합적인 원인에 의해 발생한다고 알려져 있다.

적조는 짧게는 며칠에서 길게는 수십 일 동안 지속된다. 이때 바닷물은 점도가 커지고 악취를 풍긴다. 이상 증식된 플랑크톤과 플랑크톤들이 분해되는 과정에서 바다 속 산소가 고갈되고, 어패류는 산소 부족으로 인해 죽게 된다. 또한 플랑크톤이 직접적으로 내보내는 유독물질과 플랑크톤이 분해되면서 생기는 유독물질도 어패류를 죽게 하는 원인이 된다. 적조가 발생했을 때 그 대책으로 황산구리나 황토를 살포하지만, 임시방편에 불과하므로 대부분은 자연적으로 소멸될 때까지 기다려야 한다.

01 바다에는 날씨에 따라 크기의 차이가 있으나, 항상 파랑(파도)이 존재한다. 바다에서 파랑이 생성되는 원인, 해안가로 오며 파랑의 크기가 달라지며 변화가 일어나는 현상을 설명하시오. 또 서핑을 즐기려고 할 때 파도가 부서지는 종류에 따라 어떤 차이가 있는지 설명하시오.

(기상청 교육자료 "이해하기 쉬운 바다 날씨–파랑" 동영상, coastal wiki 사이트, 서적(해안/항만/해양공학) 참조)

힌트 풍파, 천수효과, 쇄파와 관련 있음

02 여름철 피서지로 해수욕장을 선택하였다. 튜브를 타고 해수욕을 즐기던 나는 시간이 흘렀을 때 나도 모르게 처음 수영하던 위치에서 다른 곳에 있음을 발견했다. 잠시 후 나는 갑자기 백사장과 멀리 떠내려가게 되었다. 이런 현상이 발생하게 된 원인과 어떻게 대응해야 하는지 설명하시오.

(기상청 교육자료 "이해하기 쉬운 바다 날씨–이안류", 각종 서적 참조)

힌트 연안류, 이안류, 쇄파와 관련 있음

03 2016년 10월 5일 태풍 차바가 우리나라에 상륙하여 피해를 주었는데, 특히 부산 해운대의 초고층 아파트 단지인 ○○시티 일대에 큰 피해가 있었다. 다른 지역에 비해 이 일대의 피해가 컸던 이유를 태풍 발생원인, 경로, 조석, 해안 구조물, 지형 등의 관점에서 설명하시오.

(기상청 교육자료 "이해하기 쉬운 바다 날씨–폭풍해일", 기상청 태풍 자료, 각종 뉴스, 윤한삼 등 (2017) 논문 참조)

힌트 폭풍 해일, 조위, 유의 파고, 호안, 태풍 경로 등과 관련 있음

04 국내 해안은 백사장 침식으로 몸살을 앓고 있다. 해안 백사장 침식의 원인에 대해 자연적, 인위적 관점에서 조사하고, 대응 방안에 대해 구조적, 비구조적, 복합적인 방안과 장단점을 설명하시오.

(해양수산부 연안포털 – 연안침식 사이트, 연안침식 실태조사, 각종 기사 등 참조)

힌트 어항, 방파제, 잠제, 이안제, 돌제, 양빈 등과 관련 있음

05 최근 경주 및 포항 지진으로 인해, 바다에서 지진 발생 시 우려되는 지진해일(쓰나미)에 대한 관심이 높아지고 있다. 지진해일의 발생원인과 전파 특성, 연안에서의 피해 종류에 대해 설명하시오. 또 국내에서 지진해일 탐지, 예·경보 시스템에 대해 조사하고, 개선해야 할 점에 대해 토의하시오.

(기상청, 국립재난안전연구원 등 정부기관 사이트 및 보고서, 미국 NOAA 참조, 한국 해안해양공학회 논문집과 잡지 "해안과 해양" 참조)

힌트 해저지진, 산사태, 화산, 침수, 범람, 도달시간 등과 관련 있음

06 기후변화로 인해 가장 취약한 지역 중 하나가 해안이다. 기후변화로 인해 해수면이 상승할 때, 해안에서 발생할 수 있는 재해에 대해 설명하시오. 또한, 동·서·남해안의 특성과 관련해서 예상되는 재해의 심각성을 설명하시오.

(IPCC 5차보고서 + 정책결정자를 위한 요약보고서, 한국환경정책평가 연구원 보고서 등 참조)

힌트 해수면 상승, 침수, 범람, 해안선 후퇴, 태풍 강도 및 경로 등과 관련 있음

07 기후 변화에 의한 해수면 상승과 폭풍해일 강도 변화에 대응하는 방안과 그 장단점을 설명하시오. 특히, 특정 해안에서 이러한 방안을 선택할 때 고려해야 할 사항들을 설명하시오.

(IPCC 5차 보고서, 한국환경정책평가 연구원 보고서 등 참조)

힌트 후퇴, 방어, 순응, 취약성, 노출, 위험도 등과 관련 있음

08 해양에너지 중 파력발전은 파도(파랑)의 진동운동을 전기에너지로 변환하는 방법으로, 전 세계적으로 해양신재생에너지 중 가장 많은 특허가 출원되고 있는 신기술이다. 파력발전 장치의 다양한 종류에 대해 조사하고, 본인만의 독창적인 아이디어로 파력발전 장치를 고안하고 설명하시오.

09 해양에서 조석을 이용한 발전에는 두 가지가 있다. 그 각각은 육상에서 사용하는 발전 설비와 유사한 원리로 활용된다. 이 유사 원리를 통해 해양에서 조석을 이용하는 발전의 장점과 환경에 영향을 미치는 단점을 설명하시오. 또 각 발전 방법에 대해 국내에서 향후 설치가 적합한 지역이 있다면 어느 곳인지 조사하고 그 이유를 설명하시오.

힌트 조력·조류 발전, 풍력·수력발전, 시화호 등과 관련 있음

9장

에너지 생산과 자원의 가공,
발전소/플랜트 분야

공장을 만드는 기술, 플랜트

지금은 거의 사라진 풍물로 남았지만 예전 시골 시장골목에는 대장간이 하나둘 쯤 있기 마련이었다. 요즘 용어로 표현하면 농기구를 만드는 가내수공업 공장쯤이 될 것이다. 낫과 호미만으로도 충분했던 농업생산 시대에는 모루와 망치, 풍로風爐만의 설비로도 충분했을 것이고, 대장간을 세울라치면 집을 짓는 장인의 수준에서 다른 분야의 기술적 도움 없이도 가능했을 것이다. 조금 지나 전근대적 수준의 방앗간과 철공소 등의 공장이 등장하면서, 인간의 힘을 기계로 대신하며 효율적 작업이 가능한 공작기계류를 갖추게 되었다. 이 정도 수준의 공장이라면 집짓는 장인의 손길뿐 아니라 기계류에 대한 지식이 더 필요할지 모른다. 더 큰 무게의 제품과 기기를 다루기도 하려니와 기계를 작동시키기 위한 에너지원으로서 물의 힘이나 다른 에너지가 필요할 수 있기 때문이다. 담금질이 필요하거나 기계를 식히는 물을 끌어오기 위해서는 배관이 필요할 수도 있다. 굴뚝을 통한 연소가스의 배출과 작업환경을 위한 환기도 생각해야 한다. 단순히 달구질로 땅을 고르고 무거운 기계를 지탱할 수 있는 기초를 만드는데서 나아가, 기기의 특성을 감안한 효율적 작업을 위한 기기배치와 전기와 배관의 기술이 필요한 수준이 된다. 이렇듯 산업의 발전 요구에 맞추어 좀더 높은 생산성과 효율이 요구되는 근대 이후의 공장은 토목, 건축, 기계, 전기 및 제어계측, 배관 등의 지식을 갖춘 전문가의 협업에 의해 공장을 건설하게 될 터이다. 플랜트를 단순하고 거칠게 정리하자면, 이러한 협업을 통하여 공장을 만드는 기술이라고 할 수 있다.

기계를 받치는 토목기술, 플랜트 토목

앞에서 방앗간과 철공소의 예에서 보듯이 이제 플랜트산업에 대한 몇 가지 시사점을 뽑아낼 수 있다. 우선 그것은 공공영역의 구조물을 제공하는 일반토목과 달리 민간영역의 특수한 목적의 구조물을 제공한다는 점이다. 한편 플랜트는 단일 기술 영역이 아니라 다양한 기술(대학의 학과로 이야기하자면 공과대학의 여러 학과)의 협업을 통하여 목적물을 완성한다는 점이다.

민간영역의 구조물은 일반구조물과 비교하여 상대적으로 사업주의 요구와 기대가 먼저 반영되고 민간영역 특유의 효율성과 성능을 우선으로 요청받는다. 아울러 기계 · 배관 · 전기 · 계장 · 환경 ·

일반토목사업과 플랜트사업의 조직도

소방의 다양한 기술이 투입되어 원하는 시점과 주어진 예산 이내에서 목적물을 완공하기 위해서는 전체를 아우를 수 있는 사업관리를 통한 조율과 협업이 반드시 필요하다.

이러한 플랜트의 특성을 반영하면서 기계 기초를 받치는 구조물을 만드는 토목이 플랜트 토목의 기술영역이다. 즉, 공장을 짓는 데 필요한 토목기술을 다루게 되는 것이 플랜트 토목이다. 플랜트 토목을 좀더 실제적으로 이해하기 위해서는 토목기술을 다루는 엔지니어링 회사의 조직도를 살펴보는 것이 도움이 될 듯하다.

플랜트 사업의 조직도는 시간·돈·품질이라는 플랜트 사업의 목표를 위해 교통정리 구실을 하는 사업관리를 중심으로 서로 다른 기술자와의 협업을 통해 프로젝트의 목적물을 (1) 주어진 시간에 맞추어, (2) 당초 계획했던 예산 범위 이내로, (3) 사업주가 요구한 기능과 성능 및 효율을 만족시켜 사업주에게 공장을 넘겨줄 수 있도록 하기 위한 최적의 조직으로 구성된다. 단일 구조물을 중심으로 운영되는 일반 토목과 달리, 공정 프로세스를 위한 기계 장치류의 설치와 운영을 위해 기계/배관/전기계장과 협업하여 필요한 토목 구조물을 제공하는 것이 플랜트 토목의 업무 범위임을 조직도는 보여 주고 있다.

플랜트 토목, 기능과 안정 그리고 아름다운 목적물을 위하여
일반적인 구조물이 지녀야 할 덕목으로 흔히 구조물의 목적에 충실한 기능성, 자연의 외력(바람, 지진 등)과 외부의 조건(기초 지반이 버티는 내력 등)에 대한 안정성, 그리고 아름다움으로 사람을 감동시킬 수 있는 심미성, 이 세 가지가 거론된다. 플랜트의 특성을 이

해하기 위해서는 '기능성'에 대한 정리를 잠시 거쳐 가자. 그것이 일 반 토목과의 중요한 경계가 될 테니까 말이다.

우리가 '교량', 혹은 다리라고 부르는 것은 물길을 건너거나, 자 동차가 계곡을 건널 때 필요한 구조물로 이해한다. 그러나 플랜트 에서는 이를 더욱 '기능적'으로 파악하게 된다. 즉, 옮기고자 하는

눈이 번쩍 뜨이는 **토목** 이야기

플랜트 토목, 개념 잡기

집에 TV를 새로 장만하였다고 하자. 이제는 TV 하부 장식장을 고민해야 할 시점이다. 무작정 비싸고 다목적 으로 사용할 장식장을 사는 것이 좋을까? TV를 받치기 위한 합리적인 의사결정은 무엇일까? 이 질문에 답변 할 준비가 되어 있다면, 당신은 플랜트 엔지니어가 될 자질을 갖추었다고 감히 말할 수 있다. 토목의 입장에서 문제를 단순화시키면 하부거치대로서의 TV 장식장은 단일 목적으로밖에 사용할 수 없다. TV 장식장은 상부 TV의 기능과 안전에 문제가 없어야 한다. 또한 TV와 연동시켜 생각하면, 심미적인 이유로 TV를 돋보이게 만들 수준의 아름다움을 갖추어야 할 것이다. 눈치 빠른 독자라면 이러한 조건들이 구조물에서 일반적으로 요 구되는 운전성, 안정성, 심미성을 말하는 것을 알아차렸을 것이다. 이런 셈법이 복잡하다고 느낀다면, 단순히 TV 가격수준에 맞추어 장식장도 그 정도 수준에서 비례해서 결정하는 방법이 있다. 자취방의 TV는 몇 권의 책 위에 올려지기도 하고, 최신 고화질 TV는 세련된 원목 장식장 위에 놓여지기도 한다. 이 비유에서의 TV가 플랜트의 기기류에 해당하고 하부장식장이 플랜트 토목에 해당한다고 보면 된다.

실제로 플랜트 기자재는 적게는 몇백만 원에서 수백억 원대까지 이르는 값비싼 설비로 구성된다. 플랜트 토목 은 좁게 보면 이러한 기기 설비를 위해 기초구조물, 작업장 시설물, 운전 및 유지관리 시설을 제공하는 분야이 다. 사업주 입장에서 보면, 보호해야 할 설비의 가격 혹은 그 설비가 장래에 생산하는 제품으로부터의 이익과 비교하면 플랜트 토목의 콘크리트 기초와 철 구조물의 비용은 상대적으로 미미한 지출일 수 있다.

참고로 플랜트 사업에서 차지하는 기자재의 비용과 토목의 비용을 비 교해 보자. 발전소 건설을 포함하 는 플랜트 사업에서 기자재 비용은 최소 50~75%로 구성되며, 설계비 3~5%를 제외한 나머지 20~40% 정도가 현지 공사비로 구성된다.

물질을 그것이 액체이든 고체이든 혹은 사람이든, 임의의 지점에서 장애물을 통과하여 원하는 지점까지 보내는 모든 구조형식을 교량이라 일컫는 방식이다. 그래서 플랜트에서는 다리를 놓는 대신에, 파이프를 이용하여 액체를 건네기도 하고, 콘크리트 박스 형상으로 작은 하천을 건너며 아래로는 물길을 열어 주고, 박스의 윗면으로는 사람과 차량을 통과시키기도 한다. 즉, 구조물이 지닌 이름이나 형식에 구애됨 없이, 원래의 목적을 기능적으로 만족시킬 수 있다면, 구조물을 가장 경제적인 형상으로 선정한다는 뜻이기도 하다.

한편, 플랜트 시설물은 사업주의 요구 혹은 생산품의 종류에 따른 기기의 필요성에 따라 혹은 그 필요성에 맞추어 설계와 시공을 진행하게 된다. 이는 동일하거나 반복된 구조형식이 드물다는 뜻이기도 하다. 또한 플랜트는 사업주의 경험과 기준이나 설계/시공자의 경험에 따른 피드백을 반영하는 결과물이기 때문에 기능성이 더욱 주요한 요소가 된다. 기능성의 바탕 위에서 안정성을 검토하고, 심미성은 땅에 묻히거나 혹은 규격화되기 때문이다.

여기서 우리는 대개의 플랜트 토목구조물이 가지는 또 한 가지의 특성을 언급해야겠다. 그것은 흔히 땅에 묻힌다는 것이고, 이는 향후에 구조물의 수정과 변경이 불가능하거나, 대단히 어렵다는 것을 뜻한다. 기계 기초의 수정과 변경이란 가동되고 있는 플랜트의 중단을 뜻하고, 이 경우 당초 계획했던 생산의 차질로 사업주가 지게 되는 손실과 손해는 어마어마해지고, 이는 콘크리트 기초의 건설비용과는 비교할 수 없는 큰 금액이 된다. 그래서 플랜트 토목은 상대적으로 조금 넉넉하게 기초를 짓는 경향이 있어왔고, 단순히 안전성만을 우선으로 생각하는 분야로 이해되기도 한다.

그러나, 위에서 말한 '기능성'이란 부분 때문에 플랜트 엔지니

어는 어떤 엔지니어보다 훨씬 더 유연하고 탄력 있는 사고를 요구 받는다. 뿐만 아니라 경제성을 비교 검토하고, 다른 분야 엔지니어와 같이 일을 해야 하는 소통의 기능을 요구받게 된다. 예로 들었듯이 '교량'을 통해 우리가 건네고자 하는 '무엇'이 다른 분야(기계, 배관 등)의 중간 생산품일 경우가 많고, 건너야 하는 '장애물'이 다른 분야(전기 등)에서 시간적으로 먼저 설치한 설비일 때가 많기 때문이다. 따라서 기계, 전기와 계측, 화공/공정/배관 등 타 분야 엔지니어와의 협업이 자연스럽게 필요해진다. 앞으로 대학교에서 플랜트 토목에 관심을 가진다면 기계공학, 화학공학, 산업공학, 전기공학, 건축공학과 친구들과 모둠 작업에 조금 더 친숙해져야 할 터이다.

플랜트의 분류, 무엇을 다루는가에 따라 정의한다

이제 자연스레 플랜트의 정의에 대해 이야기할 수 있게 되었다. 플랜트는 발전, 담수, 정유, 석유화학, 원유 및 가스처리, 해양설비, 환경설비 시설 등과 같은 산업기반시설과 산업기계, 공작기계, 전기 · 통신기계 등 종합체로서 완제품이나 중간제품을 생산하는 시설이나 공장을 말한다.

플랜트는 무엇을 다루는가에 따라 아래와 같이 분류할 수도 있다.

- Oil & Gas 플랜트 : 유전 가스전에서의 채굴과 관련된 플랜트

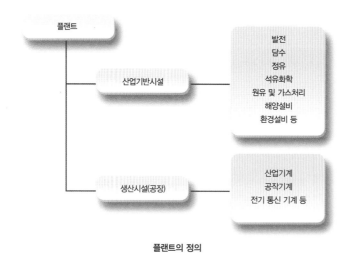

플랜트의 정의

- 정유 : 석유의 증류 및 정제와 관련된 정유공장 플랜트 및 화학 플랜트
- 발전 : 화석연료, 수력, 원자력, 태양광 등의 발전소 플랜트
- 담수 : 바닷물을 증류하여 물을 얻는 물공장 플랜트
- 환경 : 환경과 연관된 처리 플랜트

플랜트 건설은 생산하는 제품을 위한 산업시설물 공사를 설계하는 것에서부터 설치와 시운전까지의 전 과정을 일련의 순서에 따라 수행하는 플랜트 EPCC, 즉 설계Engineering, 구매조달Procurement, 시공Construction, 시운전Commissioning을 아우르는 종합엔지니어링이다. 여기에 더하여 플랜트 건설에서는 이들 사이를 유기적으로 통합하는 사업관리Project Management 능력까지 필요하다.

일반토목과 대비하여 플랜트 사업의 원가 구성을 살펴보면 플랜트 사업의 특징을 더욱 명확히 알 수 있다. 플랜트 사업은 기자재의 비중이 50%가 넘는 사업이다. 토목공학과 관련된 현장시공비의 경우 일반토목은 60% 이상인 데 반해, 플랜트는 30% 내외의 수준에서 현장시공비가 집행된다. 따라서 토목공학자는 원가 구성비가 큰 산업시설이나 제품생산 플랜트의 프로세스 특성을 먼저 파악해야 한다. 이러한 기계/배관, 전기/계장, 화학공학의 이해를 바탕으로 설계, 구매, 시공의 전체 영역에 걸쳐 플랜트 토목은 주요한 역할을 하게 된다. 물론 프로젝트에 대한 관리부분까지 같이 생각하면서 말이다.

발전 플랜트

근대 산업사회는 에너지에 기반하고 있다. 세계가 물질과 에너지로 이루어져 있다는 물리학적 표현 이상으로 에너지는 일상생활에서 매우 중요하다. 우리가 살고 있는 세계는 광대한 에너지의 소비로 돌아가고 있으니까. 그러나 인간이 지구의 자원, 석유, 석탄 등으로부터 에너지를 추출한 것은 채 200년도 되지 않는다.

'발전'은 자연에 존재하는 여러 가지 형태의 에너지를 전기 에너지로 바꾸는 과정을 말한다. 사용연료의 종류에 따라 발전소는 화력발전, 원자력발전, 수력발전 등으로 나눌 수 있다. 태양광발전에서는 빛 에너지를 직접 전기에너지로 바꾸게 된다.

화력발전소에 대해 정리하자면, 발전기의 연료로부터 발생하는 열로 물을 끓여 증기를 만들고(보일러), 이 증기의 압력과 온도를 기계적 회전에너지로 변환시키며(터빈), 이로부터 전기에너지를 얻게 된다(발전기). 증기터빈 발전소가 보일러 증기를 사용하는 대신, 가스터빈 발전소는 제트기의 엔진처럼 직접 연료(가스)를 태워 터빈을 돌려 회전에너지로 변환하게 된다. 참고로 원자력 발전소 역시 증기를 만들어 터빈을 돌린다!

그러나 화석 연료 발전소는 점차로 저탄소 발전과 현재로서는 저비용인 LNG 가스발전, 재생에너지 발전(풍력, 태양광, 생물바이오연료 등)의 비중을 높여가게 될 것이다. 또한 화석 연료 발전소 역시 연료 자원을 덜 쓰는 발전소로의 기술개발이 진행될 것이다.

연료를 따라가며 살펴보는 발전 플랜트 토목

발전소, 곧 발전 플랜트에서 플랜트 토목이 무엇을 하게 되는지를 살펴보려면 두 가지 방법이 있다. 이는 일반적인 플랜트에 대한 이해에서도 동일하게 적용될 수 있는 방법이다. 그것은 발전 연료Fuel를 따라가면서 각각의 단계에서 토목이 무엇을 하게 되는지를 살펴보는 방법이 있을 수 있고, 다른 하나는 발전소의 순환수Recirculation Water를 따라가면서 토목이 무엇을 하게 되는지를 살펴 보는 방법이

눈이 번쩍 뜨이는 **토목 이야기**

석유는 고갈된다?

화석연료는 곧 고갈되어 에너지 위기가 올 것이라는 말을 들어 보았을 것이다. 하지만, 셰일가스, 석탄층메탄, 오일샌드 등을 포함한 일명 '비전통 화석연료'가 채굴기술 발전과 석유가격 상승으로 경제성이 확보됨에 따라, 기존의 에너지정책과 세계경제가 바뀔 위세이다.

셰일가스란 진흙이 수평으로 퇴적하여 굳어진 암석층(혈암, shale)에 함유된 천연가스로서 무려 전 세계가 60년간 사용할 수 있는 규모라고 한다. 석탄층메탄은 석탄층 속에서 미생물과 압력, 온도의 열적 작용으로 인해 석탄 표면에서 생성되는 가스(메탄)95%)로서 현재 미국의 경우 전체 천연가스 생산량의 11%를 차지하고 있다. 오일샌드는 비전통석유의 하나인데, 점토나 모래, 물 등에 원유가 10% 이상 함유된 것으로서, 세계 석유매장량 순위를 뒤바꿀 만한 양이 존재한다. 비전통 화석연료의 채굴을 위한 에너지 플랜트 시설의 설계 및 운영에서 지반의 안정성, 구조물 진동, 폐수처리 등 다양한 분야에서의 유능한 토목공학자의 역할이 기대된다.

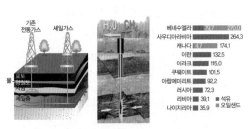

비전통 화석연료 (좌: 셰일가스 시추, 중: 석탄층메탄 시추, 우: 오일샌드를 포함한 석유매장량 국가순위)

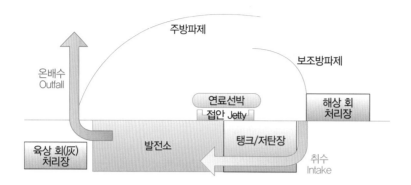

발전소 부지 배치 개념도

있을 수 있다. 우선 연료를 따라가 보자.

| **연료 및 하역 설비** | 발전소의 가동에 필요한 연료(석탄, 석유, LNG
등)의 운반 및 하역에 필요한 시설로서 항만을 활용할 경우에는 방
파제, 접안 Jetty 등으로 구성된다. 선박의 뱃길이 되는 항로의 배치
및 준설, 난바다의 파도로부터 선박을 보호하고 연료를 부리기에

 눈이 번쩍 뜨이는 **토목 이야기**

발전소는 전기만 생산한다? 증기를 활용하는 열병합 발전소

가스를 태워 터빈을 돌리는 가스터빈 발전소의 열효율은 매우 낮아 30% 정도이다(단순가스발전). 곧 70%의
에너지는 공중에 날려버리는 셈이다. 가스터빈의 꽁무니에서 나오는 폐가스를 버리지 않고 보일러에서 증기
를 데울 때 사용한다면 버려지는 열을 효과적으로 사용할 수 있다. 데워진 증기는 증기터빈을 돌려 두 번째
로 전기를 만들게 되는데, 곧 두 번의 발전을 하게 되고 이 경우의 열효율은 60% 이상 될 수 있다(복합화력
발전소). 증기터빈을 돌린 증기의 일부를 활용하여 물을 가열하여 가정용 난방으로 보내어 활용하거나 공장
에서 필요한 산업용 증기로 사용할 수도 있다(열병합 발전소).
발전소는 단순히 전기만을 만드는 곳이 아니다. 발전소는 에너지의 변환을 일으키거나 에너지를 만드는 곳
이다. 그렇게 정의한다면, 우리는 발전 플랜트 토목의 지평을 좀더 넓혀 생각할 수 있는 유연한 사고를 할 수
있을 것이다.

LNG Jetty, 작업대의 로딩 암,
해안보호공과 외해의 방파제가
설치되어 있다.

좋은 작업조건을 유지시키는 방파제, 자동차의 유턴에 해당하는 선
회장, 그리고 배를 육지 혹은 작업대에 붙이는 접안구조물인 Jetty
등이 필요하다. 특히 선박을 해안에 붙여 육지와 연결하는 Jetty 설
비는 플랜트에서 눈여겨볼 만하다. 선박이 부리는 것이 발전연료라
는 특성을 제외하면 일반부두와 유사하나 작업대 위에는 하역설비
(석탄의 경우 석탄하역기, LNG의 경우 로딩 암Loading Arm 등)와 크레인이 설
치되기도 한다.

뱃길이 마땅하지 않은 내륙 발전소의 경우에는 석탄을 철도를
통해 운반하게 되는 경우도 있다.

| **연료저장 설비** | 선박으로부터 받은 연료를 저장하고, 또 연료의 공
급이 부족하여 전력 생산에 문제가 되지 않도록 충분한 연료를 저
장해 둘 필요가 있다. 이 설비에는 선박에서 부려진 연료를 보관하

발전소 시공전경, 터빈 철골 기둥과
사진 뒤편 터빈기초,
오른쪽 보일러 기초와
연돌(굴뚝) 기초

는 석유탱크, 초저온의 LNG 저장탱크, 석탄화력의 경우에는 운탄, 저탄, 회처리장 등의 대규모 석탄저장시설이 요구된다. 발전소가 위치한 곳의 해안가는 땅이 좋지 못한 경우가 많아 기초를 받치기 위해 땅을 개량하거나 특수한 기초를 선정해야 할 경우가 많으며, 이는 발전소 건설비용의 경제성에 큰 영향을 미치게 된다.

| **터빈 및 보일러 기초 설비** | 하역된 연료를 받아서 태우는 설비로서, 발전소의 스팀터빈, 가스터빈, 보일러 등의 기초와 연돌(굴뚝) 등을 포함하는 설비이다. 터빈을 포함한 기계류를 외부조건(기온, 강우, 먼지 등)으로부터 보호하고, 소음 등을 차단하며 운전의 편이 등을 목적으로 철골 건물로 시공되는 경우가 많다. 터빈기초는 거대한 콘크리트 구조물로서 1,000MW급 발전소의 경우 400여 톤에 달하는 터빈기기를 받치는 구조물이다. 특히 기계의 운전 시 발생하는 진동수에 따라 앵커볼트로 묶여 있는 콘크리트 기초나 구조물이 기계와 함께 떨리게 되는 공진현상을 일으키지 않도록 계획하는 것이 중요하다.

| **전기관련 설비** | 터빈 발전기에서 생산된 전기를 발전소 외부에 보내기 위한 송전 배전 설비로서, 발전소 부지 내의 케이블 덕트, 변

압기, 변전소 등의 설비로 구성된다. 플랜트 토목은 이들의 기초, 변압기 사고 시 발생하는 기름 등의 유출 방지를 위한 설비를 담당하게 된다. 또한 폭발에 의한 압력Blast과 화재시의 온도에 견디도록 내화(방화)Fire-Resisting 구조물을 설치하기도 한다.

순환수를 따라가며 살펴보는 발전 플랜트 토목

보일러에서 증기를 데우는 화력발전소에는 발전용 증기를 터빈에서 사용한 후 물로 응축시켜 다시 보일러로 돌려 주게 된다. 이때 증기의 응축을 위해 외부에서 끌어오는 냉각 기능의 물을 순환수Recirculating Water라 하고 응축이 일어나는 기기, 곧 열교환을 하는 기기를 복수기復水器; Condenser라 한다. 이제 우리는 발전소의 설비를 이해하기 위해 연료의 흐름이 아닌 순환수의 흐름을 따라가 보도록 하자.

| 취배수 설비 | 터빈을 돌린 증기는 열교환기를 통하여 냉각되어 다시 보일러에 공급될 물로 되돌아가게 된다. 이때 열교환기에서는 증기가 가지고 있던 열을 빼앗기 위해 외부 냉각수를 사용하게 되

변압기 기초와 프리캐스트를
활용한 방화벽

고, 대개는 바닷물을 끌어와서 열을 빼앗아 높아진 온도로 바다로 배출하게 되는데 이 냉각수가 곧 순환수Recirculation Water이다. 순환수를 공급하는 취수 펌프구조물과 배수구조물이 규모면에서나 시스템의 중요도 면에서나 매우 주요한 토목구조물이다. 취수 구조물에서는 회오리 흐름이 발생하지 않도록 구조물 형상을 잘 선정하여야 한다. 취수를 위한 대형펌프 이외에도 물고기나 바닷물의 부유물질을 거르기 위한 여러 종류의 스크린이 설치된다. 배수 구조물에서는 사이펀을 형성시키거나 위어Weir 뒤편에서의 낙차에서 거품이 발생하지 않도록 구조물 형상을 선정한다. 이러한 구조물의 형상은 축척모형의 수리모형시험을 통하여 확인하는 과정을 거치게 된다.

바닷물의 사용이 어렵거나 내륙에 위치한 발전소는 냉각탑 Cooling Tower을 이용하여 순환수를 냉각시켜 재사용하거나, 아예 물이 필요 없는 냉각방식인 공기냉각방식의 열교환기를 사용하기도 한다.

발전소는 왜 바닷가에 세워지나?

석탄화력의 경우, 가루로 분사된 석탄을 태워 증기 보일러에서 고압의 증기(스팀 혹은 가스)를 다시 고온으로 만들고, 이 고온 고압의 수증기가 터빈의 날개를 돌려 회전운동 에너지로 전환되고, 회전운동 에너지가 발전기에서 다시 전기에너지로 바뀌게 된다. 증기의 순환과정을 살펴보면 에너지의 효율 및 배관내부에서의 부식 등을 방지하기 위해 외부와 완전히 분리되도록 시스템을 구성한다.

순환수는 온도가 낮을수록, 물의 양이 많을수록 열을 잘 빼앗을 수 있다. 이러한 순환수의 효율적이고 중단 없는 공급을 위해 발전소는 물의 양이 풍부한 바닷가에 위치하게 된다.

발전소의 순환수는 해수나 하천수의 유입과정에서 물고기를 죽게 하고, 농업용수 및 지하수활용에 문제를 일으키며, 5~7도 정도 높아진 온도 상승에 따른 온배수 문제 등을 야기시킨다. 따라서 향후의 발전소는 어떻게 하면 이러한 순환수의 사용을 최소화할 것인가가 중요한 기술적 과제가 될 것이다.

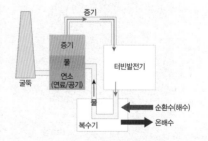

해수담수화

지구상의 물 중 97.5%는 바닷물이며 담수는 2.5%에 불과하다. 그나마 담수의 대부분도 빙하나 지하수로 존재하여 호수나 하천 등 곧바로 이용할 수 있는 담수는 지구 전체 물의 0.08%에 지나지 않는다. 그럼에도 불구하고 산업화에 따른 대량 생산에 의해 더욱 많은 양의 산업용수가 요구되고 있으며, 인구증가, 육류 위주의 식습관에 의해 마실 수 있는 물(담수)의 요구량 또한 증가되고 있다. 신규 수원의 확보를 위한 다양한 대안 중 해수담수화는 향후 25년 이내에 전 세계 50억 명 이상의 인구가 겪을 심각한 물 부족 문제를 해결할 수 있는 가장 앞선 기술 중 하나라고 생각한다.

　해수담수화 기술은 크게 증발식과 역삼투식으로 나뉘는데, 증발식 해수담수화는 에너지 가격이 안정적이고 값이 싼 중동지역에서 적용성이 높고 이외에 지역에서는 경제성이 낮아 최근에는 막을 이용한 2세대 기술인 역삼투식 담수시설이 더 많이 건설되고 있는 추세이다. 역삼투 해수담수화는 물이 역삼투막을 투과할 수 있도록 압력을 주어 만든다. 일반적으로 60~80bar 정도의 고압력이 필요하기 때문에 어느 일정 수준 이하로는 생산단가를 낮추기 어렵다. 높은 담수 생산단가 때문에 에너지 소비가 적은 기술을 개발하고 있지만 역삼투막의 여러 이점 때문에 한동안 시장에서 우위를 차지할 것으로 예상된다.

현재 우리나라 해수담수화 시설은 전국 17개 지방자치단체
에 설치되어 있으며 총 규모는 6,353m³/일이다. 이 중에서 수자
원공사에서 운영하는 시설은 9개, 지방자치단체가 41개로서 총 규
모는 1,735m³/일이다. 현재 운영 중인 국내 생활용수용 해수담수
화 설비 중에서 제주도와 우도, 추자도에 설치된 해수담수화 설비
는 하루 1,000m³의 생산수량으로 설계되었으며, 안정적으로 하루
500m³ 이상의 생활용수를 생산하여 사용하고 있다. 이와는 별도로
공업용수용 담수화 시설도 운영되고 있는데, 수원으로 해수를 직접
사용하지 않고 해수보다 염도가 낮은 기수를 쓰고 있다.

우리나라의 □□중공업은 중동 등지에서 인정받은 해수담수
화 기술을 바탕으로 차세대 대용량 담수기술과 수처리 분야를 지속
적으로 육성, 관련 분야에서 세계 1위 자리를 굳힌다는 전략으로,

해수담수화 플랜트

눈이 번쩍 뜨이는 **토목 이야기**

해수담수화의 역사

기원전 4세기 그리스 철학자 아리스토텔레스는 바닷물에서 소금을 어떻게 제거할 수 있을까 구상하던 중, 소
금물을 끓이면 수증기가 날아가고 소금만 남는다는 사실과 수증기를 다시 액화시키면 순수한 물이 된다는 것
을 깨달았다. 이것은 현재 열을 가해 담수를 생산하는 증발법 해수담수화이지만 이것이 최초의 해수담수화는
아니다. 서기 약 200년경에는 뱃사람들이 항해 중에 물을 얻기 위해 배에서 바닷물을 끓여 생긴 증기를 모아
물을 생산하기도 했다. 또한 추운 지방의 뱃사람들은 바닷물이 얼 때
염분이 가운데로 모인다는 것을 알고 언 바닷물을 모아 가운데 부분
을 씻고 나머지를 녹여서 담수를 얻기도 했다. 이후 문헌상에 이 방법
을 처음 기록한 이는 721년에 태어난 아라비안의 화학자 A. D. 자비
르였다. 그는 책에서 "선원들이여, 바닷물이라도 끓여서 그 증기를 해
면체에 포집하여 짜면 갈증을 해소할 수 있다."라고 밝혔다.

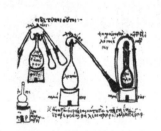
3세기 유리 증류 장치

에너지 생산과 자원의 가공, 발견 능/폐기물 분야

1970년대 말부터 담수설비 사업에 뛰어들어 현재 사우디아라비아와 오만, 카타르 등에서 건설프로젝트를 진행하고 있다. 최근 국내 대기업을 중심으로 물산업 분야에 진출을 확장하고 있으며, 해수담수화 분야와 더불어 하수 재이용 분야에서도 새로운 기술을 축적하기 위해 노력하고 있다.

환경시설

최근 지구온난화, 온실가스 등과 같은 전지구적 환경문제에 대한 관심이 증대되면서 플랜트 산업분야에서 환경시설의 비중도 점차 증가되고 있다. 플랜트 분야에서 환경시설은 주로 하수처리장, 폐기물 처리시설(바이오가스 플랜트 포함), 매립지 시설이 포함이 되

눈이 번쩍 뜨이는 **토목 이야기**

막이용 해수담수화 기술

막기술은 기체 및 액체 혼합물이 압력, 전기, 온도, 농도 등의 구동력에 의해 얇은 막을 이용하여 특정 물질을 선택적으로 농축하거나 분리하는 기술이다. 해수의 염분이 투과하지 않고 물만 투과할 수 있는 반투과막에 압력을 가하여 담수를 생산한다. 막은 18세기 영국에서 사용된 이후 급격히 발전하여 성능개선과 함께 가격이 인하되었기 때문에 우리 주변에 널리 이용되어 쉽게 찾아볼 수 있다. 아웃도어 의류에 고어텍스, 인공신장, 정수기, 경기장의 천막같은 지붕도 막을 이용하는 것이다.

해수담수화의 역삼투공정은 대부분 두루마리 휴지와 같이 긴 평막을 감은 나권형 형태의 막을 이용한다. 역삼투막을 사용 시 담수 생산수는 투입된 바닷물의 약 50% 담수를 생산할 수 있다. 동시에 염분이 더 농축된 50%가 막을 투과하지 못하여 농축수로 남게 된다. 고농도의 농축수는 해양생태계에 영향을 줄 가능성이 있어 저감시켜야 한다. 그리고 에너지 고효율 해수담수화 시스템을 위해 소모되는 에너지를 낮출 수 있는 기술을 개발해야 한다.

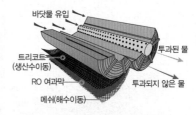

역삼투막을 이용한 해수담수화

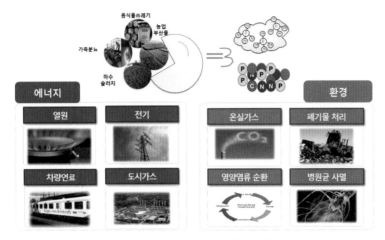

바이오가스화 플랜트의 에너지 및 환경적 역할

는데, 이번 장에서는 바이오가스 플랜트와 매립지 시설을 간단히
다루고자 한다.

바이오가스 플랜트

바이오가스 플랜트는 유기성 폐기물(음식물쓰레기, 가축분뇨, 하수
슬러지 등)을 미생물을 이용하여 처리함과 동시에 도시가스의 주요
성분인 메탄을 생산할 수 있는 시설을 칭한다. 산소를 싫어하는 혐
기성 미생물을 배양하는 혐기성 소화조가 주요 공정이며, 미생물의

세계 최대 규모 바이오가스 플랜트(Maabjerg energy concept, 덴마크) 전경 및 복잡한 지하 내부 구조

활성을 높이기 위해 온도는 중온(30~40℃) 또는 고온(50~60℃), pH는 6.0~8.0 사이로 유지된다. 수집된 유기성 폐기물은 혐기성 소화조로 유입 되고 소화조 안에서 약 10~50일 내에 전체 유기물의 30~80% 정도가 분해되어 메탄가스 및 이산화탄소로 배출된다. 일반적인 소화조의 형태는 교반기가 설치된 원통 모양이며 재질은 콘크리트나 강구조로 이루어져 있으나 공정에 따라서 수평형, 교반기가 없는 형태도 있다. 바이오가스 플랜트의 가장 큰 장점은 생산된 메탄가스를 열병합 발전을 통해 난방열과 전기로 이용이 가능하고, 바이오가스 내 이산화탄소를 제거한 후 차량연료 및 도시가스 대체연료로 활용이 가능하다는 것이다. 또한 환경적으로는 온실가스와 폐기물 발생량을 줄일 수 있고, 폐기물 내 포함된 질소와 인의 생태계 순환을 촉진하고, 병원균 사멸이 가능하다는 것이다.

전 세계적으로 약 13,000기의 바이오가스 플랜트가 설치·운영되고 있으며, 주로 유럽, 특히 독일을 중심으로 많은 기술이 발전하고 있다. 독일의 바이오가스 플랜트 수는 총 9,000기에 달하며, 전체 전기에너지량의 4.5%가 바이오가스로부터 공급되고 있으며, 국가적으로 2020년까지 10% 공급을 목표로 하고 있다. 낙농업이 발달한 덴마크는 2020년까지 가축분뇨의 50%를 바이오가스화 하는 것을 목표로 하고 있으며 이를 통해 전체 에너지의 6.5%를 충당하고자 한다. 국내의 경우, 현재 61기의 바이오가스 플랜트가 운영되고 있지만, 선진국에 비해 생산 효율이 낮은 것으로 평가되고 있다. 하지만, 국제적 조약London convention에 따른 유기성 폐기물 해양 투기 금지 후, 육상 처리가 불가피함에 따라 바이오가스화는 꼭 실행되어야 할 기술로 인식되고 있다. 현재 국내 시장 규모는 1조 원 정도이나, 2020년까지 바이오가스 플랜트를 시공하고 해양폐기물 육상 전환 시 발생하는 수익과 탄소배출권, 전기생산판매 수익의 증대를 더하면 약 2조 600억 원 정도의 잠재 규모가 예상된다.

국내 최대 규모의 바이오가스 플랜트는 수도권 매립지 내 설치된 플랜트로서 30,000m³(7,500m³×4)의 소화조에서 연간 16만 톤의 음식물류 폐기물이 처리되고 있으며, 이 과정에서 900만m³의 바이오가스가 생산되고 있다. 전 세계 최대 규모의 플랜트는 덴마크에 있으며, 소화조 용량은 48,000m³(8,000m³×6)이며, 연간 약

 눈이 번쩍 뜨이는 **토목** 이야기

소의 배설물이 지구를 점점 뜨겁게 만든다

지구온난화 문제와 관련해 전 세계가 이산화탄소 배출을 줄이기 위해 여러 고민을 하고 있는데, 그중 하나가 바로 '소의 배설물과 관련한 문제'라고 한다. 이는 풀이나 사료를 먹고 소화시킨 소가 배출하는 방귀나 트림의 주성분이 메탄가스이기 때문이며, 메탄가스는 이산화탄소보다 약 20배나 더 강력한 온실효과를 일으키는 것으로 알려져 있다. 또한 분뇨는 자연적인 조건에서 생물학적으로 메탄으로 전환이 되어 추가적인 온실가스를 생산하게 된다. 전체적으로 소의 배설물이 전 세계 온실가스 비중의 13.5%를 차지하며 이는 수송분야의 발생량과 맞먹는다.

메탄가스 생성의 시작은 물이 고인 지역, 악취가 심한 하수도에서 거품이 발생하는 현상과 유사하다. 산(아세트산, 뷰틸산 등)을 생성하는 세균과 이를 메탄으로 전환하는 고세균이 혼합 존재하여 유기물을 분해하면서 메탄을 생산하는 것이다. 한편 발생한 분뇨를 수거한 바이오가스 플랜트 내에는 처리 시 고효율로 메탄을 생산할 수 있으며, 생산된 메탄은 전기, 열원, 차량 연료 등으로 활용이 가능하다. 소 1마리가 발생한 분뇨를 바이오가스로 전환 시 얻을 수 있는 전력량은 1,000kWh에 해당하며, 이는 한 가정에서 쓰는 3개월간의 전력량에 해당한다.

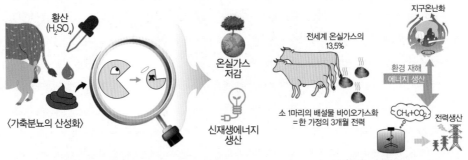

60만 톤의 가축분뇨가 처리되고 있다. 플랜트 지하의 내부 구조는 화학공장을 연상하게 하는 복잡한 파이프라인이 연결되어 있으며, 이는 악취 제거, 압력 및 온도 제어, 소화액 이송 등의 역할을 한다.

매립지

매립지는 폐기물을 처리하는 가장 오래된 시설로서 혐오 물질을 인간 생활의 먼 곳에 방치한다는 개념에서 시작되었으며, 악취를 차단하고 토양 내 미생물을 이용하기 위하여 흙으로 폐기물을 덮어 분해하는 곳이다. 국내 생활폐기물 매립지의 경우, 주로 종량제 쓰레기 봉투가 매립지로 이송되며, 폐기물의 분해를 담당하는 미생물들이 폐기물을 원활하게 분해하도록 포크레인 등으로 비닐류를 파쇄 후, 흙으로 복토를 하게 된다. 폐기물은 바이오가스 플랜트와 동일하게 토양 내 산소가 없는 조건(혐기성)에서 다양한 미생물들에 의해 최종적으로 메탄가스로 전환되는데, 수분의 함량(20~40%)이 매우 낮기 때문에 분해되는데 일반적으로 10~50년 정도 소요된다. 일정량의 강우가 상부 복토층을 통해 공급이 되면 분해 시간을 단축시킬 수 있는 장점이 있지만, 과다 투입 시 폐기물 내 유해성분이

울산 성암매립지 LFG 추출관 매립 공사 장면

매립지 가스 파이프 라인

녹아 땅속으로 스며들어가 지하수와 토양을 오염시킬 수 있는 문제점이 있다. 또한 땅이 아래로 내려앉는 현상인 지반 침하가 급격하게 생길 수 있으며, 생산된 메탄가스가 매립지 바깥으로 나올 경우 온실가스 방출의 문제점을 야기시킬 수 있다. 매립지 내에서 폐기물이 분해되면서 발생하는 오염수를 침출수라고 하는데, 예전에는 매립지마다 흙 속에 존재하는 미생물들의 정화작용을 이용하는 자연적인 방법을 사용했으나, 오늘날에는 침출수가 토양으로 새어나가는 것을 막기 위해 토양과 매립시설 사이에 차수막(물이 흘러들거나 스며드는 것을 막기 위하여 쳐 놓은 막)을 설치하여 한곳에 모아 처리하고 있다.

바이오가스와 다르게 매립지에서 생산된 가스는 매립가스LandFill Gas, LFG라고 명칭하며, 일반적으로 매립 후 2~3년 내 제일 많이 발생한다. 매립가스의 조성은 주로 메탄(45~75%)과 이산화탄소(25~45%)로 이루어지는데 이외에 치명적인 문제를 유발하는 오염물질도 포함되어 있어 대기오염을 일으키기도 하고, 폭발 가능성도

눈이 번쩍 뜨이는 **토목 이야기**

매립지의 바이오리액터화

최근에는 매립지 내의 폐기물 분해에 수동적인 자세를 취하는 것보다 발생한 침출수를 재순환하여 매립지 내 수분 함량을 증대시켜 분해를 촉진시키는 기술이 미국과 더불어서 국내에서도 큰 붐이 일고 있다. 이러한 형태의 매립지 운영을 '매립지의 바이오리액터화'라고 하며, 3~10m 정도 뚫고 들어가서 침출수를 순환할 수 있는 인입관을 묻는 것이 일반적인 공법이다. 또한 인입관을 통해 활성이 좋은 미생물과 약간의 공기가 공급되어 폐기물의 분해를 극대화시킬 수 있다.

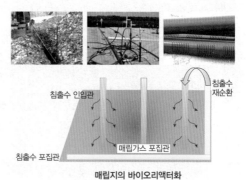

매립지의 바이오리액터화

있지만, 에너지원으로 사용이 가능하며, 최근에는 매립가스 내 이산화탄소 및 각종 이물질(황화수소, 실록산)을 제거 후, 차량용 연료로 이용하고자 하는 시도가 많이 진행되고 있다. 국내의 폐기물 매립지는 288개소가 있으며, 총 매립 용량은 약 6억m^3이고, 현재 절반 정도 매립이 된 상황이다. 국내 최대 규모의 매립지는 수도권 매립지이며 약 1억 3천만 톤의 쓰레기가 매립된 상황이다. 수도권 매립지의 매립가스 발생량은 4인 가족을 기준으로 13만 가구가 1년 동안 사용할 에너지에 해당하는 양이 생산되고 있다.

에너지의 생산과 자원의 가공, 발전소/플랜트 분야

01 발전에 사용될 순환수로서 바닷물을 끌어올 경우 심층(깊은 바다) 취수, 표층(하천 또는 표면바닷물) 취수, Lagoon(저수뚝 형성)취수 등으로 구분될 수 있다. 각각의 취수 형식의 선정에 어떤 요인이 주요하게 작용하는지 조사하시오.

> **힌트** 바닷물의 표면온도, 바다 바닥의 지질, 파도 및 조위차 등

02 가정용 세탁기에서 어떤 경우에 진동이 크게 일어나는지 살펴보고, 그 시점에서의 드럼의 회전수와 이를 세탁 시의 평균회전수와 비교해 보시오. 어떻게 하면 진동을 줄일 수 있을지를 세탁기를 바닥에 고정시켰을 때를 가정하여 조사하시오.

03 발전소의 취배수 계통은 사이펀(Syphon)을 활용하여 평상시 취수 펌프의 동력사용을 최소화할 경우가 많다. 실제 우리 생활에서 사이펀을 활용하여 효율을 추구하고 있는 사례를 조사하여 제시하시오. 아울러 처음에 어떻게 비어 있던 사이펀 파이프의 내부를 어떻게 채울 수 있을지 그 방법에 대해 조사하시오.

> **힌트** http://en.wikipedia.org/wiki/Siphon

04 덴마크의 경우, 일부 돼지분뇨에 황산을 첨가하여 저장을 하는데, 주요 목적은 어떤 것인지 알아보시오.

05 한 가정에서 생산되는 음식물쓰레기를 바이오가스로 전환하여 전기에너지로 이용 시, 대략 몇 %의 전기에너지 충당이 가능한지 계산해 보시오.

10장

위치정보,
세상을 바꾸다

문명의 발생과 함께 시작된 위치 관측

문명의 발생은 농경 문화가 시작되고 사람들이 집단을 이루어 생활 하면서 시작되었다. 세계 4대 문명이 모두 큰 강 유역에서 발생한 이유도 큰 강을 끼고 있는 지역이 농업에 유리하기 때문이었다. 문 명이 발생한 이후 보다 비옥한 땅을 차지하기 위한 전쟁이 끊임없 이 이어졌다. 당시에 식량은 국가의 국력을 결정하는 가장 중요한 요소였으며, 땅의 비옥도에 따라 같은 작물을 심더라도 생산되는 식량은 크게 달라지기 때문이었다. 문명의 시작과 함께 비옥한 본 인의 땅을 지키기 위한(경계를 지키기 위한) 노력이 시작된 것이다. 따 라서 본인이 살고 있는 지역의 경계가 어디인가에 대한 관심이 커 진 것은 당연한 일이었다.

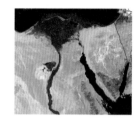

위성영상으로 본 나일강의 범람

세계 4대 문명의 발생지 중 하나인 나일강은 매년 큰 범람이 일 어나는 곳이었다. 나일강에 범람이 일어나 본인이 경작했던 농토가 흔적도 없이 사라졌을 때 어떻게 본인이 경작했던 땅의 경계를 알 수 있었을까? 이 경계를 알기 위해 측량이 시작되었다.

범람이 많았던 이집트에서 측량이 발달하기 시작한 것은 당연 한 일이었다. 기원전 3000년경 문명의 발생과 함께 사람들은 위치 관측의 중요성을 깨닫게 된 것이다.

 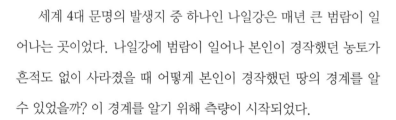

스마트폰을 가지고 살고 있는 현재 사회를 '지형공간 정보사회 Geospatial Information Society'라고 이야기한다. 이는 위치 정보에 기반을 두고 사람들 간의 통신과 정보 교류가 이루어지는 사회라는 뜻이다. 전화기가 발명된 이후부터 먼 거리에 있는 사람과의 상호 통신과 정보 교환이 가능하게 되었다. 이전에는 위치 정보에 기반을 두지 않아도 충분히 상호 통신과 정보 교류가 가능했으나, 오늘날에는 스마트폰의 대중화와 모바일 환경의 변화로 인하여 위치 정보를 활용한 다양한 서비스가 등장함에 따라 사람들의 생각과 생활패턴이 변화하게 되었다.

위치 정보는 지도를 이용한 내비게이션 서비스는 물론이고, 위

약속장소 찾기

대학에 갓 입학한 수진과 형식은 따로 명동의 커피전문점에서 만나기로 약속을 정했다. 형식은 예전부터 그 집을 방문한 경험이 있어 위치를 잘 알지만 수진은 이번이 처음이라 알지 못한다. 그래도 수진은 전혀 걱정을 하지 않는다. 스마트폰으로 형식에게 그 집의 위치 정보를 공유해달라고 부탁하거나, 직접 그 집의 이름만으로 지도 앱에서 위치를 찾아 약속장소로 갈 수 있기 때문이다. 이와 같이 우리는 스마트폰에서 제공하는 위치 정보를 사용하여 전 세계 어디를 가더라도 걱정 없이 목적지를 찾아갈 수 있다. 우리가 가지고 있는 스마트폰에는 위성에서부터 위치 정보를 제공하는 시스템이 내재되어 있기 때문이다.

치 기반의 사용자 맞춤형 마케팅, 재난 발생 시 인근에 있는 사람들에게 재난 발생 소식과 대피요령을 알려 주는 서비스 등 다양한 분야에 활용되면서 변화를 가져오고 있다.

이렇게 중요한 위치 정보를 과거에는 어떻게 만들었고 현재는 어떻게 만들고 있을까? 그리고 어떻게 지구상에 존재하는 건물의 정확한 위치 정보를 구할 수 있을까? 위치 정보에 대해 알면 알수록 멋진 세상이 우리 앞에 펼쳐질 것 같다.

수평위치 기준

등산을 좋아하는 옆집 아저씨는 산에 올라갈 때마다 이 산이 저 산보다 높다고 한다. 아저씨는 어디에 근거를 두고 그와 같은 말을 하게 되었을까? 우리는 매일 걸어 다니면서 집 주변의 위치를 잘 알고 있다. 하지만 처음 집을 찾아오는 사람에게 집의 위치를 가르쳐 줄 때면 쉽게 알 수 있는 위치(예를 들면, 신촌 지하철역)를 기준으로 설명하게 된다.

이와 같이 일상생활에서는 자신의 집 위치와 산의 높이에 대한 기준을 스스로 정하여 사용하는 경우가 빈번하다. "이 산이 저 산보다 높다."에서는 이 산이 기준이 되고 집의 위치를 이야기할 때는 신촌 지하철역이 기준이 되는 것이다. 우리가 살고 있는 큰 공간인 지구로 개념을 확대시켜 보면 어떤 지점의 위치를 말하기 위해서는 전 세계인이 공유할 수 있는 기준이 필요하게 되는데, 이를 지구상에서의 '위치기준'이라고 한다.

서울의 경도와 위도를 북위 37도, 동경 126도라고 할 때 경도와 위도의 기준점은 어디일까? 우리가 살고 있는 지구는 우주에서 보

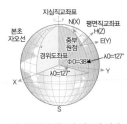

수평위치인 위도와 경도의 정의
(출처: 국토지리정보원)

면 거의 원에 가깝다. 따라서 지구를 수학적으로 원에 가까운 타원체(지구회전타원체)로 생각하여 타원의 중심을 원점으로 놓고, 위도는 적도를 기준으로 남북으로 잰 각으로, 경도는 그리니치 천문대를 지나는 자오선을 기준으로 한 다음 동쪽으로 관측한 각을 동경, 서쪽으로 관측한 각을 서경이라고 정의한다.

수직 위치 기준

우리는 앞에서 위도와 경도의 기준에 대하여 지구를 수학적으로 회전타원체라 가정하고 수평 위치를 관측한다고 이야기하였다. 그렇다면 높이의 기준은 무엇일까? 일상생활에서 우리가 접할 수 있는 높이는 크게 두 가지이다. 첫 번째는 지구타원체에서 본인이 위치하고 있는 점에서 수직인 수선을 올려 잰 높이인 타원체 높이(타원체고)가 있다. 이때 말하는 타원체고는 어떤 지점의 높이를 수학적으로 표현한 높이가 된다. 두 번째는 해발이라고 하는 지오이드geoid로 부터의 높이(표고)이다. 앞의 타원체고가 수학적인 높이를 나타낸다면, 표고는 물리적인 높이를 나타낸다.

표고를 결정하는 기준이 되는 지오이드는 중력에 의한 위치 에너지(중력포텐셜)가 동일한 지점을 연속적으로 이어 놓은 모습으로 정의된다. 특히, 지오이드는 평균해수면의 높이로 정의되는데, 물이 높은 곳에서 낮은 곳으로 흐른다고 말할 때의 높이 기준이 바로 표고이며 이러한 물의 성질을 이용하면 보다 쉽게 지오이드의 개념을 이해하고 실생활에 적용할 수 있다.

우리가 백두산의 높이를 말할 때 해발이라고 하는 것은 바다에서 출발한 높이를 뜻하게 되고 이는 평균해수면으로부터의 높이,

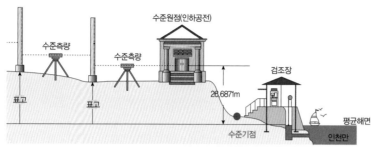

평균해수면으로부터 높이 (출처: 국토지리정보원)

평균해수면(지오이드)과
지구타원체의 차이

즉 지오이드고를 의미하는 것이다. 더불어 이 높이는 GPS에서 주
어지는 높이인 회전타원체 높이와 차이가 있다. 회전타원체 높이와
지오이드 높이는 다음과 같은 수학적인 관계식이 성립된다.

$$h = H + N$$

여기서,

　　　h=회전타원체 높이, H=표고, N=지오이드고

이다.

눈이 번쩍 뜨이는 **토목 이야기**

에베레스트 산 높이가 왜 변했을까?

세계에서 가장 높은 산! 바로 에베레스트 산이다. 2005년 중국에서는 에베레스트 산 높이를 새로 관측하여
공인된 수치보다 3.67m 낮췄다. 이러한 산의 높이 관측은 어떻게 이루어진 것일까? 중국 측량국은 등산전문
가 50명을 에베레스트에 투입해 측량 계획을 수립한 지 1
년여 만에 에베레스트 산의 높이 결과를 발표했다. 측량대
원이 된 등산전문가들은 위치 정보 취득이 가능한 탐측 레
이더를 가지고 에베레스트 정상에 올라 측량을 실시하여
산의 높이 정보를 알아냈는데, 탐측 레이더 외에도 GPS와
거리측정기 등의 각종 측량 장비를 활용했다고 한다.

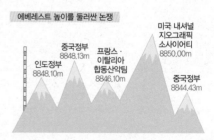

위치정보, 세상을 바꾸다

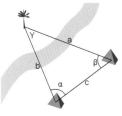

이집트인이 사용한
삼각측량의 원리

삼각측량 (triangulation)

이집트 사람들은 강이 범람했을 때 어떻게 본인의 원래 땅을 찾았을까? 이집트의 대표적인 유물인 피라미드는 이집트인들이 위치를 관측하기 위해서도 사용되었다. 이집트인들은 강이 범람하지 않는 지역에 피라미드를 만들고, 건너가기 힘든 강 너머의 위치를 다음과 같이 계산했다.

먼저 피라미드 사이의 거리를 관측하고 강 건너에 있는 지역까지의 각을 잴 수 있는 각 관측기계를 이용하여 양 각을 관측했다. 그리고 강 건너 위치를 구하기 위해 삼각형을 이용한 수식을 사용했다.

$$\frac{a}{\sin\alpha} = \frac{b}{\sin\beta} = \frac{c}{\sin\gamma} \ \text{이므로}$$

$$a = \frac{\sin\alpha}{\sin\gamma} c \ , \ \ b = \frac{\sin\beta}{\sin\gamma} c$$

이와 같은 방법을 우리는 삼각측량[triangulation]이라고 한다.

삼변측량 (trilateration)

이쯤에서 우리가 중고등학교 시절에 배운 삼각형에 관한 여러 성질들을 다시 한번 생각해 보자. 피타고라스 정리, 사인의 법칙law of sine, 코사인의 법칙law of cosine. 수식은 생각나지 않지만 들어 본 것 같다. 삼각형이라는 도형은 총 6개의 요소(세 개의 변과 세 개의 각)로 구성되어 있다. 신기하게도 6개의 요소를 모두 알려고 할 때 이 중 3개만 알면 나머지 3개는 구할 수 있다. 이것을 우리는 삼각형의 결정 조건이라고 배웠다. 중고등학교 수학시간에 배운 삼각형의 결정 조건에는 한 변의 길이와 양 끝 각을 알 때라는 것이 있다. 이 외에도 세 변의 길이를 알 때라는 조건도 있다. 첫 번째 결정 조건을 이용하여 이집트인들은 삼각측량을 했고, 두 번째 결정 조건을 이용하여 측량을 실시할 수도 있다. 삼각형의 세변을 알면 그림1과 같이 접근하기 어려운 지역의 위치를 알아낼 수 있다. 이러한 방법을 삼변측량이라고 부른다.

과거에는 먼 거리를 정밀하게 관측하는 것이 어려워서 삼각측량 방식이 주로 사용되었지만, 전자기계의 발달로 정밀하게 거리를 관측할 수 있는 광파거리측정기EDM : Electromagnetic Distance Meter가 개발되어 현재는 삼변측량도 널리 사용되고 있다.

요즘 스마트폰, 자동차를 비롯하여 각종 디바이스에 포함되

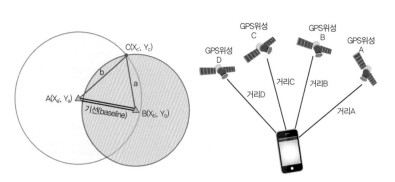

1 삼변측량의 원리(좌)
GPS를 이용한 삼변측량(우)

어 있는 GPSGlobal Positioning System(위성을 이용한 위치관측법)에도 사용자의 위치를 구하기 위해 삼변측량과 동일한 원리가 사용되고 있다. 앞에서 설명한 삼변측량의 원리와 같이 위치를 알고 있는 지점에서 3변을 관측하여 모르는 지점의 위치를 찾는 것이 삼변측량으로, GPS의 경우 알고 있는 위치는 위성의 위치가 되고 모르는 위치는 수신기의 위치가 된다.

이론적으로는 3차원 공간상에서 위치를 알고 있는 3개의 위성으로부터 거리를 관측하면 수신기의 위치를 알 수 있다. 하지만 수신기에 내장된 시계와 위성에 내장된 시계 사이의 오차가 발생하기 때문에, 수신기에 포함된 시계의 오차를 구하기 위해 4개 이상의 위성을 사용해야 수신기의 정확한 위치를 구할 수 있다.

눈이 번쩍 뜨이는 **토목 이야기**

우주에서 거리만을 알고 나의 위치 구하기

이제는 지상에서 나의 위치를 찾는 시대가 끝났다. 나의 위치를 찾고자 하는 인간의 욕구는 이제 우주로 향하게 된 것이다. 자신의 위치를 아는 것을 위치 관측(측위), 자신의 위치를 알고 특정목적지를 찾아 이동하는 것을 항법이라고 한다. 과거에 탐험가들은 하늘에 떠 있는 별과 태양을 관측하여 나의 위치와 내가 가는 방향을 알았다. 그러나 하늘이 흐리거나 비 또는 눈이 오면 위치와 방향을 알 수 없었던 단점이 있었다. 그래서 사람들은 기상에 영향을 받지 않는 인공적인 별을 만들게 되었고 이를 우리는 인공위성이라 불렀다. 수신기를 이용해서 인공위성으로부터 오는 신호를 받고, 위성에서 수신기까지의 거리를 재어 나의 위치와 속도, 시간을 계산하면 나의 위치와 방향을 알 수 있게 된다. 앞에서 말한 삼변측량의 원리와 GPS가 하나의 예라고 할 수 있다.

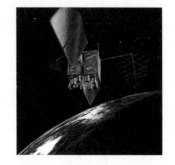

거리는 어떻게 재나요?

제품 또는 건물 등을 만들기나 복원하기 위해 우리는 도면을 만들어서 공유하고 있다. 또는 땅의 모양이나 공간을 표현하기 위해 지도를 만든다. 도면이나 지도를 만들기 위해 크기·모양·위치 등을 측정하는데, 동일한 기준을 정하고 거리, 각, 높이를 재서 도면이나 지도로 만든다. 길이 또는 거리는 처음에는 신체를 이용해서 측정했는데 사람마다 다르게 측정이 되는 문제점이 있었다. 이를 해결하기 위해 줄자라는 도구를 만들게 되었다. 줄자로 직접 거리를 재는 방법은 대상체 간의 거리가 가까울 때 가능하지만 멀어지면 직접 재는 것이 어렵고 부정확하다. 그래서 직접 관측하지 않고 간접적으로 빛 또는 전파 등을 이용해 먼 거리를 재는 기술이 등장하게 되었다.

거리를 재는 도구는 초창기의 돌을 이용한 장비로부터 인바테이프, 광파거리측정기 등으로 지속적인 발전을 해 왔다. 이런 도구의 발달로 거리를 관측하는 정밀도가 높아짐에 따라 지상에서의 위치를 측정하는 정밀도 또한 높아지게 되었다. 기계의 발달에 따라

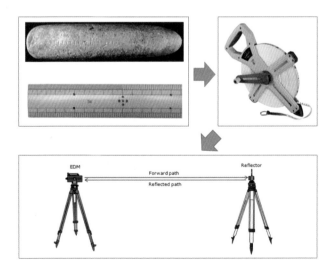

거리 측정 도구의 발달

위치정보, 세상을 바꾸다

다른 분야로까지 시너지 효과가 일어나게 되었고 결국에는 우리 생활을 크게 변화시키게 되었다. 다음 세대의 거리를 관측하는 기계는 무엇이 될까? 상상의 나래를 펴고 거리를 잴 수 있는 기구 만들기에 한번 도전해 보자.

방향이 중요해!

철을 끌어당기는 이상한 돌에서 발견된 자석은 중국이나 유럽으로 전해져 여러 가지 도구로 사용되었는데, 특히 항해사들이 항상 북쪽을 가리키는 나침반을 만들어서 항해의 방향을 결정하는 데 썼다. 진행 방향을 표현하기 위해 원을 4개로 나눠 동서남북으로 나타내는 방위를 사용하기 시작했고, 그 후 여섯 등분한 육분의, 여

각 관측 장비의 발달

나침반

육분의

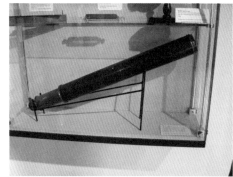

갈릴레이 망원경

트랜싯 or 데오드라이트(출처: 크리에이티브 커먼즈)   Multi station

덟 등분한 팔분의가 발명되었다. 방향은 점차 세분화되어 원을 360
개로 나누어서 1도로 표현하고, 도를 60개로 나누어 1분, 분을 60
개로 나누어 1초로 사용하게 되었으며, 점점 작아지는 단위를 측정
하기 위해 각도기까지 사용하게 되었다. 갈릴레이는 망원경에 각도
기를 부착하여 천문측량을 실시하기도 했고, 이후 관측을 보다 정
밀하게 하기 위해 트랜싯과 데오드라이트 관측 장비를 발명했으며,
현재에는 각과 거리를 동시에 관측할 수 있는 장비인 토털스테이션
total station을 사용하여 우리가 원하는 지점의 위치를 빠르고 정확하게
알아내고 있다.

 눈이 번쩍 뜨이는 **토목 이야기**

각을 관측하여 우승상금 타기

따뜻한 봄날 민수는 오리엔티어링orienteering을 참가하기 위해 자동차로 목적지를 향해 갔다. 오리엔티어링은
미리 준비된 지도와 나침반을 이용하여 미지의 지형에 설치되어 있는 목표물을 가능한 빠른 시간 동안 찾아
내고 돌아오는 스포츠이다. 방향과 거리를 정하여 빠른 시간에 목표지점에 도달하여야 하기 때문에 각을 보
는 순발력과 체력이 필요하다. 흔히들 오리엔티어링을 초등학교 시절에 많이 해 본 보물찾기에 비유하는데,
보물찾기는 정해진 공간에서 운(?)이 좋아야 좋은 성적을 낼 수 있으나 오리엔티어링은 '운'보다 지도를 보는
기술과 체력이 승패를 좌우한다. 민수는 제공된 지도를 빠르게 판독하여 방향을 정하고 체력 소모가 가장 적
은 최단거리를 정해서 빠르게 목표지점을 통과하여 결국 우승하
게 되었다. 민수가 대회에 우승할 수 있었던 것은 목적지까지 방향
(각)을 정확하게 관측하여 최소거리로 목표지점까지 빨리 갈 수 있
었기 때문이다.

위치정보, 세상을 바꾸다

우주에서 오는 신호?

밤하늘의 무수한 별, 그 사이에 흩어져 있는 성간가스, 먼지로 이루어진 성운, 그들의 집단인 은하는 우리 눈에 보이며 빛을 내고 있다. 그리고 눈에 보이지 않는 전파를 함께 발생시키고 있다. 그러나 20세기 초반에 이르기까지 천체현상을 관측하는 것은 사람의 눈이 감지할 수 있는 빛을 통한 광학망원경뿐이었다. 1931년 미국 벨 전화연구소의 무선공학자 칼 잔스키Karl Jansky가 천둥의 무선통신 방해현상을 연구하는 과정에서 우주 전파신호를 처음 관측했다. 이후 제2차 세계대전이 끝나고 전쟁 중에 개발한 레이더 기술을 바탕으로 전파 관측 기술은 비약적으로 발전하게 되었다.

VLBIVery Long Baseline Interferometry는 수십억 광년 떨어져 있는 은하계 준성Quasar에서 방사되는 전파를 지구상 복수의 전파 망원경으로 동시에 수신하여 대륙의 이동 등 전 지구적 현상을 정밀하게 측정하는 기술이다. 현재 우리나라는 4개의 VLBI 기지국을 활용하여 천체에서 오는 전파신호를 통해 우리 땅의 위치를 정확하게 관측하고 있다.

KVN(Korea VLBI Network)

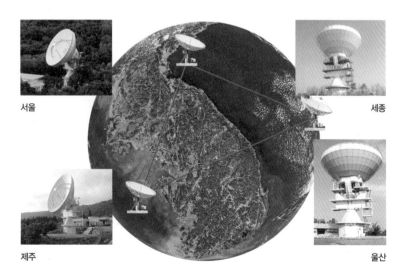

서울

세종

제주

울산

우주에서 보는 지구는 어떤 모습일까?

"가장 높이 나는 새가 가장 멀리 본다." 리처드 바크의 소설 『갈매기의 꿈』에서 주인공인 새 조나단이 한 말이다. 하늘을 날고자 하는 인류의 꿈이 이루어진 이후 사람들은 우리가 사는 지구의 모습을 관찰하고 분석하기 위해 보다 높은 곳으로 올라가 마침내 우주까지 진출하였다. 우주에 쏘아 올린 위성에는 앞서 설명한 것과 같이 GPS 장비 외에도 초고해상도 카메라가 설치되어 지구를 촬영하고 있다.

1949년 미국의 위성 익스플로러 6호가 세계 최초로 위성에서

우주에서 촬영한 지구의 모습
(Blue Marble)

NASA에서 만든
최초의 남극의 SAR 영상지도

지구를 촬영했다. 1972년 아폴로 17호의 승무원들은 지표면으로부터 약 45,000km 상공에서 지구를 찍은 사진 중 가장 유명한 사진 한 장을 남겼는데, 지구의 모습이 마치 푸른 대리석 구슬과 비슷하다고 해서 블루 마블Blue Marble이라고 불렸다. 유명한 보드게임인 '부루마블'의 어원이 여기에서 나왔다. 이후 미국은 LANDSAT이라 불리는 지구를 관찰하기 위한 프로그램을 시작했고, 그 프로그램은 2013년 LANDSAT 8호까지 이어져 오고 있다. 현재 우리는 이와 같이 우주에서 촬영한 영상자료를 이용하여 지표면에서 일어나는 여러 가지 상황변화와 더불어 3차원 측량도 실시하고 있다.

초기 위성에서 촬영된 영상의 해상도는 수십 미터에 달했지만 현재는 광학기술의 발전으로 30~40cm급 해상도의 영상도 촬영할 수 있게 되었다. 지상으로부터 600~800km 상공에서 운동장의 축구공 하나까지 식별할 수 있을 정도의 사진을 촬영할 수 있게 된 것이다. 우리나라는 2006년 70cm급 해상도의 아리랑 2호 위성의 발

눈이 번쩍 뜨이는 토록 이야기

추운 곳에 가기 싫어요!

기후 변화에 따라 세계의 모든 과학자들은 지구상에 어떤 변화가 일어나고 있나 촉각을 세우고 관찰하고 있다. 이러한 변화가 민감하게 일어나는 곳이 얼음으로 덮여 있는 극지방이다. 하지만 극지방은 사람이 접근하기에는 너무 추워서 대부분 인공위성에서 관측한 자료를 활용하고 있다. 위성의 관측 자료를 활용하면 오른쪽 그림과 같이 1962년부터 1985년까지 약 30년 동안 그린란드의 빙상의 움직임을 직접 극지방에 가지 않고 알 수 있었다. 인공위성을 이용하여 지구를 관측한 역사는 이미 1960년부터 시작되었으니, 우리는 50년 이상의 위성자료를 가지고 지구가 어떻게 변하고 있는지를 정확하게 알고 있는 첫 번째 세대라고 할 수 있다.

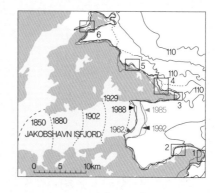

사에 성공하여 미국, 러시아, 프랑스, 독일, 이스라엘, 일본에 이어 세계 7번째 1m급 해상도 관측 위성 보유국이 되었다. 뿐만 아니라 레이더 원리를 이용한 1m급 공간 해상도의 SAR^{Synthetic Aperture Radar}(고해상도 영상레이더) 위성인 아리랑 5호를 발사했으며, 최근 발사한 아리랑 3A호에는 보다 향상된 55cm 해상도의 카메라와 함께 사람의 눈으로 볼 수 없는 적외선 영역의 영상을 취득할 수 있는 적외선 센서까지 탑재되어 있다. 이러한 위성에서 취득된 영상들은 지도 제작, 도로망 구축 매핑, 재해위험 관리, 수질 및 대기오염 관측, 농작물의 작황 분석 등 다양한 응용분야에 활용되고 있다.

2차원 사진으로 3차원 세상 보기

사람은 왜 두 개의 눈을 가지고 있을까? 오른쪽 눈과 왼쪽 눈이 서로 다른 위치에서 사물을 바라보며 생기는 차이에 의해서 원근감을 느끼고 세상을 3차원으로 인식할 수 있기 때문이다. 즉, 3차원으로 세상을 보기 위해서는 두 눈이 서로 다른 시점의 영상을 각각 받아들여야 하는 것이다. 3D 영화를 볼 때 입체안경을 쓰는 이유도 스크린에는 두 개의 영상이 겹쳐서 비춰지고 있지만 입체안경에 장착된 필터가 양 눈에 서로 다른 영상을 보여 주는 역할을 하기 때문이

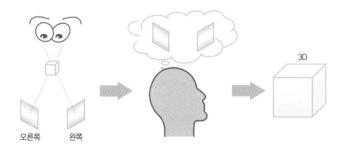

2 입체 시의 원리

3차원 지도 (Google Earth)

다(그림²).

사람의 두 눈에 비치는 영상의 차이를 시차라고 한다. 가까이 있는 물체일수록 시차가 크게 발생하고 멀리 있는 물체일수록 시차가 작게 발생한다. 눈 가까이에 손가락을 두고 양쪽 눈을 번갈아 가며 감아보면 손가락이 움직이는 것처럼 느껴진다. 이것이 시차에 의해 발생하는 현상이고, 손가락이 가까울수록 더 많이 움직이는 것처럼 느껴지는 것을 알 수 있다. 사람의 경우 뇌가 자동으로 처리하여 세상을 3차원으로 인식하도록 하지만 그 뒤에는 앞서 설명한 삼각측량의 원리가 숨어 있다. 사람의 두 눈이 위치를 알고 있는 두 점에 해당되고, 시차로부터 대상을 바라보는 각도를 구하여 이로부터 대상의 위치를 구할 수 있는 것이다.

동일한 원리를 이용하여 2차원으로 투영된 사진으로부터 3차원의 세상을 재구축할 수 있다. 이 과정을 '사진측량'이라고 한다. 원하는 대상을 약간의 시차를 두고 중복하여 촬영한 후 사진이 촬영

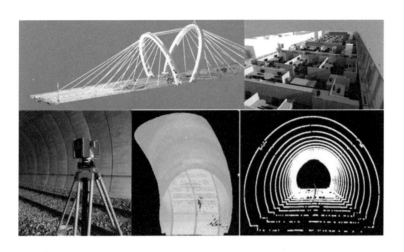

레이저 측량 기술을 이용한 3차원 공간정보 구축

된 위치로부터 대상을 바라보는 각도를 구함으로써 우리가 눈으로 보는 세상과 매우 유사한 입체 지도를 재현하는 것이다. 우리나라 에서는 1960년대부터 항공사진을 이용한 항공사진측량기술이 네덜

눈이 번쩍 뜨이는 **토목 이야기**

스마트폰 영상으로 3차원 지도 만들기

우리나라 인구 중 약 2/3가 스마트폰을 사용하고 있다고 한다. 우리는 스마트폰으로 사진을 찍고 이를 친구들과 SNS를 통해 공유하며 추억을 나눈다. 이 스마트폰으로 3차원 지도를 만들어 보면 어떨까? 스마트폰으로 촬영된 영상에 GPS를 활성화시키면 사진에 촬영된 위치가 함께 태그tag되어 기록된다. 전 세계적으로 7,000만 명 이상이 사용하고 있는 인스타그램Instagram 앱의 경우 영상과 함께 기록된 위치 정보를 이용하여 사진이 촬영된 위치를 지도에 표시해 주는 포토맵 기능을 제공하고 있다. 최근에는 이렇게 기록된 위치 정보를 이용하여 스마트폰으로 취득된 영상으로부터 3차원 모델로 만들고자 하는 연구가 활발히 진행되고 있다. 대표적으로 마이크로소프트는 사진측량 기술을 기반으로 영상 빅데이터로부터 3차원 모델을 자동으로 생성하는 포토신스Photosynth라는 프로그램을 개발하여 인터넷을 통해 서비스를 제공하고 있다. 사용자들은 포토신스를 이용하여 본인이 촬영한 사진을 업로드 하여 자동으로 3차원 모델로 바꿀 수 있다. 수많은 스마트폰 영상 이미지를 결합시키면 건물의 3차원 모델도 생성할 수 있다. 몇 달 전에 찍어 온 유럽 여행지 사진들을 꺼내어 3차원으로 만들어 보면 어떨까? 그 때의 추억이 새록새록 생각 날지도 모르겠다.

위치정보, 세상을 바꾸다

란드로부터 도입되기 시작했으며, 지도제작을 담당하는 국토정보지리원에서도 다양한 축척의 국토기본도를 대부분 사진측량기술을 활용하여 제작하고 있다.

우리가 많이 이용하고 있는 네이버, 다음의 지도서비스 역시 사진측량 기술을 통해 제작된 지도를 사용하고 있다. 과거에는 사진측량기술이 주로 정확한 2차원 지도를 그려내는 데 활용되었지만 오늘날에 와서는 센서 기술의 발달, 자료 처리 용량의 증대, 자료 처리 기술의 발달로 영상을 통해 누구나 쉽게 이해하고 접할 수 있는 3차원 지도가 제작되고 있다.

레이저로 3차원 공간 정보를 알 수 있다?

레이저는 1912년에 아인슈타인 박사가 처음으로 빛의 방사원리에 대해 예견한 이후로 1900년대 이후 우리의 일상생활에 많은 변화를 가져오게 한 놀라운 기술이다. 예를 들면, 레이저를 이용하여 금속을 자르고, 얼굴에 난 잡티도 없애고, 레이저 디스크를 이용하여 영화를 보며, 최근에는 군사적인 목적으로 레이저 총도 사용하고 있다.

측량 분야에서는 레이저 기술을 3차원 공간정보를 취득하는 데 사용하고 있다. 레이저를 이용한 3차원 관측장비LiDAR는 기계로부터 발사한 레이저가 대상 물체에 맞아 돌아오는 시간을 이용하여 물체의 3차원 위치와 모양을 구하는 장비이다. 레이저 기술을 이용하면 수백 미터 거리 안에 있는 물체들의 3차원 입체 자료로 십여 분 만에 취득할 수 있다.

보기 좋은 떡이 먹기도 좋다

저장된 자료는 결국 사람들의 의사결정을 돕기 위해 활용되어야 하며, 따라서 정보처리의 마지막 단계에서는 사용자에게 어떻게 하면 보기 좋고 이해하기 편하게 전달할 수 있는가에 대한 고민을 하게 된다. 공간정보가 활성화되기 이전 저장된 자료는 주로 그래프, 도표, 리스트 등으로 표현되었다. 하지만 구글, 네이버, 다음 등에서 지도서비스를 제공하기 시작하고, GIS Geospatial Information System(지형공간정보시스템)가 대중화되기 시작하면서 저장된 자료를 공간정보와 함께 표현하는 것이 더 이상 사람들에게 생소하지 않게 되었다. 현재

눈이 번쩍 뜨이는 **토목 이야기**

우리나라 남극대륙기지 건설의 현주소는?

우리나라는 1986년 남극조약에 가입하였고, 남극 대륙에서 가장 북쪽에 위치하고 있는 킹조지 섬에 1987년 남극 제1기지인 세종과학기지를 건설했다. 그러나 국내 극지 연구자들은 남위 62도에 있는 세종과학기지만으로는 극지연구의 다양성에 부합하지 못하고 있음을 깨닫고 2012년부터 장보고기지라 이름 붙여진 제2남극기지를 건설하기 시작하였다. 새롭게 건설될 기지 주변의 공간정보를 취득하기 위해 펭귄이 아닌 한국의 측량 전문가가 한국에서 만든 쇄빙선인 아라온호를 타고 파견되었다.

뉴질랜드 크라이스트처치 항구에서 출발하여 새롭게 건설될 테라노바 베이로 배로만 6일 동안 항해했다. 남위 74도에 위치한 테라노바 베이 주변의 기온은 예상보다 낮았지만 위성영상, GPS, Total Station, 지상 LiDAR 등으로 무장한 기술자는 어려움을 극복하고 최상의 첨단측량장비를 활용하여 건설부지 주변에 정밀한 지형도를 제작하는 데 성공했다. 정밀하게 제작된 지형도를 바탕으로 기지건설을 위한 계획 및 시공이 이루어져 2014년 2월 친환경 남극장보고과학기지가 성공적으로 준공되었다.

위치정보, 세상을 바꾸다

3 GIS를 이용한 2010년 서울시의 행정구역별 인구통계 시각화

범례
2010년 인구(명)

□	809~122926
▨	12226~20728
▨	20728~27328
▨	27328~35365
▨	35365~49837

거의 모든 지방자치단체 및 정부부처들 또한 GIS 기반의 지도 서비스를 통하여 자전거도로, 관광지도, 재해지도, 착한가격 업소, 녹색길, 개발지구 등 다양한 정보를 제공하고 있다.

과연 공간정보와 함께 전달하고자 하는 속성 정보를 전달하는 것이 어떤 효과가 있을까? 그림3 지도는 2010년 서울시의 행정구역별 인구를 지도로 나타낸 것이다. 파랗고 진하게 표시된 곳일수록 인구가 많고 색이 옅을수록 인구가 적다. 도시 중심부로 갈수록 인구가 줄어드는 것을 통해 도시화가 심화되며 인구공동화 현상이 많

서울시의 행정구역별 인구통계표

행정구역(구)	행정구역(동)	총인구	인구(남자)	인구(여자)	인구(내국인)	인구(외국인)
종로구	사직동	8961	4182	4779	8695	266
종로구	삼청동	2975	1429	1546	2889	86
종로구	부암동	10131	4935	5196	9974	157
종로구	평창동	18028	8519	9509	17625	403
종로구	무악동	8016	3854	4162	7943	73
종로구	교남동	7943	3838	4105	7863	80
:	:	:	:	:	:	:

이 진행되었음을 쉽게 확인할 수 있다. 이 그림은 하나의 그림으로 천 마디 말을 대신한다.

반면, 이런 정보를 기존의 방식대로 표를 이용해서 표현한다면 어떨까? 위의 도표는 앞의 지도 내용을 표로 나타낸 것이다. 어느 쪽이 보다 효율적으로 정보를 전달하고 있는지 한눈에 알 수 있다.

공간정보에도 표준이 있나요?

어릴 적 트레싱지를 책 위에 두고, 도형그리기 또는 글씨 연습을 해 보았을 것이다. 만약 트레싱지가 살짝 틀어지면, 어긋나 있는 트레싱지를 다시 맞추어 그림을 그려야 하는 번거로운 일이 생긴다. 우리 집의 경계를 알려면 지적도를 봐야 한다. 하지만 현재 우리나라의 지적도도 세계 표준을 기준으로 했을 때, 어긋난 트레싱지와 같이 365m 북서쪽으로 옮겨져 있다. 일제강점기에 일본인들이 일본을 지적도의 원점으로 우리나라 지적도를 작성하였기 때문이다. 일본중심으로 제작된 지적도를 세계 표준으로 바꾸려면 트레싱지를 다시 맞추는 번거로움과는 비교도 되지 않을 정도로 엄청난 예산이 투자되어야 한다.

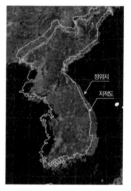

동경 측지계와 세계 측지계의
차이 (출처: 국토교통부)

우리나라는 2002년 세계 측지계를 기반으로 우리나라에 적합한 한국 측지계 2002를 만들었다. 이후, 2009년까지 동경 측지계에 기반한 기존 측지계와 한국 측지계 2002를 병행하여 사용했지만, 2010년 이후에는 한국 측지계 2002만을 사용하고 있다. 새로운 측지계 도입의 가장 큰 장점은 세계 측지계에 기반을 둠으로써 GPS 좌표와 지도좌표가 실시간으로 완전히 호환될 수 있다는 것이다. 우리가 아직까지 기존 동경 측지계를 그대로 사용하고 있었다면 아

위치정보, 세상을 바꾸다

국가공간정보 유통시스템 (출처: 국토교통부)

마도 GPS를 사용하는 스마트폰 어플들이 지금보다 다소 불편할 수밖에 없었을 것이다.

NSDI (국가공간정보인프라)

공부를 하려면 서점에서 책을 사야 하고, 필기할 수 있는 샤프와 지우개, 공책이 필요하다. 때로는 태블릿PC 혹은 스마트폰을 필요로 할 수도 있다. 이 모든 것을 한 번에 살 수 있도록 서점과 문구점을 결합해 놓은 공간들이 우리 주변에 많이 있다. 예전에도 이러한 공간들이 있었을까? 아니다. 책을 사려면 서점에 가야 했고 문구용품을 사려면 문구점으로 발걸음을 옮겨야 했다.

지형공간정보의 경우도 예전에는 자료를 취득하는 사람과 활용하는 사람, 사용되는 소프트웨어에 따라 각기 다른 형태로 자료를 저장하고 사용함에 따라 많은 문제들이 발생했었다. 하지만 NSDI National Spatial Data Infrastructure(국가공간정보인프라)라는 체계가 확립되고 나서부터 공간정보 분야에서 책과 문구용품을 한 번에 구입할 수 있는 공간, 즉 수치지형도, 토지특성도 등 공간과 관련된 정보들을 하나의 플랫폼에서 볼 수 있는 공간이 마련되었다. 공간정보를

NSDI에서 일괄적으로 관리를 하니 정보의 표준화는 물론 중복 구축이 방지되고 효율성이 증가하였으며, 사용자 입장에서도 유용하게 활용할 수 있게 되었다.

위치정보,
세상을 바꾸다

01 본초자오선 또는 기준자오선이라는 용어를 들어본 사람이라면 그리니치(Greenwich) 천문대 이야기를 들어 본 적이 있을 것이다. 시간의 기준이자 경도의 기준이 된 그리니치 천문대에 대한 역사를 찾아서 어떻게 시간과 경도의 기준이 된 것인지를 요약하시오.

02 현재 한반도 (남북한을 합한 우리나라)의 동쪽 끝은 독도, 서쪽 끝은 마안도(신의주 근처), 남쪽 끝은 마라도, 북쪽 끝은 함북 온성군 남양면이다. 이 위치에 대한 위도와 경도는 어떻게 되는지 알아보시오.

03 서울에서 비행기를 타고 뉴욕으로 향하고 있다. 비행기 내의 화면에 보이는 지도에는 비행기의 궤적이 보이고 있다. 그런데 서울과 뉴욕의 두 지점을 연결하는 직선으로 비행기가 가지 않고 알래스카로 가는 곡선의 궤적을 보이고 있다. 그 이유는 무엇이라고 생각하는가?

> 힌트 지도는 평면투영, 지구의 원래 모양은 곡면이다.

04 뉴스를 보면 종종 지진으로 인해 대륙이 몇 cm 움직였다는 이야기가 보도되고는 한다. 첫 번째 무엇을 기준으로 이동했다는 의미이며, 어떻게 이동한 양을 잴 수 있을까? 그 방법에 관해 설명하시오.

05 학교 운동장에서 100m 달리기를 하기 위하여, 다음의 방법으로 거리를 관측하였다. 일반 성인 남자의 보폭으로 측정한 길이가 103m, 줄자로 측정한 길이가 101m, 레이저 거리 측량기로 측정한 길이가 99m이다. 이 세 길이의 정보를 이용하여 최종 거리를 구하면 얼마라고 생각하는가?

> 힌트 각 거리 관측 방법의 정밀도는 다르다.

06 도시가 발달함에 따라 지하공간의 개발이 활발하게 진행되고 있다. 지하 내 본인이 서 있는 장소에서 원하는 장소를 찾아가기 위하여 스마트폰을 활용하고자 한다. 이에 대한 적합한 방법론을 자유롭게 서술하고, 필요한 앱을 사용하여 실제 적용하여 결과를 서술하시오.

> 힌트 지하공간에는 GPS 신호가 들어오지 않아 GPS를 활용할 수 없다.

07 산불이 발생하여, 드론으로 산불로 인한 피해 면적을 측정하려 한다. 드론에는 소형 GPS, 카메라가 있다. 피해 면적을 추정하는 방법론을 설명해 보시오.

> 힌트 영상의 축척이 같다고 가정하고 생각해 본다.

08 우리 동네에 유명 프랜차이즈를 하나 개업하려 한다. 내 주변에 동일한 프랜차이즈가 어떻게 분포되어 있는지를 알아내어 최적의 가게 위치를 선정하려 한다. 이에 대한 방법론에 대해서 인터넷 지도를 활용하여 직접 선정해 보시오.

> **힌트** 본인이 선정하는 기준이 명확해야 한다. 예를 들면, 반경 500m 내에는 찾지 않겠다는 등이 있을 수 있다.

09 최근 50층 이상의 고층 건물을 도심에 많이 짓고 있다. 건물이 중력 방향에 대하여 수직으로 건설하는 것이 가장 안전하다는 가정하에서 공중의 공간에 있는 건축할 다음 층의 위치를 어떻게 찾을 수 있을지 생각해 보시오.

> **힌트** 한옥을 지을 때 사용한 방법을 참조하여 최신의 과학 기술을 활용한다.

10 영화 〈프로메테우스〉에는 레이저를 이용하여 동굴의 지도를 3차원으로 제작하는 장면이 나온다. 이를 가능하게 하는 방법에 대해 서술하시오.

> **힌트** 장비의 정식 이름은 라이다(LiDAR, Light Detection and Ranging), 삼각/삼변 측량 설명 참조

위치정보, 세상을 바꾸다

11장

건설관리(CM),
프로젝트의 가치를 높여라

건설사업 성공의 열쇠, CM

Construction Management(CM)

많은 사람들이 내가 원하는 곳에 내가 원하는 스타일의 집을 짓고 가족들과 행복하게 사는 것을 상상한다. 지금 나만을 위한 집을 짓는 것을 한번 상상해 보자. 집을 짓기 위해 가장 먼저 생각하는 것은 아마도 '어느 지역에 어떤 집을 지을까'일 것이다. 도심에서 떨어진 외곽지역에 앞마당이 크고 뒤편에 텃밭이 있는 2층집을 지을지, 아니면 서울도심 북촌 한복판에 작지만 따뜻함이 느껴지는 작은 한옥을 지을지 생각할 것이다. 그리고는 내가 가지고 있는 돈을 생각할 것이다. 서울 근교에 정원이 있는 2층집을 짓는다면 비용이 얼마나 들지, 예산이 넉넉하지 않으니 최대한 싸게 집을 지어야 하는지 아니면 예산이 조금 더 들더라도 멋진 설계의 친환경 주택을 지을 것인지 등을 생각할 것이다. 어느 정도 위치, 스타일, 예산 등이 정해지면 설계사를 만나 내 머릿속에 있는 계획을 하나하나 이야기하고 설계사는 그것을 실제 집으로 만들어 내기 위해 도면 위에 의뢰인의 생각을 구체적으로 그려갈 것이다. 설계사는 이 집을 짓는데 시간이 얼마나 소요되고, 자재는 어느 정도 들고, 몇 명이 일을 해야 하고 등의 구체적인 계획을 세워 간다. 모든 계획이 완료되면 드디어 집을 짓기 시작한다. 그때 여러분은 수시로 현장을 방문해서 하루하루 계획대로 공사가 잘 진행되고 있는지, 기둥은 튼튼하게, 벽과 문틀은 반듯하게 세워졌는지, 바닥은 단단하고 평평한지, 페인트칠은 잘 되어 있고 벽지는 잘 발라졌는지, 수돗물은 잘 나오는지 등 공사가 끝날 때까지 현장 구석구석을 꼼꼼히 확인할 것이다. 바로 여러분이 살 집이기 때문이다. 이런 과정을 거쳐 공사가 마무리되면 가구, 냉장고, 액자 등으로 집을 예쁘게 꾸미고 가족들과 첫 저녁식사를 하며 새집에서의 행복한 생활을 시작할 것이다. 그리고는 전기세, 수도세도 내고 집 구석구석 고장 난 부분은 스스로 고쳐가면서 10년, 20년 살아갈 것이다. 이것이 건설관리이다.

Project Management란?
미국 PMI(Project Management Institute)에서 발간한 PMBOK (Project Management Body of Knowledge)는 Project Management를 "The application of knowledge, skills, tools, and techniques to project activities in order to meet or exceed stakeholder needs and expectations from a project."로 정의하고 있다. 즉, PM은 프로젝트로부터 원하는 것을 얻기 위해 가지고 있는 지식, 도구, 기술 등을 적용하는 모든 활동을 말한다. 여기서 원하는 것은 Cost, Time, Quality 등이 되겠다.

건설관리CM는 여러분이 살 집을 계획Planning하고, 설계Design하고, 시공Construction하고, 실제로 사용Operation & Maintenance하는 모든 단계에 걸쳐 내가 가진 예산Cost 안에서 정해진 시간Time동안 원하는 품질Quality을 확보할 수 있도록 관리Management하는 모든 활동을 말한다. 이러한 맥락에서 건설관리는 건설프로젝트관리, 즉 Construction Management CM라고 표현하지만 그 의미는 시공관리를 넘어 Project Management PM로 이해될 수 있다. 쉽게 설명하기 위해 집을 짓는 것을 예로 들었지만 건설관리는 집뿐만 아니라 건물, 도로, 다리, 댐, 터널, 발전소 등 우리가 건설하는 모든 시설물을 대상으

눈이 번쩍 뜨이는 **토목 이야기**

Cost-Time-Quality: 건설관리의 3대 패러다임

프로젝트의 Cost를 줄이고 싶으면 당연히 Time은 길어지고 Quality는 나빠지기 마련이다. 마찬가지로 Quality를 높이고 싶으면 Cost는 늘어나고 Time도 길어질 수밖에 없다. 그렇다고 무작정 늘어나는 Cost와 Time을 감당할 수 있는 것은 아니다. 감당하는 정도를 컨트롤하는 것이 내가 원하는 사업의 범위 (Scope)이다. 즉, 건설관리는 원하는 범위 안에서 아래 Cost-Time-Quality 삼각형의 균형을 맞춰가는 일련의 과정을 말한다.

로 한다. 전력공급을 위해 댐을 건설한다고 하면 계획단계에서 댐 건설로 인해 이주해야 하는 지역주민은 얼마나 되고 보상비용은 어느 정도 될 것인지, 댐 건설로 인해 관광산업, 일자리 창출 등 지역경제는 어느 정도 활성화 될 것인지, 생태계 파괴의 위험은 없는지 등을 고민한 뒤 건설할 댐의 사양을 결정하고 이에 대한 설계를 하게 된다. 다양한 설계 대안이 검토될 것이고 시공방법과 공사기간, 자재조달 방법 등을 구체적으로 계획한다. 시공단계에서는 공사비, 시간, 품질, 안전 등을 지속적으로 관리하고 시공이 완료된 후 사용단계에서는 봄, 여름, 가을, 겨울에 걸쳐 다양하게 수위를 조절해 가며 전력을 생산하게 된다. 도로건설도 마찬가지이다. A지역에서 B지역으로 가는 도로를 건설할 때 어느 지역을 통과해야 통행시간을 줄이고 교통량을 잘 분산할 수 있을 것인지, 유료도로일 경우 통행료는 얼마로 해야 하는지 등을 검토하고, 콘크리트 도로를 건설할 것인지 아니면 아스팔트로 건설할 것인지 등의 시공대안을 검토

 눈이 번쩍 뜨이는 **토목 이야기**

토목시설물과 건축시설물의 차이는 무엇일까?

지붕이 있는 것을 건축, 없는 것을 토목 또는 사람이 사는 것을 건축, 살지 않는 것을 토목이라고 생각할 수도 있다. 하지만 터널의 경우 지붕이 있다고도 생각할 수 있고, 발전소 안에서 사람이 살 수도 있다. 여러 정의가 있을 수 있지만 필자는 주인이 누구인가에 따라 토목과 건축이 구분될 수 있다고 생각한다. 건축의 경우 개인 또는 민간사업자가 주인이고, 토목의 경우 국민, 즉 여러분이 주인이다. 그렇기 때문에 건축시설물은 개인 자본으로 건설되고, 토목시설물은 주로 세금으로 건설된다. 그렇다면 긴 고속도로를 건설하고 싶은데 정부가 돈이 없다면 어떻게 해야 할까. 이럴 경우 민간기업에게 자기 돈으로 도로를 건설할 기회를 주고 정해진 기간(예 30년) 동안 통행료를 받을 수 있는 권리를 주는 방식을 활용한다. 다시 말해 민간기업이 은행으로부터 돈을 빌려 도로를 건설하고 그 후 30년 동안 받은 통행료로 빌린 돈도 갚고 자기의 이윤도 만들어가는 방식이다. 이를 민간투자사업(줄여서 민자사업)이라고 하며, 인천국제공항고속도로, 우면산터널 등이 민자사업으로 건설된 대표적인 시설물들이다.

건설관리(CM), 프로젝트의 가치를 높여라!

하며, 시공 후 재포장, 균열 메우기 등의 유지관리를 해 가며 사용하게 된다.

이렇듯 건설관리는 '계획-설계-시공-유지관리' 전 생애주기에 걸친 프로젝트관리를 말한다. 스마트폰 신제품 개발 프로젝트도 마찬가지이다. 아이폰과의 경쟁에서 이기기 위해 갤럭시 S10을 어떻게 새롭게 만들 것인지 기획하고 이것을 만들기 위한 다양한 기술을 검토한 뒤 반도체 공정을 거쳐 새 제품을 만들어 낸다. 그리고 소비자는 스마트폰을 사용하면서 A/S를 받는다. 스마트폰이라는 제품이 집, 댐, 도로로 바뀌었을 뿐 프로젝트관리의 개념은 똑같다. 다만, A/S기간이 스마트폰의 경우 1, 2년에서 시설물의 경우 30년, 100년으로 늘어났을 뿐이다. 건설프로젝트는 이렇듯 제조업에 비해 긴 생애주기를 가지고 있다. 그만큼 고려해야 하는 요소도 많고 복잡하며 예상할 수 없는 미래에 대한 불확실성도 많이 가지고 있다. 그렇기 때문에 사업의 성공을 위하여 체계적인 건설관리가 무엇보다도 중요하다.

발주, 건설사업의 주문을 내다

교량과 같은 토목시설물과 스마트폰의 가장 큰 차이점은 구매를 하는 시점이다. 우리는 스마트폰을 살 때 완성된 제품의 디자인, 기능을 살펴보며 마음에 들면 구매한다. 하지만 시설물의 경우 다 만들어진 교량을 보고 구매하지는 않는다. 교량을 짓고 싶어하는 정부, 지자체 등^{사업 발주자}이 사업주문을 내고^{발주} 발주자가 원하는 요구조건을 가장 잘 맞춰줄 것 같은 기업과 약속에 근거한 계약을 한다. 좀 더 쉽게 말해 발주자가 4년에 걸쳐 A지역과 B지역을 연결하는 교량을 지어 주면 1,000억 원을 주겠다고 약속하고, 건설기업은 발주자가 원하는 품질의 교량을 제 시간에, 제 금액에 맞춰 지을 것을 약속한다도급계약. 즉, 스마트폰과 같이 완성품을 보고 제품을 구매하는 것이 아니라, 세상에 존재하지 않는 무형의 제품을 약속에 근거해서 사는 것이다. 그렇기 때문에 건설산업에서는 다양한 종류의 발주방식과 계약방식이 발달되어 왔다.

발주방식이란 발주를 어떤 방식으로 낼 것인가를 말하며, 시설물에 대한 구체적인 설계까지 모두 마친 뒤 입찰을 통해 이 설계대로 가장 잘 지을 수 있는 시공사를 선발하여 공사를 진행하는 설계시공분리방식Design-Bid-Build, 구체적인 설계와 시공을 하나의 기업이 함께 진행하는 설계시공일괄방식Design-Build 등이 있다. 예를 들어 설계가 아주 쉬운 1km 길이의 도로건설 프로젝트의 경우, 설계를 우선 다 마친 뒤에 이를 가장 싸게 지을 수 있는 시공사를 선발하여 시공을 맡기는 것이 발주자의 입장에서는 유리하다. 하지만 수만 개의 다른 종류, 다른 길이의 파이프가 들어가는 복잡한 플랜트건설 프로젝트의 경우, 구체적인 설계까지 모두 완벽하게 마친 뒤 시공을 시작하는 것은 불가능하기 때문에 하나의 시행사가 모든 책임을 지고 구체적인 설계를 해 나가면서 시공까지 맡아 하는 설계시공일괄방식이 유리할 수 있다. 이렇듯 다양한 시설물과 프로젝트의 성격에 맞춰 다양한 발주방식과 계약방식이 발달해 왔다. 여기서 계약방식이란 대가를 지불하는 방식인데, 앞에서 말한 간단한 도로건설 프로젝트의 경우에는 필요한 자재수량, 근로자 수, 장비대여 시간 등 구체적인 시공내역을 명확하게 알 수 있기 때문에 돈을 일괄적으로 정해 놓고 지불하는 내역계약 방식이 적합할 수 있고, 프로젝트가 끝날 때까지 예산, 공사기간 등에 불확실성이 많은 복잡한 플랜트건설 프로젝트의 경우에는 사용한 금액에 맞춰 대가를 지불하는 실비정산계약 또는 최대비용보증계약 방식이 적합할 수 있다. 전자는 도로건설비용으로 300억 원을 책정해서 지불하는 것이고, 후자는 공사가 진행됨에 따라 발주자가 보기에 합리적으로 진행된 내용이라면 대금을 그때그때 지불하는 방식이다. 이러한 최적의 발주방식과 계약방식을 선정하는 것 또한 CM의 역할이다.

사례를 통해 본 CM의 역할

산업혁명 시대에 접어들면서 엔지니어링의 역할이 중요시 되었고 이는 설계를 담당하는 설계자와 시공을 담당하는 시공자를 분리하기 시작했다. 특히, 시설물이 복잡해지면서 과거 일반건설업자가 모든 시공을 담당했던 것이 철골, 설비, 전기 등 특정분야로 나누

눈이 번쩍 뜨이는 **토목 이야기**

발주방식은 어떻게 태동하여 변화해온 것일까?

사실 인류가 집과 각종 시설물을 짓고 살기 시작한 고대로부터 르네상스 시대에 이르기까지는 설계자와 시공자의 구분이 명확하지 않았다. 그 당시에는 마스터 빌더가 계획한 것을 설계하고 짓는 전 과정을 주도했다. 고대 이집트 조세르 왕의 계단 피라미드(Step Pyramid of Zoser, BC 2611)를 설계한 임호텝(Imhotep)이 최초의 마스터 빌더로 알려져 있으며, 고대 그리스의 파르테논 신전을 설계하고 시공한 익티노스와 칼리크라테스나 르네상스 대표 건축물 성 베드로 대성당을 지은 미켈란젤로가 유명한 마스터 빌더이다. 그러다 산업혁명시대가 되면서 과거 저택, 궁전, 성당 등에 국한되었던 시설물의 종류가 집단주거시설, 상업시설물, 인프라 등으로 다양화되면서, 그리고 시설물 또한 철, 돌, 유리의 간단한 구조에서 철골, 철근콘크리트, 설비, 전기 등의 복합구조로 발전되면서 엔지니어링의 역할이 중요시되었고, 이는 설계와 시공을 분리하여 전문화하는 지금 말하는 발주방식의 변화를 가져왔다. 설계와 시공을 모두 할 수 있는 시행사를 입찰을 통해 선발하는 설계시공일괄방식은 개념적으로는 마스터 빌더와 비슷하다고 할 수 있으나 그 성격은 매우 다르다. 마스터 빌더는 경험에 근거하여 다소 단순할 수 있는 구조물을 설계하고 시공했던 반면에 설계시공일괄방식은 불확실성이 많은 복잡한 시설물을 보다 성공적으로 짓기 위해서 사용되는 발주방식이다.

– 출처: 이복남, 이현수, 김예상, 김한수 (2017) "CM은 프로젝트 성공의 전략이다." 건설경제 –

어 담당하게 되는 전문건설업자 분리발주 체계로 변해갔다. 이러다 보니 1950~1960년대의 설계사는 전문화된 시공단계의 업무에 대한 책임을 지는 것을 꺼리게 되었고, 증가하는 현장 사고위험으로 인해 설계사의 보험료 또한 증가하게 되어 시공단계 업무에서 손을 더욱 떼게 되었다. 그렇기 때문에 발주자의 입장에서는 설계사에게 일임할 수 있었던 전체 사업관리를 대신해 줄 사람이 필요하게 되었다. 특히 그 당시에는 경제공황으로 인한 높은 인플레이션 때문에 공사기간을 줄이는 것이 필요했고, 발주자는 분리 발주된 여러 시공업체를 효율적으로 관리하고 싶어 했다. 이러한 시장의 요구에 의해서 자연스럽게 발주자를 대신하여 프로젝트를 전문적으로 관리하는 CM이, 특히 미국지역을 중심으로, 보편화되었다.

가장 대표적인 초기 CM 성공사례로 미국 엠파이어스테이트 빌딩The Empire State Building, 1930-1931 프로젝트를 꼽을 수 있다. 20세기 초반 뉴욕에서는 기업의 위상을 세우기 위해 고층건물을 짓는 경쟁이 있었다. 당시 크라이슬러Chrysler와 경쟁관계에 있던 제너럴모터스GM

엠파이어스테이트빌딩
시공 단계별 모습
(출처: 크리에이티브 커먼즈)

건설관리(CM), 프로젝트의 가치를 높여라

는 듀퐁사^{DuPont}와 함께 높이 448m의 102층 초고층건물 건설을 계획하였는데 이것이 엠파이어스테이트빌딩이다. 엠파이어스테이트빌딩의 설계사는 Shreve. Lamb & Harmon Associates, 시공사는 Starrett Brothers & Eken, CM사는 Helmsley Spear였다. 이 프로젝트가 무엇보다 대단하게 평가받는 이유는 기존의 호텔건물을 철거(5개월)하고 토공사와 기초공사(2개월)를 하는데 7개월이 걸렸으며, 이후 철골공사에 161일이, 그리고 골조공사부터 모든 공사를 마무리하는 데 1년 45일밖에 걸리지 않았다는 것이다. 다시 말해 102층 건물을 짓는 데 1년 9개월이 채 걸리지 않았기 때문이다. 골조공사만 놓고 보았을 때 1주일에 4. 5층이 시공된 것인데, 이는 현대 기술로도 이뤄내기 어려운 속도였다. 공사기간을 단축하기 위해서는 비용이 더 들게 마련인데 엠파이어스테이트빌딩은 오히려 예상했던 비용을 20% 절감하는 성공적인 결과를 얻었다. 이러한 성공을 거둘 수 있었던 것은 무엇보다도 참여주체 간 협업과 천재적인 건설관리 덕분이었다. 발주자, 설계사, 시공사, 전문건설업체 등 많은 주체가 참여하는 건설프로젝트에서는 효과적인 의사소통과 협업이 성패를 좌우하는 가장 주요한 요인이 된다. 당시 발주자, 설계사, 시공사 등 각 분야 전문가들은 계획단계부터 시공단계의 문제해결까지 한 팀으로 일함으로써 손실로 이어질 수 있는 설계 오류나 시공 지연을 최소화했다. 시공사(Starrett사)는 신뢰할 수 있는 60여 개의 협력업체를 고용하여 공정과 품질을 철저하게 관리했고, 현장에 자재운반을 위한 철로를 놓아 수레를 이용한 작업보다 생산성을 약 8배 높였다. 또한 설계를 100% 완성하기 전에 공사를 시작하는, 그리고 외장공사를 하는 동안 내부에서는 전기공사와 배관공사를 동시에 진행하는 패스트트랙킹^{Fast Tracking} 방식을 도입하여 공기를 최대한 단축했다. 이러한 건설관리 기술은 당시 매우 새로운 아이디어였으며 엠파이어스테이트빌딩 프로젝트의 성공은 건물의 규모뿐만 아니라 건설관리 능력과 의지에 대한 중요성을 널리 알리기에 충분했다.

해외에서는 발주자의 필요에 의해 CM이 자연스럽게 시장에 도입되었다면, 한국에서는 먼저 법과 규정으로 CM이 제도화된 후 보편화되기 시작했다. 1996년 12월 건설산업기본법이 전면 개정되면서 설계·시공관리의 난이도가 높아 특별한 관리가 필요한 건설공사, 발주청의 기술 인력이 부족하여 원활한 공사관리가 어려운 건설공사, 공항·철도·발전소·댐 또는 플랜트 등 대규모 복합공종의 건설공사 등에 CM을 적용할 수 있다고 법으로 규정하였다. 물론 이 이전에도 1960~1970년대의 원자력발전소 및 포항제철공장 프로젝트, 1980~1990년대의 경부고속철도, 인천국제공항 1단계 프로젝트 등에 외국기업에 의한 CM이 적용되어 성공을 이룬 사례가 있지만 본격적으로 CM의 중요성을 인지하고 건설공사에 적극적으로 도입하기 시작한 것은 1996년 제도가 도입된 이후라고 볼 수 있다.

가장 대표적인 한국의 CM적용 성공사례로 서울월드컵경기장 건설프로젝트를 꼽을 수 있다. 이 프로젝트는 서울시가 건설관리 방식을 적용하여 발주한 국내 최초의 정부 발주 프로젝트이다. 당시 뚝섬 돔구장 계획안의 백지화, 잠실 주경기장 개보수 활용 계획의 백지화, 신축부지 선정 시 이해 당사자 간의 의견 대립 등으로 인해 계획단계에서 시간이 많이 지연되어 설계 및 시공에 필요한 시간이 매우 부족한 상황이었다. 더욱이 FIFA^{국제축구연맹}에서 요구하는 경기장 국제설계 기준이 매우 높은 반면 경기장 설계 및 시공

경험을 두루 갖춘 국내 전문기술은 부족한 실정이었으며, 월드컵 이후 경기장을 종합적인 문화, 생활공간으로 활용하는 사후 계획도 마련되어야 하는 상황이었다. 이에 서울시는 CM을 통해 설계, 시공, 유지관리단계에 걸친 모든 업무를 통합적으로 계획하고 수행하도록 함으로써 공기단축, 품질확보, 사후 수익성 극대화 등의 목표를 달성하고자 하였다. 결과적으로 비용절감 효과를 극대화할 수 있는 계획 및 설계단계에서부터 미국에서 17개월 만에 70,000석 규모의 경기장을 건설한 경험을 가진 'Clark사', 경기장 지붕막구조 전문기업 호주의 'Bond James사' 등 다수의 국내외 전문가가 참여하여 최종적으로 30억 원의 공사비를 줄일 수 있었다. 또한 설계단계에서부터 설계사—시공사 간의 협력을 통해 효율적인 시공이 가능한 설계인지를 면밀하게 검토하여 시공과정에서 발생할 수 있는 설계변경을 최소화함으로써 예정공기를 4개월 단축할 수 있었다. 특히, 축구경기장 특성상 지붕철골, 지붕막, 잔디, 음향공사 등 공정관리의 성패를 좌우할 수 있는 주요 작업을 PMIS^{Project Management}

눈이 번쩍 뜨이는 **토목 이야기**

Long Lead Item이란 무엇인가요?

Long Lead Item은 주문부터 제작 및 배송까지 시간이 오래 걸리는 자재로, Long Lead Item의 주문, 공장 제작, 현장으로의 배송 단계 중 어느 한 단계에서라도 지연이 발생하면 전체 사업의 공기도 그만큼 지연되게 된다. 예를 들어 교량공사에 많이 사용되는 Movable Scaffolding System(MSS)의 경우 주로 노르웨이 등 북유럽 국가에서 제작되어 한국으로 운반되는데, 주문하여 제작하는 데 약 3개월, 운반하는 데 약 1개월, 현장 시공을 위해 설치하는 데 약 2개월이 걸리기 때문에 6개월 전에 주문을 하지 못하면 시공 자체가 지연될 수 있다.

Movable Scaffolding System을 사용한 교량건설
(출처: vimeo)

Information System 통합정보관리시스템을 활용하여 집중 관리하는 한편, 공사 시언을 유발할 수 있는 철골 PC와 같은 Long Lead Item의 제작 및 조달과정을 철저하게 관리했다. 그리고 여러 설계대안 중에서 가장 적은 예산으로 같은 성능을 보장할 수 있는, 또는 같은 예산이면 최적의 성능을 발휘할 수 있는 설계를 찾아내는 Value Engineering을 통해 과다하게 설계된 부분이나 비효율적인 설계 내용을 개선함으로써 예산을 절감하고 성능을 보완하였다. 한 예로 경기장 관람석 스탠드 바닥의 우레탄 도장을 PC노출마감으로 대체하고 외부의 도장마감을 노출콘크리트마감으로 변경하여 예산을 절감하였고, 그 절감액을 당초 석재타일로 설계된 데크바닥에서 내구성이 좋은 화강암으로 변경하고 장애인을 위한 시설을 확충하는 데 활용하였다. 이렇듯 서울월드컵경기장 프로젝트는 여러 제약요건과 국내 최초의 정부발주 CM이라는 여건 속에서도 공기단축, 예산절감, 품질확보라는 세 마리의 토끼를 모두 잡는 성공을 거두었으며 국내시장의 CM 활성화에 크게 기여하였다.

서울월드컵경기장 시공 후 전경
(출처: 연합뉴스)

건설관리(CM), 프로젝트의 가치를 높여라

건설 프로젝트의 계획

모든 건설프로젝트는 '계획—설계—시공—유지관리'의 생애주기를 갖는다. 계획단계는 하고자 하는 프로젝트가 기술적으로 경제적으로 가능한 것인지 검토하고 타당성이 확보될 경우 구체적인 사업목표를 세우고, 프로젝트 참여자를 결정하며, 계략적인 사업비와 일정을 계획하는 단계이다. 계획단계는 들이는 노력에 비해 전체 프로젝트에 미치는 영향이 가장 큰 단계로, 체계적으로 잘 계획된 프로젝트는 그만큼 성공 가능성이 크다. 반면에 계획단계에서 확인되지 않은 위험요인이 시공단계에서 갑작스럽게 발생할 경우, 많은 비용과 노력을 들여도 위험요인을 제거하기 힘든 경우가 많으며 이는 직접적인 프로젝트 실패로 이어질 수 있다.

발주자는 우선 '서울 잠실에 한국에서 가장 높은 초고층건물을 세우고 싶다롯데월드타워', '부산과 거제도를 잇는 해저터널을 만들고 싶다거가대교'와 같은 사업목표를 세우게 된다. 그 뒤 이러한 사업목표가 실현 가능한 것인지 검토한다. 예를 들어 롯데월드타워 프로젝트의 경우 지상 123층, 높이 555m의 초고층건물을 짓는 것이 기술적으로 가능한지, 잠실 지역에 그 정도 높이의 건물을 짓는 것이 법적으로 가능한지, 백화점 수입, 상가 임대료, 아파트 분양 등의 수입을 고려했을 때 몇 년 안에 공사비를 회수할 수 있을지 등을 검토하여 사업 추진 여부를 결정한다. 거가대교 프로젝트의 경우에도 마찬가지로 부산–거제도 전 구역을 해저터널로 건설하는 것이 기술적으로 가능한지, 중심구간만 해저터널로 건설하는 것이 좋은지 아니면 차라리 해저터널을 대신해 장대교량을 건설하는 것이 나은지, 그리고 거가대교가 건설되었을 경우 예상되는 통행량은 어느 정도이고 이에 따른 연간 통행료 수입은 얼마나 될지 등을 검토하여 사업성을 평가한다. 이것이 사업 타당성 검토이며 이 과정을 통해 여러 대안 중 최적의 대안을 찾게 된다. 타당성 검토를 위해서는 개략적인 공사비도 산정하게 되는데 구체적인 내역을 일일이 확인해서 가격을 결정하기 보다는, 과거 유사한 프로젝트를 수행한 경험에 근거해서 구성단위당 비용이 얼마가 들 것인지를 따져본다. 예를 들어 아파트의 경우 평당 350만 원, 주상복합 아파트의 경우 평당 500만 원, 고급 호텔의 경우 평당 700만 원의 공사비가 예상된다고 산정하는 것이다. 발전소의 경우 KW당 공사비, 병원 또는 기숙사의 경우 침대 한 개당 공사비와 같이 단위비용을 산정한다. 여기에 전체 크기, 계획된 전력생산량, 수용할 총 침대 수를 각각 곱하면 프로젝트 비용이 된다.

이렇게 사업 타당성이 확보되어 프로젝트를 수행하는 것으로

서울 잠실 롯데월드타워
(출처: pixabay)

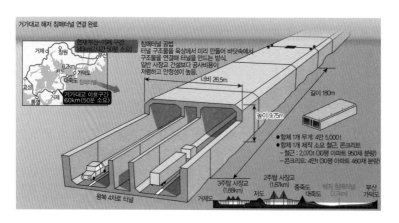

거가대교 해저 침매터널

결정이 되면 프로젝트를 성공적으로 이끌기 위한 세부목표를 세우고, 수행할 조직을 구성한다. 이때 프로젝트의 특성에 맞춰 목표를 구체화하고 필요한 전문가를 확보하는 것이 무엇보다 중요하다. 롯데월드타워를 다시 예로 들어 보자. 롯데월드타워는 도심지 한복판에 위치하기 때문에 건설에 필요한 자재를 보관할 장소가 협소하고 현장으로 자재를 조달하는 것에 어려움이 예상되었다. 특히 123층 높이의 건물을 지지할 기초공사를 위해 약 5,300대 레미콘 분량의 콘크리트 8만 톤을 조달하여 연속 타설하는 것이 필요했다. 그렇기 때문에 세부목표 중 하나로 '집중 조달관리를 통한 공기지연 방지'를 생각해 볼 수 있다. 효과적인 조달관리를 위해서 자재 운반 차량에 위치추적기를 달아 실시간으로 조달상황을 체크해 볼 수 있었다. 또한 일반 콘크리트 3배 강도의 고강도 콘크리트가 100층 높이까지 압송되어야 하고, 진도 9의 지진 및 초속 80미터의 강풍에도 견디는 건물을 건설해야 하므로 품질관리가 무엇보다 중요했다. 이에 '설계변경이나 재작업을 최소화하는 시공 품질관리'를 또 다른 세부목표로 생각했다.

프로젝트를 수행하는 조직으로는 기본적으로 발주자, 설계사와 시공사가 있다. 자재와 장비 관련 회사, 전문건설업체도 당연히 수행조직에 포함되어야 하고, CM회사, 감리회사, 회계사, 변호사 등도 필요하다. 특히, 예를 들은 롯데월드타워 프로젝트에서는 초고층설계, 풍동설계, 터파기 및 기초설계에 특화된 설계사를 찾는 것이 중요했다. 또한 설계품질을 담보할 수 있는 정밀 시공을 위해서 위성측량 전문업체도 필요했다. 설계사, 시공사 등 실제 공사를 담당하는 전문조직 외에도 도심지 초고층건물 시공에 따른 교통량 분산 계획을 수립할 교통 전문가, 원활한 조달을 위해 필요한 교통통제 등에 도움을 줄 지역 경찰, 공사 중뿐만 아니라 공사 후에도 직접적으로 영향을 받을 지역상인 및 주민, 롯데월드타워 건설로 인해 비행항로를 변경해야 하는 성남비행장 관계자 등도 계획단계에 반드시 참여해야 하는 이해관계자였다. 다양한 이권을 가진 참여주체를 성공적인 목표 달성을 위해 한 방향으로 이끌어 가는 것이 건설관리의 주된 역할이다.

설계, 계획을 도화지에 그리자

계획단계에서 사업 타당성이 확보되고 프로젝트 수행에 필요한 세부목표 수립과 조직구성이 완료되면 설계를 통해 계획을 구체화하게 된다. 설계단계는 프로젝트 수행에 필요한 도면, 시방서, 계산서 등의 설계도서를 작성, 검토, 승인 및 관리하는 단계이다. 건설산업은 주문에 의해 생산이 이루어지므로, 발주자의 요구사항을 도면과 시방서를 통해 구체화시키는 설계는 시설물의 기능과 품질을 결정하는 역할을 한다. 설계단계에 필요한 비용은 전체 사업비의 5~10% 정도로 낮은 비중을 차지하지만, 업무의 중요도는 매우 높다고 할 수 있다.

설계는 크게 기본설계와 실시설계로 구분된다. 기본설계 단계에서는 타당성 조사 및 기본계획 결과를 바탕으로 기본적인 구조물의 형식과 적용 가능한 공법을 검토하고, 대안별 시설물의 규모 및 기능 배치 방법을 검토하는 단계이다. 원활한 대안검토를 위해 측량, 지반지질지장물 조사, 용지조사, 기상 및 기후조사 등을 실시한다. 계획단계와 마찬가지로 각 대안별로 개략 공사비와 공기 또한 산정하게 된다. 실시설계 단계에서는 기본설계를 시공에 필요한 설계도면 및 시방서 형식으로 구체화하게 된다. 앞에서 검토한 구조물의 형식, 적용 공법, 기능별 배치 대안 중 최적의 안을 결정하고 이를 구체적으로 설계한다. 기본설계 단계에서 설계도면에 벽면의 길이를 50m라고만 표시했다면 실시설계 단계에서는 이것에 '10m 철근 5개'라고 필요한 자재 정보를 추가해 시공에 필요한 수량을 산출할 수 있는 근거를 마련한다. 비슷하게 콘크리트를 타설해야 하는 부분이 있다면 도면상에 '25mm(굵은 골재의 최대치수)−18Mpa(재령 28일의 호칭강도)−120mm(슬럼프)'라고 요구되는 물성정보를 표시하여 시공조건을 설명한다. 현장상황을 보다 명확하게 설계에 반영하기 위해서 현지조사와 샘플링, 품질시험을 실시하고, 자재 및 장비에 대한 공급계획 또한 수립한다. 실시설계를 통해 공사를 위한 세부작업계획이 명확해져 상세공정표를 작성할 수 있고, 작업에 필요한 자재수량이 결정되기 때문에 수량에 자재의 원가를 곱함으로써 공사비를 정확하게 산정할 수 있다. 이것을 적산, 내역Unit Price산정이라고 한다.

설계단계에서 가장 중요한 것은 시공을 정확하게 할 수 있도록 설계도면을 작성하는 것이다. 다시 말해 시공성Constructability을 고려해서 설계를 해야 하고, 시공단계에서 시공자가 이해하기 쉽도록 설계를 해야 한다. 설계자가 현장에 대한 이해가 부족하고 시공 지식이 부족하여 시공성이 결여된 도면과 시방서를 작성하게 되면, 시공단계에서 반드시 "어? 이 부분을 이렇게 시공할 수가 없는데?"라며 작업이 중단되는 일이 빈번하게 발생할 수밖에 없다. 이는 설계변경을 초래하여 공기를 지연시키게 된다. 그동안 2D 도면상에 배관, 전기, 기계설비 등의 설계를 모두 겹쳐서 그려왔는데 그러다 보니 설비 간, 파이프 간 간섭, 충돌 등을 피할 수가 없었다. 또한 2D

시공성이 결여된 설계로 공사가 지연된 사례
실제로 중동 카타르 지역의 도로 건설공사 시방서에 추운 지역에서나 요구되는 동결융해도와 관련된 시공기준이 잘못 명시된 경우가 있었다. 이 기준을 그대로 적용하여 아스팔트 도로를 시공할 경우 더위로 인해 아스팔트가 다 녹아버리게 된다. 시공사는 수 천 페이지에 달하는 시방서에서 이 오류를 사전에 발견하지 못하고 시공 도중에 이를 발견하여 공기 지연을 감당할 수밖에 없었다.

도면은 시공순서를 설명할 수 없기 때문에 어떤 작업이 선행되고 후행되어야 하는지를 확인하는 것이 어려웠다. 실제로 나중에 보일러를 집어넣어야 하는 공간을 파이프가 이미 둘러싸고 있어 먼저 설치한 파이프를 제거한 뒤 공사를 진행하는 경우가 현장에서 쉽게 발생한다. 즉, 앞서 제거한 파이프를 다시 시공해야 하는 것이다.

이와 같은 문제들을 줄이고 시공성을 반영한 설계도면을 작성하기 위해서 최근 BIM^{Building Information Modeling}을 즐겨 사용하고 있다. BIM은 2차원이 아닌 3차원 설계이다. 기존의 3차원 설계가 점, 선, 면으로 이루어져 있다면 BIM은 레고와 같이 3차원 자재 모형의 집합체이다. 예를 들어 BIM으로 건물을 설계하고자 할 때 설계자는 'BIM Library'로부터 원하는 벽체, 바닥면, 마감재 등을 선택하고 이것을 원하는 크기로 늘려 원하는 위치에 배치하는 식으로 설계를 진행한다. 모든 구성요소는 서로 연결되어 있어 하나의 크기가 바뀌면 다른 모든 구성요소의 크기도 자동으로 바뀌게 되어 효율적인 설계가 가능하다(Parametric 설계). BIM은 3차원일 뿐만 아니라 시간의 개념을 입혀 시설물 구성요소를 순차적으로 보여줌으로써, 기초공사를 하고 기둥과 벽면을 세운 뒤 천장을 입히는 등의 시공과정을 시뮬레이션해 볼 수 있다. 이를 4D라고 한다. 즉, 설계단계에서 시뮬레이션을 통해 시공성을 검토할 수 있어 시공단계에서 발생하는 설계변경을 줄일 수 있다. 또한 BIM을 통해 설계에 포함된 자재의 수량을 계산할 수 있고 이는 예산 산정까지 가능하게 한다. 이러한 효용성으로 인하여 건축, 토목, 플랜트건설 프로젝트에 BIM이 적용될 경우 평균 15%의 공사비 절감과 20%의 공기단축 효과를 가져올 수 있다. 실례로 미국 Fort Lyon Canal Bridge 프로젝트의 경우 BIM을 활용하여 설계비용을 9% 줄이고 시공비용

을 5% 절감했으며, 중국 상하이 Rail Transit Line 17 프로젝트의
경우 시공비용을 무려 30%나 절감하고 시공기간을 25% 단축할 수
있었다.

건설의 핵심, 시공

계획과 설계 두 단계는 시공을 잘 하기 위한 준비단계였다고 볼 수
있다. 시공단계는 무형의 계획을 실현해 가는 과정이다. 시공단계
에서 관리하는 것은 크게 말하면 건설관리의 3대 목표인 Time(공
정관리), Cost(원가관리), Quality(품질관리)이다. 공정관리는 공
사가 계획에 따라 차질 없이 진행될 수 있도록 작업에 대한 목표공
기를 설정하고 이를 달성해 가는 관리활동을 말하며, 요소작업들을
주어진 공기 내에 완성하기 위해 자재, 장비, 인원 등의 자원투입계
획을 수립·관리하는 것까지 포함한다. 실시설계가 완료되면 수행
해야 할 작업 목록이 정리된다. 각 요소작업별로 1일 생산성과 작
업량, 시공의 난이도를 분석하여, 그리고 과거 유사사례를 수행한

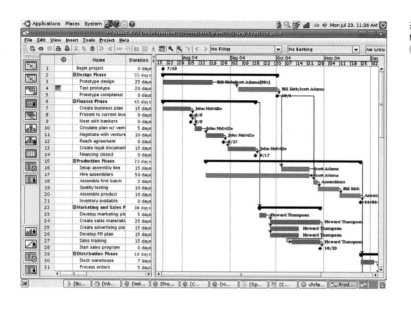

공정관리 프로그램
MS Project 예시
(출처: 크리에이티브 커먼즈)

경험을 활용하여 적정공기를 산정할 수 있다. 그리고 이렇게 공기가 결정된 요소작업들을 CPM^{Critical Path Method}, PERT^{Program Evaluation and Review Technique}와 같은 방법을 활용하여 작업 간의 선후행 관계에 맞춰 시작부터 끝까지 정렬하면 전체 공기를 계산할 수 있다. Primavera P6, MS Project와 같은 소프트웨어는 공정관리 활동을 원활하게 할 수 있도록 도와준다. 계획한 전체 공정을 하루하루 따라가면서 그날 마쳐야 하는 작업까지 잘 마무리했는지, 다음 날 수행할 작업은 무엇이고 며칠 동안 얼마만큼의 인원이 투입되어야 하는지, 지연된 작업으로 인해 앞으로의 작업이 어떻게 영향을 받을지 등을 Bar Chart를 통해 확인해 가면서 문제 발생 시 대응책을 사전에 마련하여 공기지연에 따른 영향을 최소화할 수 있다.

두 번째로 설명할 것은 원가관리이다. 사실 공정관리와 원가관리는 직접적인 연관관계에 있다. 공기가 늘어나면 당연히 사업비도 늘어날 것이다. 늘어난 공기를 예정된 공기에 맞추기 위해서는 자원을 더 투입해야 하는데 이는 사업비 증가를 초래할 것이다. 많은

사람이 적은 사업비로 공기 또한 줄이는 것을 꿈꾸지만 현실적으로 이는 매우 어렵다. 왜냐하면 기본적으로 투입되어야 하는 자재, 장비, 인원과 그것에 대한 비용은 정해져 있기 때문이다. 사업비는 실시설계가 완료되면 대부분 확정된다. 공사에 필요한 수량이 결정되기 때문이다. 다만, 이 모든 것은 단지 계획된 금액이기 때문에 실제 시공과정에서 현장 여건에 따라 변경되는 경우가 많다. 3일 동안 계획된 터파기 작업이 예상치 못한 지하암반의 등장으로 5일로 지연될 수도 있고, 터널시공 시 굴착된 지표면을 안정화하기 위해 상단 지반에 절단면을 고정하는 락볼트 시공 시 지반이 생각보다 연약하여 계획한 락볼트 수량보다 더 많은 락볼트가 필요할 수도 있다. 원가관리는 기본적으로 프로젝트의 사업비를 산정하는 모든 절차를 말하며, 특히 시공단계에서 사업비 변동의 영향을 최소화하면서 승인된 예산 내에 프로젝트를 확실하게 완료하기 위한 관리활동을 말한다. A 작업에 대한 공사비가 10억 원이 책정되어 있었는데 실제 작업을 마치고 나니 11억 원을 썼다면 공사비를 초과했다고 말한다. 이럴 때는 앞으로 수행할 작업 중 공사비를 절감할 수 있는 작업을 집중 관리하여 총 공사비를 예산에 맞추는 것이 중요하다.

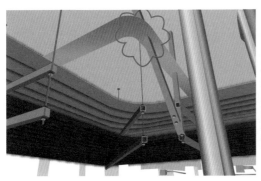

BIM을 활용한 간섭체크

레이져스캐닝을 통한 시공현장의 3차원 모델링
(출처: 크리에이티브 커먼즈)

세 번째, 품질관리의 핵심은 PDCA^{Plan, Do, Check, Act}이다. 풀어서 설명하면 실제^{Plan}한 것을 시공^{Do}하고 설계대로 잘 시공했는지를 확인^{Check}한 뒤 하자가 있다면 조치^{Act}를 취하는 활동을 시공 전 단계에 걸쳐 지속적으로 하는 것이다. 여기서 말하는 Plan은 설계도면과 시방서를 말한다. 설계도면과 시공한 것을 비교하여 크기와 위치가 일치하는지, 방향이 똑바른지, 자재의 종류가 일치하는지, 설치된 개수가 맞는지 등을 확인하여 불일치하는 것이 있으면 즉각적으로 조치를 취해야 한다. 앞에서 설명한 BIM은 3차원 정보를 제공하기 때문에 이러한 품질관리에 매우 효과적이다. 레이져스캐닝 기술을 활용하여 시공된 현장을 3차원 모델로 복원한 뒤 이를 기존 BIM 설계와 겹쳐 비교하면 시공 오류를 쉽게 확인할 수 있다. 시공한 시설물이 시방서에서 요구한 설계기준이나 국제표준품질규격인 ISO 9001을 충족하는지도 확인해야 한다. 만약 설계도면이나 시방서 등의 내용과 시공 상태가 불일치하는 사항이 발견되고, 그것이 시공과정의 문제가 아니라 설계상의 문제임이 확인된다면 NCR^{Non-Conformance Report}을 통해 설계를 재검토하고 새로운 시공대책을 마련해야 한다. 발주자의 요구사항은 품질로 대변되기 때문에, 그리고 사용자가 완성된 시설물로부터 가장 먼저 접하는 것은 시설물의 품질이기 때문에 시공단계에서의 품질관리는 매우 중요하다.

마지막으로 시공단계에서 무엇보다도 중요하게 관리되어야 할 것은 안전이다. 사람의 생명보다 중요한 것은 없기 때문이다. 2017년 국내 건설현장에서 발생한 사고로 인한 사망자 수는 579명으로 전년 대비 약 8% 증가했다. 건설산업 종사자 수는 3,046,523명으로 전체 산업의 16.4%를 차지하고 있지만, 재해자의 비중은 전체의 30.6%, 사망자의 비중은 전체의 52.5%에 육박하고 있다. 전체 사망사고의 절반이 건설현장에서 발생하는 것이다. 건설현장에는 근로자, 중장비, 자재 등이 복잡하게 얽혀있어 많은 위험요인이 존재한다. 작업이 여전히 노동집약적이며, 야외 및 높은 곳에서 일하는 작업이 많기 때문에 현장의 위험요인을 줄여 사고를 미연에 방지하는 것이 중요하고 이는 4E^{Enforcement, Education, Engineering, Emotion}를 통해 실현될 수 있다.

Enforcement는 안전관련 규제를 강화하는 것이다. 현장에 배치해야 하는 안전관리자의 수, 안전모·안전화·안전조끼 등의 안전장구 착용규정, 근로자 건강검진 시행주기, 현장 소음·조도·분진·미세먼지 기준 등 안전과 관련된 지침을 제도화하는 것을 말한다. Education은 안전관련 교육을 실시하는 것이다. 현장에서는 매일 아침 안전조회^{TBM: Tool Box Meeting}를 통해 근로자들에게 작업 중 발생할 수 있는 위험요인에 대해 설명하고 위험을 방지하기 위한 행동요령을 교육한다. 몇몇 현장에서는 하루 일과가 끝날 때에 안전조회를 다시 실시하여 근로자들이 그날 작업을 하면서 느꼈던 안전관련 경험을 공유하는 시간을 갖기도 한다. 산업안전보건법은 건설업에 종사하는 모든 근로자는 현장에 배치되기 전 기초안전보건교육을 이수하도록 의무화하고 있다. Engineering은 기술적 접근을 통해 사고발생 가능성을 사전에 줄이는 방법이다. 3차원 BIM설계를 활용하여 사고발생 위험지역과 고위험 작업을 분석하는 것도 Engineering의 한 방법이며, 중장비와 근로자의 움직임을 GPS, 센서 등으로 실시간 모니터링하여 충돌위험상황을 잡아내는 것도 Engineering적 접근이다. 과거 사고사례로부터 언제, 어떤 작업을 할 때, 어떤 원인에 의해 사고가 주로 발생하고, 이를 해결하기 위해서는 어떤 대응책이 필요한지를 과학적으로 분석하는 것도 좋은 예시가 될 수 있다. 마지막으로 Emotion은 근로자의 정신건강이 그들의 안전행동에 영향을 미칠 수 있기 때문에 '근로자가 행복하면 현장도 보다 안전해진다'는 개념으로 시작해 최근에 강조되고 있는 안전관리 접근법이다. 여러분도 행복한 날에 일도, 공부도 잘 되는 것을 경험한 적이 있을 것이다. 이렇듯 근로자도 현장에서 처우를 잘 받고 있다는 일종의 행복감을 느끼면 보다 열심히 신경 써서 작업을 하게 된다. 관리자가 현장 구석구석의 모든 안전을 실시간으로 확인하는 것은 불가능하기 때문에 근로자 한 명 한 명이 스스로 안전의식을 갖고 일하는 것이 중요하며, 휴식시간 보장, 인센티브 지급, 복지프로그램 운영 등 Emotion한 접근을 통해 그들의 소속감과 안전의식을 동시에 고취시킬 수 있다.

유지관리, 잘 지은 시설물 오랫동안 잘 쓰기

건설 프로젝트의 마지막 단계는 유지관리단계로 시설물을 사용하는 단계이다. 잘 계획하고, 설계, 시공하는 궁극적인 이유는 시설물

현장근로자들이 맨 바닥에 누워 휴식을 취하는 모습, 이런 현장에 소속감을 느끼기는 힘들다

건설관리(CM), 프로젝트의 가치를 높여라

을 좋은 품질로 오랫동안 잘 사용하기 위해서이다. 프로젝트가 시공까지 걸리는 시간은 길어야 4, 5년이지만 실제 사용하는 기간은 길면 100년 이상도 된다. 사실 한국은 6·25 전쟁 이후 경제성장을 위해 시설물을 새로 짓는 것에 집중해 왔다. 그러다 보니 최근 들어 1990년대까지 대규모로 건설된 시설물이 노후화되면서 붕괴, 하자발생 등의 문제가 자주 발생하고 있다. 지하 상하수도관이 낡아 물이 세면서 주변 지반을 함께 훑고 지나가 지하에 동공이 발생하는 싱크홀 현상도 가장 대표적인 시설물 노후화 문제이다. 이로 인해 '잘 짓는 것뿐만 아니라 잘 관리하면서 사용하는 것도 중요하다'는 인식이 확대되고 있으며, 유지관리에 대한 정부의 투자 또한 지속적으로 늘어나고 있다. 유럽에 가 보면 1800년대, 1900년대 초에 지어진 시설물을 아직까지 잘 관리하며 사용하고 있는 것을 볼 수 있다. 유럽에서는 이미 예전부터 전체 건설투자의 30~50% 가량을 유지관리를 위해 사용해 왔다. 이탈리아의 경우에는 무려 70%에 육박한다. 하지만 한국에서는 전체 투자의 10% 수준을 벗어나지 못하고 있는 실정이다.

영국에서는 'Value for Money'의 개념을 강조해 왔다. 무조건 싸게 짓는 것이 좋은 것이 아니라 전체 생애주기 동안 사용하는 비용까지 고려하는 것이 보다 중요하다는 것이다. 예를 들어, 친환경 주택을 지으면 당장 공사비는 많이 들 수 있겠지만 실제 사용단계에서는 에너지를 절약할 수 있어 궁극적으로는 이득이 될 수 있다는 것이다. 즉, 지금 조금 더 투자하는 돈Money이 장기적인 관점에서는 가치Value가 될 수 있다는 의미이다. 한국에서는 프로젝트를 수행할 시공사를 선정함에 있어 여전히 금액이 우선이다. 일단 싸게 짓는 것이 표면적으로 발주자에게 금전적인 이득을 주기 때문이다.

하지만 '싼 게 비지떡'이라고 유지관리 비용이 매년 지나치게 많이 든나년 결과적으로 발주자는 큰 손해를 입을 수밖에 없다. 22조 원을 들여 완공한 4대강 사업은 유지관리를 위해 매년 5,000억 원 가량의 비용을 들이고 있다. 물론 22조 원이라는 건설비용이 적다는 얘기는 아니다. 그것보다 계획단계에서 이러한 생애주기 비용을 보다 면밀하게 차근차근 검토했을 필요는 있어 보인다. 지금 시점에서는 손에 잡히는 가치를 찾아보기가 쉽지 않기 때문이다.

안전과 품질에 대한 사회적 분위기에 맞춰 앞으로 유지관리 시장은 지속적으로 성장할 전망이다. 하지만 그렇다고 해서 신규 시설물에 대한 투자가 필요 없다는 것은 아니다. 일부 시각에서는 대한민국 어디를 가 봐도 도로가 질 깔려있고 인프라가 대부분 잘 구축되어 있으니 건설 신규투자 예산을 줄여도 괜찮다고 말한다. 하지만 한국 수도권의 평균 출퇴근 시간은 1시간 남짓으로 OECD 국가 평균 30분에 한참 밑도는 수준이다. 이는 여전히 인프라가 부족하다는 것을 역설적으로 의미한다. 수도권 외곽에서 중심으로 접근하는 인프라가 확충된다면 그만큼 통행시간도 단축될 것이고 이는 도심지에 몰려있는 인구를 외곽으로 분산시켜 고공행진을 계속하고 있는 집값, 전세대란 등 도시과밀화로 인한 문제를 해소하는 데 기여할 수 있을 것이다.

글로벌 CM 트렌드 변화

최근 IoTInternet of Things, Cloud, Big Data, Mobile 등의 기술진보가 급속도로 이루어지면서 전 세계적으로 4차 산업혁명Industry 4.0에 대한 관심이 높아지고 있다. 우리 생활 속에서 실시간으로 쏟아지는 다량의 정보가 우리가 다양한 의사결정을 보다 객관적이고 편리하게 할 수 있도록 도와주는 시대가 도래한 것이다. 보스턴컨설팅그룹의 한스 폴 뷔르크너Hans-Paul Buerkner 회장은 이러한 4차 산업혁명이 가장 크게 바꿀 분야로 건설산업을 꼽았다. 생산성 등에 있어 지난 몇십 년 동안 변화가 거의 없었던 산업이라 그만큼 성장 가능성이 크다는 이유에서다. 하지만 2016년 맥킨지 보고서는 건설산업의 경우 가용 데이터가 부족하고 디지털화Digitalization 수준이 낮아 지난 10년간 생산성의 후퇴가 있었고, 대부분의 의사결정이 여전히 경험에 근거하여 이루어지고 있으며, 현장 IT 인프라 수준이 낮아 4차 산업혁명 시대의 효과를 누리기 위해서는 많은 준비가 필요함을 강조했다. 이는 국내뿐만 아니라 해외에서도 겪고 있는 비슷한 상황이다. 그렇기 때문에 건설산업 종사자들은 과연 건설의 어느 분야에 어떤 기술을 어떻게 적용해야 산업 경쟁력을 높일 수 있을지 고민을 해야 한다.

전 세계 굴지의 건설기업 CEO들은 미래 건설현장의 모습을 다음과 같이 예상하고 있다. 보다 구체적으로 그들은 (1) 정보소통을 통한 참여수체 간 협업을 통해 현장 리스크와 불확실성이 줄어들 것이고, (2) 현재 현장에서 직접 공사가 진행되고 있는 많은 부분이 별도의 제작장에서 이루어져 현장에서는 배송되어 온 부분 완성품을 조립해 붙여가는 모듈러 시공이 확대될 것이며, (3) 많은 부분 로봇이 사람을 대체하고 드론, AR^Augmented Reality/VR^Virtual Reality 등의 기술을 활용한 현장관리가 확대될 것이라고 예상하고 있다. 미국 CB Insight가 2017년 발표한 글로벌 100대 건설 스타트업 현황 보고서를 보면 최근 생겨난 많은 스타트업들이 앞에서 설명한 건설산업의 변화를 이끌어 가고 있음을 확인할 수 있다.

Procore, PlanGrid와 같은 기업은 건설관리 협업지원 플랫폼을 통해 설계도서공정예산품질안전관리, 준공검사 등 건설관리 모든 영역에 걸친 협업 및 의사소통을 지원하고 있으며, 기본적인 관련 업무지원뿐만 아니라 입찰관리, 입찰가격 분석, 실시간 계약 분석, 설계변경 원인 분석 등과 같은 사후 분석 서비스도 지원하고 있다. Equippo, EquipmentShare와 같은 기업은 온라인 건설 중장비 마켓을 통해, 중장비를 필요로 하는 소비자가 중고차를 검색하는 것처럼 원하는 중장비의 사양을 입력하면 가장 적합한 것을 매칭해 주는 서비스를 제공한다. 특히, 보유 장비에 대한 정비를 철저히 하기 때문에 소비자는 최상의 품질로 제품을 구매 또는 대여할 수 있다.

Architizer는 4만여 개의 건축회사 정보제공 플랫폼을 통해 수요자-건축회사-자재업체 간을 연결해 주는 서비스를 제공하고 있으며, Work Today는 인력사무소 온라인 플랫폼을 통해 근로자-현장 간 매칭뿐만 아니라 기업이 필요로 하는 전문가를 찾아주는 헤드헌팅 서비스를 제공하고 있다. 모든 임금지급은 플랫폼을 통해 손쉽고 투명하게 이뤄질 수 있다. Buildkar, OfBusiness 등 건설자재, 인테리어, 수리견적 등과 관련된 스타트업도 온라인상에서 쉽게 만날 수 있다.

IrisVR, InsiteVR과 같은 기업은 계획설계시공계획 검토를 위한 3차원 가상모델 VR 솔루션을 제공한다. 지금까지는 BIM 등의 설계도면을 컴퓨터 모니터에 띄워 놓고 마우스를 통해 왼쪽으로도 돌리고 오른쪽으로도 돌려가며 설계상의 오류, 시공성 등을 점검했다면, 이 솔루션을 통해서는 관리자가 VR 장비를 착용하고 3차원 가상모델로 직접 들어가 눈으로 보고 직접 체험하며 오류뿐만 아니라 사용성을 보다 효과적으로 점검할 수 있다. VR 기술뿐만 아니라 AR기술은 복잡한 작업프로세스에 대한 설명을 현장에 입혀 사용자에게 제공함으로써 시공 및 유지관리 업무를 지원하고 있다.

Strayos, Skycatch, Bronomy와 같은 기업은 드론을 활용하여 시공현장의 모습을 매일매일 3차원으로 모델링하여 공사 진척에 따라 달라지는 현장의 모습을 확인함으로써 진도관리 업무를 지원하고 있고, AIG & Human Condition Safety는 위치정보센서, 광각센서 등의 웨어러블 디바이스가 장착된 조끼를 근로자가 입었을 때 그들이 잘못된 자세로 물건을 들거나, 근로자와 장비 간의 거리가 너무 가까워 사고 가능성이 있으면 경고알람을 보내는 안전관리 솔루션을 제공하고 있다. 마지막으로 Katerra라는 기업은 대형 목조 건조물에 대해 혁신적인 모듈러 공법을 도입하여 공기단축, 예산절감, 품질향상을 꾀함으로써 2018년 상반기 기업가치 3조 원의 유니콘 기업으로 성장하였다. 특히 Katerra는 연구개발을 통해 조립시공이 가능한 다양한 설계안을 검토하고, 성공적인 설계를 제품으로

AR을 이용한 유지관리업무 지원 (출처: maxpixel)

실현할 수 있도록 제작장을 맞춤형으로 개조하여 부품을 대량 생산

함으로써, 기존 모듈러 시공기술이 가진 미학적, 구조적인 한계를

극복하였다.

앞에서 설명한 스타트업을 중심으로 글로벌 건설관리 변화의

트렌드를 요약해 보겠다. 우선 계획-설계-시공-유지관리에 이르

는 프로젝트 생애주기 간, 그리고 참여주체 간 정보소통 플랫폼이

확대되고 있다. 발주자, 설계사, 시공사, 장비업체 등 참여주체별

맞춤형 건설관리 지원 서비스도 강화되고 있다. 이는 장비, 근로자,

건설재료 부분의 공유 및 매칭 서비스 또한 가능하도록 하고 있고,

이와 함께 제작장에서 부품을 제작하여 현장에서는 배송되어 온 부

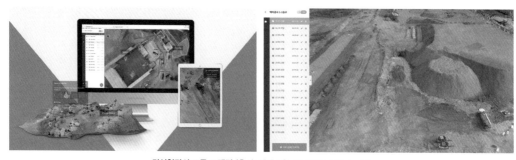

건설현장의 드론 모델링 (출처: 엔젤스윙, https://angelswing.io)

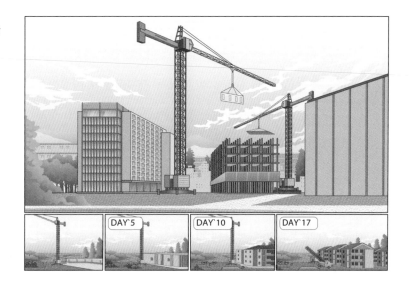

모듈러시공의 개념도
공장에서 제작되어 배송되어 온 단위 부품을 조립하여 쌓아 올린다

DAY`5    DAY`10   DAY`17

품을 조립하여 시공하는 모듈러시공Off-site Manufacturing이 확대됨으로써 건설산업의 제조업화가 촉진되고 있다. 생산자와 소비자 간의 직접 연결을 통해 건설에서도 유통과정이 축소되고 있는 것이다. 마지막으로 다른 산업의 전유물로만 생각되던 AR/VR, 드론, 인공지능 등의 프론티어 기술이 적극적으로 건설관리에 활용되고 있다. 드론기술은 단순한 측량뿐만 아니라 자재관리, 공정관리 등에 쓰이고 있으며, 예산관리, 안전관리 등에 인공지능 기술이 활용되고 있다. 특히 AR/VR 기술은 4차 산업혁명 시대의 핵심이 될 수 있는 가상의 공간을 구현함으로써 우리의 현실 세계와 가상의 공간을 이어주는 매개체 역할을 하고 있다.

가치사슬의 변화와 CM 경쟁력 강화

가치사슬Value Chain이란 사용자에게 가치를 제공함에 있어 부가가치 창출에 직간접적으로 관련된 일련의 활동기능프로세스를 말한다.

여기서 말하는 부가가치 창출 활동은 크게 본원적 활동Primary Activities 과 지원적 활동Support Activities으로 나눌 수 있다. 본원적 활동은 계획, 설계, 시공, 유지관리 등 시설물의 물리적 가치창출과 직접적으로 관련된 활동들을 의미하며, 지원적 활동은 건설관리체계 및 정보시스템, 인적자원관리, 법제도문화교육시장 등의 건설산업 인프라, 구매조달 등 직접적으로 부가가치를 창출하지는 않지만 이를 창출할 수 있도록 본원적 활동을 지원하는 활동들을 말한다.

지금까지의 건설 가치사슬은 시설물을 공급하는 공급자의 가치를 극대화하는 방향으로 전통적인 본원적 활동의 효율성 향상에 초점을 맞춰 왔다. 따라서 계획 및 유지관리보다는 설계와 시공 각각의 전산화, 효율화를 통해 설계 및 시공기술력을 강화하고 건설 공급의 비용과 시간을 절감하고자 노력해 왔다. 하지만 최근 들어서는 산업화와 도시화가 이미 진행되어 시설물의 품질과 안전, 편리성, 인간 환경에 친화적인 건설 등과 같은 사용자의 편익이 보다 중요해짐에 따라, 설계와 시공에 국한되었던 활동이 사업기획과 사용 단계로까지 확대되도록 하는 지원적 활동이 보다 강화되었다. 가치사슬상의 연계를 강화하고 전체 프로세스의 효율을 높이는 것이 보다 중요해진 것이다. 기술적인 측면에서 보더라도 과거에는 어떻게

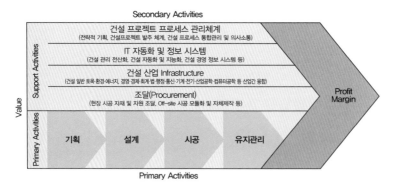

건설 프로젝트 가치사슬

하면 생산기술을 혁신하고 설계관리, 공정관리 기술력을 향상할 수 있을까에 초점을 맞추었다면 지금은 어떻게 프로젝트가 잘 수행될 수 있도록 산업 및 회사의 인프라를 확충하고 관리 프로세스를 개선하며 재료, 부품, 조달체계 등을 혁신할 수 있을까에 따라 프로젝트의 성패가 좌우될 수 있다.

글로벌 건설시장의 점유율을 확대해 가고 있는 선진건설기업은 이미 이러한 가치사슬 상의 변화에 대응하여 기업전략을 세우고 있다. 독일 Hochtief AG는 개발, 운영, 관리 등 전 생애주기에 걸친 다양한 부문으로 사업영역을 확장하고 있는데 특히 2000년대 이후 금융 및 사업운영과 관련된 기업을 다수 인수하여 투자개발 사업을 확대하고 있으며, 미래 건설산업의 중추역할을 할 에너지시장 선점을 위해 해상풍력발전 등 신재생에너지 사업을 선도하고 있다. 이와 비슷하게 프랑스의 Vinci SA도 교통인프라, 도시개발, 통신, 에너지 네트워크부터 금융, 도로운영, 주차장관리 사업에 이르기까지 사업영역을 확대하여, 시공 중심의 대형사업 유치를 통해 단기매출을 확보하고 개발 사업을 확대하여 장기매출을 담보하는 전략을 추진하고 있다. 오스트리아 Strabag SE의 경우에는 마찬가지로 부동산 관리 기업, 도로운영 전문기업 등을 인수하여 운영/유지관리단계로의 전 방위적 통합을 추진했을 뿐만 아니라 조달체계 혁신을 위해 해외시장 진출 시 아스팔트, 콘크리트 플랜트 등 현지 자재생산기업을 합병하여 활용함으로써 공급망을 현지화 했다.

CM시장의 미래와 전망

전 세계의 건설산업은 4차 산업혁명이라는 시대적 변화에 발맞춰 빠르게 변화하고 있다. 특히 프로젝트의 성공을 위한 가치사슬의 중심축이 개별 생산라인에 초점을 맞추고 있는 본원적 활동 중심에서 건설관리 프로세스를 개선하고 생애주기에 걸친 효율을 높이는 지원적 활동 중심으로 이동하고 있다. 이렇듯 건설관리는 미래 건설산업 먹거리 창출과 이윤확보를 위해 보다 중요해지고 있으며 사회적 요구에 따라 시장이 지속적으로 확대될 전망이다. 우리는 우리 스스로 건설을 시공이라는 틀 안에 가두려고 한다. 즉, 건설을 도로, 건물, 교량, 터널, 댐 등 전통적인 시설물로 국한하고 있다. 산업 간의 영역이 허물어지고 자고 일어나면 매일매일 새로운 기술이 쏟아져 나오고 있는 지금이 바로 건설산업의 진화를 위한 창의적인 사고와 비상한 노력이 필요한 시점이다. 사회적 변화에 맞춰 우리가 생각해 왔던 건설 서비스를 재정의하는 것이 필요하다. 그리고 이를 통해 건설할 수 있는 신 시장을 개척하여 산업영역을 확장해 가는 것도 중요하다. 우리가 집을 짓고 살기 시작한 이래 지금까지 건설은 산업과 사회를 변화시켜왔다. 앞으로도 건설은 우리가 사는 환경을 변화시킬 것이고 성공적인 변화의 중심에는 건설관리가 있을 것이다.

건설관리(CM),
프로젝트의 가치를 높여라

 프로젝트 예시: (1) 부산과 거제도를 잇는 해저터널, (2) 인천공항, (3) 대학 기숙사

01 위의 프로젝트 중 하나를 선택하여 그 프로젝트만의 특성을 자유롭게 설명하시오.

> 힌트 롯데월드타워 프로젝트 : 대한민국 최고 높이의 빌딩, 도심지 중심에 위치한 현장 등

02 선택한 프로젝트에 대하여 그 프로젝트를 성공적으로 이끌기 위한 세부목표를 구체적으로 세우시오.

> 힌트 롯데월드타워 프로젝트 : '집중 조달관리를 통한 공기지연 방지', '설계변경이나 재작업을 최소화하는 시공
> 품질관리' 등

03 선택한 프로젝트에 대하여 그 프로젝트를 수행할 조직을 실제 공사를 담당하는 전문조직과 주변 이
해관계자로 나누어 구성하시오.

> 힌트 롯데월드타워 프로젝트 : (전문조직) 초고층설계, 풍동설계 전문가, 위성측량기업 등, (주변 이해관계자) 교
> 통 전문가, 경찰, 지역상인 등

04 설계시공분리방식과 설계시공일괄방식의 장단점을 설명하시오.

> 힌트 설계시공분리방식은 설계가 완료된 후에 시공을 시작하기 때문에 업무범위가 구체적이고 명확할 수 있고,
> 설계시공일괄방식은 설계와 시공을 동시에 진행하는 Fast Tracking이 가능함

05 BIM(Building Information Modeling)은 시공성 검토를 통한 품질관리, 자재수량 확인을 통한 원가
관리, 시뮬레이션을 통한 공정관리 등에 많은 장점을 보이고 있다. BIM을 활용한 실제 프로젝트 성공
사례를 찾고 이를 설명하시오.

06 통계적으로 보면 절반 이상의 건설 프로젝트가 계획된 예산을 초과하여 공사비를 지출하는 것으로
나타나 있다. 이러한 원가관리 실패를 초래하는 원인을 다양하게 조사하시오.

> 힌트 공기지연, 자원관리 문제 등을 유발하는 원인을 생각해 보자

07 건설현장의 안전은 근로자의 정신건강에 따라 좌우될 수 있음을 배웠다. 현장 근로자의 스트레스를
유발할 수 있는 원인과 그들이 현장에 소속감을 가지고 행복하게 일하도록 격려하는 방안은 어떤 것
이 있을까?

08 도로공사를 할 때 아스팔트포장도로와 콘크리트포장도로 중 유지관리 측면에서 더 장점을 보이는 것은 무엇일까?

> 힌트 유지관리 빈도와 비용, 난이도

09 드론, IoT, 모바일, AR/VR 등의 최첨단 기술을 활용한 건설관리기술을 배웠다. 배운 것 외에 또 어떤 첨단기술이 어떤 건설관리 업무에 활용될 수 있을지 구체적으로 예를 들어 설명하시오.

10 지금부터 30년 후, 2050년의 도시환경 및 시설물의 모습을 자유롭게 상상하여 설명하시오.

> 힌트 움직이는 건물, 달나라 주거시설, 초고속튜브 등

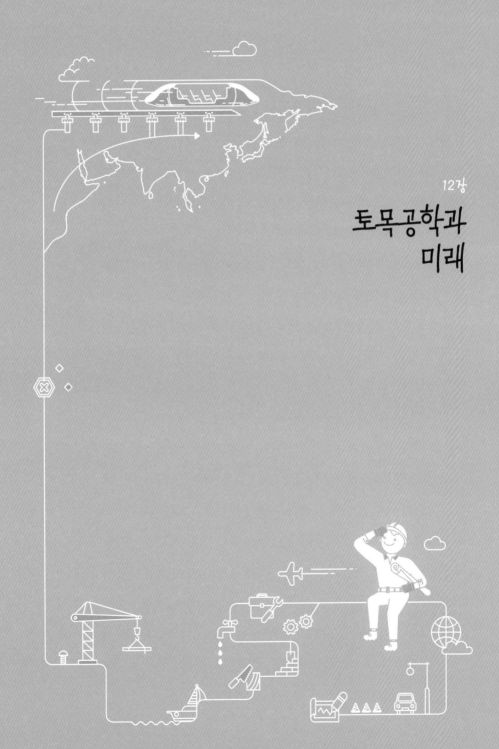

12장

토목공학과
미래

우리가 꿈꾸는 세상에서 토목공학은 어떤 역할을 할까?

21세기 인터넷, 스마트폰을 비롯한 ICT 기술이 생활 곳곳에 스며들며, 디지털문명이 세상을 주도한다고 여겨지는 요즈음 과연 토목공학은 첨단문명 속에서 어떤 모습으로 다가올 것인가? 인류역사를 살펴보면, 토목기술은 각 시대마다 그 시절에 존재하는 가장 뛰어난 기술을 접목하면서 지속적으로 문명을 발전시켜 왔다. 신라의 석굴암, 불국사, 왕릉, 고구려의 도성, 이집트 피라미드, 바빌로니아의 공중정원, 로마의 수로와 도로, 중국의 만리장성, 파리의 에펠탑, 미국의 금문교에 이르기까지 토목기술은 인류문명의 초석이며, 발전의 상징이었다.

지구에 존재하는 인간이 설치한 구조물들은 인간의 기본적인 욕구를 만족시키는 과정에서 발생하는 문제를 해결하기 위한 일련의 좁은 해결책으로서뿐만 아니라 그 시대를 거쳐 간 사람들이 존재를 규정하고 추구하는 그 시대 최상의 방법으로 표현되었다. 이런 관점에서 볼 때 토목기술의 역사는 그보다 훨씬 폭넓은 공간속의 열망과 노력에 의해 만들어졌다. 그리고 만들어진 것들의 본질은 인간이 추구하고자 하는 정신의 산물이었다. 만약 인간이 설치한 구조물, 특히 토목구조물이 단순한 필요에만 국한된 상태에서 일차적인 요구에 충실하기만 했다면, 기술적인 전개양상은 지금보다 훨씬 단순한 면모를 보였을 것이다. 즉, 우리는 자연을 스스로가 필요한 것으로 만들어서 사용하기 위하여 기술을 발전시켜 왔다. 프랑스 철학자 가스통 바슐라르Gaston Bachelard는 "인간은 필요가 아닌 욕망의 산물이기 때문에 여분의 것에 대한 정복이 우리에게 더 큰 정신적 자극을 준다."고 말했다. 토목공학은 여기에 가장 충실한 학문이며, 토목공학의 새로운 기술로서의 궁극적인 선택은 그것이 지닌 가치, 사회적 요구, 그리고 보다 나은 생활에 대한 이해와 조화를 이루는지에 대한 여부에 따라서 결정된다.

이런 측면에서 토목공학은 지금까지 인류가 생존해 온 이래 지속적으로 인간이 추구하는 기본적인 가치, 새로운 가치, 사회적 요구, 삶의 질을 충족시키기 위해 끊임없이 기술적 진보를 이루어 왔으며, 앞으로도 이러한 노력은 계속될 것으로 보인다. 그렇다면, 미래는 어떤 환경이 지배하게 될까? 앞으로 겪게 될 세상은 과거의 경험과는 다른 새로운 세상이 펼쳐질 것으로 예측된다. 과학기술문명이 과거 그 어느 시대보다 위력을 떨치면서, 산업혁명 이후 축적되어 온 부산물들은 지구온난화를 가속시키고, 급속한 산업화와 물질문명의 발달 속에서 인간의 수명연장과 개인의 자유추구와 사회참여 및 자아실현의 기회가 확대되고 있다. 또한 어떤 나라에서는 저출산과 고령화, 일자리 등이 많은 사회문제를 일으키고 있는 반면, 어떤 나라에서는 고출산 및 영아사망, 기근, 물 부족 문제가 문명의 격차를 심화시킬 수 있기도 하다.

미래 사회 전망

미래 사회는 어떤 모습일까? 미래 사회는 지구 평균 온도의 지속적

상승, 글로벌 온실가스 배출량 규제와 관련된 국가 간의 갈등 초래, 대규모 자연재해 발생 빈도 증가 등 이상기후 현상의 증가가 예상된다. 경제발전에 따른 대기, 토양, 해양 및 지하수 오염 등 심각한 환경오염 심화와 극지방의 빙하 감소, 해안선 상승 및 식생대 변화 등 기후 변화 및 환경 문제가 심화될 것이다. 이를 극복하기 위하여 지속 가능한 녹색기술개발의 중요성이 강조되고 있으며, 온실가스 배출을 저감시키기 위한 재료기술, 신재생에너지기술, 온실가스관리 시스템 개발 등 다양한 시도가 이루어지고 있다.

국제연합이 밝힌 바에 따르면, 2013년 현재 72억 명에서 2050년에는 90억 명으로 인구가 증가할 것으로 예상하고 있다. 특히, 세계 인구 구조는 급격한 고령화의 진행으로 지금까지 노령(65세 이상) 인구는 세계 전체 인구의 2~3%를 넘지 않았으나, 오늘날 선진국의 노령인구 비중은 약 15%에 달하고 있으며, 2030년 무렵에는 25%까지 증가할 전망이어서 전 세계적으로 60세 이상 고령인구는 2050년에는 지금의 세 배 이상 증가할 것으로 예상되고 있다. 따라서 고령자들의 생활 패턴, 신체 여건, 경제적 상황 등을 종합적으로 고려한 도시계획 및 설계, 주택에 대한 필요성과 요구가 높아지게 될 것이다. 고령화가 이미 사회적인 문제로 대두된 일본 등 선진국에서는 고령자용 주택 개발이 활발히 진행 중이며, 더불어 고령자를 포함한 교통 약자의 이동성 향상을 위한 개인교통수단으로 초경량, 초강도, 초소형 자율주행 차량 등의 보급이 예상된다.

인구가 증가하고 지속적으로 도시화가 진행되면 제한된 공간의 활용을 극대화하기 위한 초고층·초대형 건축 기술이 더욱 발전할 것으로 예측된다. 우리나라의 건축법상 50층 이상, 높이 200m 이상인 건축물을 초고층 건축물로 정의하는데, 잠실의 제2롯데월드가 대표적인 초고층빌딩이며, 전 세계적으로 2012년에만 총 66동의 초고층 건축물이 준공된 바 있다. 초고층 건축물의 건설을 위해서는 실시간 4D 가상현실을 기반으로 한 구조시스템을 포함한 설계기술과 고강도콘크리트 등 재료기술, 콘크리트 압송 등 공사관리기술이 필요하며, BIM^{Building Information Modeling} 기술을 기반으로 설계, 시공, 관리 등이 체계화되면 건물의 최장수명 및 최적운영이 가능해질 것이다.

국제에너지기구^{International Energy Agency}는 2030년까지 일일 106백만 배럴 이상까지 원유 수요가 증가할 것으로 전망하고 있다(IEA, 2011). 따라서 에너지 자원 부족의 심화로 향후 신재생에너지가 2035년 총발전량의 15%를 차지하고, 풍력, 바이오매스, 태양광 등

바이오기술 발전에 따른 미래 사회의 모습

이 신재생발전량의 약 90%를 차지할 것으로 전망된다(IEA, 2011).

또한 원자력, 태양열, 풍력 등 신개념 친환경 에너지원을 이용하는 도시체계로 전환되면서 국가 간 자원 확보 경쟁이 심화될 것이고, 일부 국가의 자원무기화가 국제사회에 큰 불안을 야기할 것으로 예상된다. 핵융합 기술은 장기적 관점에서 가장 이상적인 대안이 될 수 있으나, 상용화를 위해서는 해결해야 할 기술적 장애요소가 많아서 실용화 시기가 아직 불투명하다. 에너지와 관련된 대표적인 토목공학 분야인 플랜트의 경우 건설사업 생애주기 및 가치사슬에 있어 온실가스 배출공정과 공법 및 운영기법, 지열·풍력·태양·조력 등 신재생에너지원 복합이용기술 공정계통, 개발현장에서 온실가스 저감기술에 대한 수요가 발생할 수 있다. CO_2의 포집·저장기술에 대한 수요가 있을 것으로 보이며, CO_2의 수송 및 주입·저장기술, 해저생산·처리 등이 고려될 수 있다.

'밀레니엄 프로젝트'의 '2011년 미래 보고서'에 따르면 2025년에 전 세계 인구의 절반이 물 부족으로 고통받게 될 것이라고 전망하고 있다. 기온이 상승하고 가뭄 발생기간이 평균 3.4배 증가함에 따라 전국적인 물 부족이 0.8~2.5배 증가될 전망이며, 기후변화에 따른 수문영향분석과 전망에 의하면 한강 유역을 중심으로 동일 수요량 적용 시 기후변화에 따른 유출량 감소로 물 부족이 12~53% 증가할 것으로 예상된다(국가미래수자원전략, 2012). 세계 물 부족에 대해서 지속적으로 계량하고 있는 세계자원연구소World Resources Institute의 분석에 의하면, 우리나라도 물 스트레스 국가인데, 향후에는 담수화, 지하수(지하댐) 개발, 물의 재이용 등 다양한 수자원 확보가 중요해질 것이다. 이러한 많은 불확실성 속에서 미래 사회는 어떻게 전개될 것인가? 유명한 물리학자인 프리만 다이슨Freeman Dyson은 컴퓨터기술이 지난 50년을 이끌어 온 것처럼 향후 50년 동안은 바이오기술이 세상을 이끌어 갈 것이라는 전망을 하고 있다. 인구증가에 대비하여 유전자 공학기술을 이용한 식량자원 확보, 기후변화 대비, 각종 인프라의 변환 등 다양한 형태의 문명이 진화될 것으로 보고 있는데, 토목공학의 미래는 어떻게 될까?

토목공학과 사회시스템의 진화

미래 인프라시스템(Infrastructure system)의 특성

OECD는 향후 2055년경 사회의 모든 시스템이 서로 상호작용을
하면서, 끊임없이 의존하면서 사회시스템의 진화를 가져가게 될 것
으로 전망하고 있다(OECD, Infrastrucure to 2030). 이전에는 정보를
전달하기 위해 유선전화를 사용하다가, 이제는 무선통신을 이용하
여 언제 어디에서든 편리하게 정보를 주고받는 시대로 진화해 왔

인프라 간 상호의존도 매트릭스
(출처: OECD, Infrastructure 2030)

인프라	통신	전력	교통	수자원
통신		• 지능형 전기망 • 전기 현물·선물시장 • 분산된 전기소비	• 재택근무, 텔레쇼핑, 화상회의, 원격의료 • 지능형 도로 시스템은 보다 안전하고 혼잡을 줄이며 정교한 도로망 가격 책정을 유도 • 사고에 대한 보다 빠른 긴급 대응 • 적시생산 관리와 공급망	• 정보통신기술과 감지기 • 예보 및 안전장치
전력	• 단전과 전압 변동에 취약 • 정보전송 전기망		• 열차를 위한 전력원 • 전기나 하이브리드 차 • 분산형 가정용 전기 • 도로 건설과 전력망	• 수도 및 폐수처리 시스템 • 수력발전소 • 폐수용 펌프와 고에너지 • 전기와 물 사이 교차보조
교통	• 위치기반 서비스, 운행 유도 시스템 • 화상회의 수요 • 통신선과 용지	• 에너지수송열차 • 열차 전기사용 확대		• 교통인프라와 병행 • 지역별 물 서비스 수요 • 긴급 식수공급망
수자원	• 물 기반 시설확대와 전기 통신수요의 부합	• 물 기반 수요지의 전기서비스 수요증가 • 에너지 생산을 위한 쓰레기 사용 • 원자력 발전소 냉각	• 수로는 도로와 철도의 대안 • 낡은 물 기반 시설의 위험성 증가 • 도로 건설이 배수시설/배수관 횡단에 장애	

다. 인터넷을 비롯한 정보통신기술의 발달은 기존의 토목시설물의 설치, 운영에 있어서도 획기적인 기술진보를 가져오고 있는데, 특히 미래에 중요한 사회 인프라를 통신, 전력, 교통, 수자원이라고 정의하고 이에 대한 상호관계를 매트릭스 형태로 제시한 바 있다.

토목공학은 지구상에 존재하는 공간 속에서 댐, 도로, 철도, 공항 등 시설물을 합리적으로 구축하기 위해 끊임없는 기술발전을 가져왔는데, OECD에서 제시하고 있는 바와 같이 공간 속에서 인프라 간에 상호의존성이 강하며, 여러 레벨의 시스템들이 복합적으로 집적된 복잡계의 형태로 구성되는 특성을 가지고 있다. 이를 복합시스템SOS, System of systems이라고 하는데(Samuel Labi, Intoroduction to Civil Engineering Systems, 2014, WILEY), 미래의 토목공학은 그림1과 같이 이러한 SOS를 다루는 중요 학문으로 자리 잡을 것이며, 시스템의 연계와 효율을 추구하기 위해 시스템 접목기술이 중요한 학문분야로 자리 잡을 것이다. 특히 최근에는 전통적인 사회 인프라 시

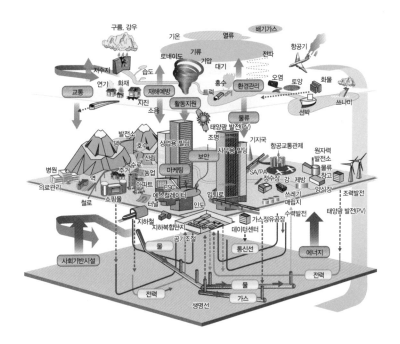

1 국토 공간 내 존재하는 건설산업의 대상 시설물과 환경
(출처: 국토교통과학기술진흥원, 해외건설 기술경쟁력강화 연구개발사업 기획보고서, 2014)

스템인 교통시스템, 에너지시스템, 수자원 시스템 이외에도 인공위성과 계측기, 공간정보기술, 인공지능기술을 이용하여 자연재해를 미리 예측하고, 대비할 수 있는 다양한 형태의 정보통신시스템이 결합되는 등 토목공학이 다루는 범위가 광범위하게 확대되고 있다.

도시 시스템의 진화

산업혁명 이후 급속한 문명의 발전은 도시의 발전과 직접적으로 연관이 있으며, 오늘날 국가의 경제적인 생산성은 도시의 생산성에서 비롯되었다고 한다. 따라서 세계적으로 경쟁력 있는 국가는 대부분 경쟁력 있는 도시를 보유하고 있다. 21세기 들어 도시는 교통, 환경, 수자원, 에너지, 쓰레기처리, 교육·문화시스템, 사회·경제 등 각종 시스템이 결합되어 작동하고 있기 때문에 효율적인 도시의 운영과 관리가 중요해지고 있다. 최근의 전 세계적인 도시화 속도는 인류역사상 유래가 없을 정도인데, 2030년까지 전 세계의 도시인구

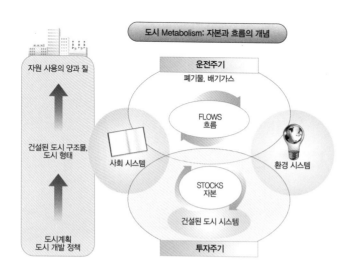

도시의 신진대사(Urban Metabolism)

토목공학과 미래

는 약 15억 명 정도 증가할 것으로 예상되고, 약 10억 대 이상의 차량이 증가할 것으로 전망된다.

도시 안에는 다양한 시스템이 공존하고 있는데, 기존의 물리적 시스템과 사회시스템, 환경시스템이 중심이 되어 도시 내 발전을 위한 자본Stock을 형성하고, 일정한 시간이 경과되면 에너지, 수자원, 정보, 교통 등의 흐름Flows이 형성되는데, 이러한 도시의 신진대사Metabolism를 어떻게 관리하는지가 관건이다.

우리나라는 전 세계적으로 도시진화를 단시간에 이룬 대표적인 국가 중 하나로 손꼽힌다. 특히, 신도시개발 등의 경험은 개발도상국에게는 중요한 발전 모델로 인정되고 있으며, 저개발국가에서는 우리나라의 도시개발 경험을 전수받고자 하는 요구가 갈수록 증대되고 있다. 우리나라는 1990년대 이후 ICT를 이용하여 도시를 첨단화하려는 노력을 지속적으로 하고 있다. 최근 미래 도시의 형태로 각광받고 있는 스마트시티Smart City는 정보통신기술을 활용한 도시의 거주성livability, 실행 가능성workability, 지속 가능성sustainability을 향상시킨 첨단화된 도시를 말하는데, 우리나라에서는 인천 송도, 동탄 신도시, 상암 DMC 등이 대표적인 스마트시티라고 할 수 있다. 최근에는 더 발전된 스마트시티 국가 차원의 시범도시를 만들려는 노력이 이루어지고 있는데, 우리나라의 세종시, 부산시와 더불어 구글에서 추진하고 있는 캐나다 토론토가 대표적이다.

스마트시티에서는 무선통신기술과 사물인터넷기술을 이용하여 교육, 방범, 교통, 의료건강, 재해예방 등 도시의 기능이 보다 편리하고 효율적이며 안전하게 구현될 수 있도록 하는 데 목적을 두고 있다. 스마트시티에서는 ICT를 이용하여 모든 정보를 수집하고 유통시킬 수 있으며, 이를 통해 데이터를 활용한 다양한 비즈니스 기회가 조성되게 하며, 아울러 도시 내 거주민 삶의 질이 획기적으로 향상될 것으로 기대하고 있다. 최근 선진국을 중심으로 스마트시티에 대한 기술경쟁이 가속화되고 있으며, 중국, 인도, 베트남 등에서는 신도시 개발방향을 스마트시티 개발정책으로 전환하여 엄청난 투자를 하고 있다.

교통시스템의 미래

토목공학을 통해 개발되는 시스템은 교량·터널 등의 구조시스템, 도로·철도·항공 등의 교통시스템, 상하수도 등의 수자원시스템 등 다양한 시스템을 구축하는 데 기여한다. 특히, 미래에는 이동성과 거주안정성이 문명을 발전시키는 데 가장 중요할 것으로 간주되며, 무엇보다도 교통기술에 있어서 다양한 형태의 혁신기술이 개발될 것으로 기대하고 있다. 교통에 대한 필요는 주로 인구 증가와 여행에 대한 수요증가로 인해 비롯되는데, 도시지역에서는 교통 혼잡으로 인한 사회적 비용을 절감하고, 공해를 줄이는 데 주력하게 되며, 지역 간에는 교통접근성과 시간 단축 및 안전성 등이 중요한 요인

스마트하이웨이 개념도

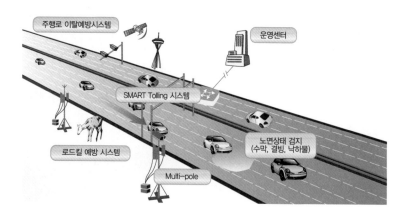

토목공학과 미래

일 것이다. 따라서 교통기술의 혁신은 다양한 교통수단을 제공하기 위한 시스템의 혁신이 핵심이다.

전략적인 차원에서 기술자들은 교통시스템의 상황을 실시간으로 모니터링하고 운용을 최적화시키기 위한 새로운 기술을 꾸준히 개발하고 있다. 특히 교통인프라의 경우 인프라의 물리적인 상태와 시스템을 건전하게 유지하기 위한 기능과 사용성을 위해 모니터링하고 다양한 운행패턴을 점검하는 기술이 더욱 중요해지고 있다. 이를테면 지능형 교통시스템Intelligent Transportation System인 ICT를 이용하여 교통시스템을 첨단화하고, 자동차기술의 발달과 더불어 이동성을 향상시키며, 수송비용을 절감시키면서 이용객의 안전성을 향상시키는, 한국도로공사에서 세계 최초로 상용화에 성공한 스마트하이웨이Smart Highway 기술발전이 대표적이다. 이는 현재 구글 등에서 개발되어 시험 중에 있는 무인운전이 가능한 자율주행 자동차Auto-driving vehicle가 상용화될 경우를 대비한 미래지향적인 도로시스템이라고도 할 수 있다.

ITS(지능형교통)기술은 초기에는 도로망에 교통상황을 감지할 수 있는 장치를 설치하고, 정보를 제공하는 형태에서, 차량 간 통신

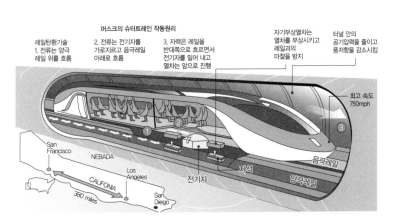

진공튜브 고속열차
(Evacuated Tube Transport)

Vehicle to Vehicle, V2V, 차량과 인프라 간 통신Vehicle to Infrastructure, V2I 등 다양한 형태의 통신기술이 접목되어, 차량 자체가 통신의 플랫폼 형태로 진화됨으로써 차세대 ITS는 광범위한 형태의 교통체계인 협력형 지능형교통체계c-ITS, cooperative ITS로 진화되고 있다.

또한 미래의 교통운송수단으로 전기차에 대한 관심이 높아지는데, 미국 캘리포니아의 경우에는 신차 수요의 상당수가 대표적인 프리미엄 전기차인 테슬라Tesla인 것으로 알려졌다. 이외에도 대중교통에 대해서도 환경오염이 없는 전기식 운송수단에 대한 관심이 올라가고 있다. 대표적인 자동차 산업국인 미국, 일본 등은 첨단 무인 소형 교통수단인 도심용 운송수단 'ENVElectric Networked Vehicle', 미래 교통수단인 'ETTEvacuated Tube Transport' 캡슐형 자기부상차량 등 에너지 소모가 적고 환경오염이 거의 없는 새로운 운송수단을 개발 중이다. 테슬라 자동차의 창립자인 일론 머스크는 2013년에 로스앤젤레스에서 샌프란시스코에 이르는 구간에 전기차 기술과 자기부상기술 등 다양한 기술을 활용하여 시속 1,200km/h에 이르는 하이퍼루프Hyperloop 개발계획을 발표한 바 있다.

수자원 시스템의 미래

기후변화로 인한 지구온난화는 해수면을 상승시키고, 빈번한 하천범람은 기존의 수리시스템의 한계로 인해 새로운 설계방식의 개발 및 기존 성능에 대한 재검토가 불가피할 것이다. 미래에는 수문학적·수리학적으로 시스템을 분석하기 위해 다양한 공간정보기술Geomatics을 활용할 것으로 전망되는데, 리모트센싱remote sensing, GISGeographic Information System, 그리고 수리정보학에 사용되는 도구의 발

토목공학과 미래

전이 있을 것으로 기대된다.

　수자원시스템에 적용될 수 있는 공간정보기술은 수리구조물에 대한 계획·설계·시공 및 유지관리 과정에서 지속적으로 이용될 수 있는데, 디지털 이미징digital imaging, 인공지능artificial intelegence, 레이저센싱laser sensing, 그리고 GPS가 대표적이며, 이들 기술에 의해 급격한 사회 변화가 예상된다. 인공위성과 기상레이더의 데이터 등을 활용하게 되면, 위치에 기반한 다양한 수자원시스템 관리가 가능해진다. 이러한 위치기반 기술은 수자원관리를 포함하여, 교통정보제공, 사회 인프라에 대한 관리에도 폭넓게 활용될 수 있을 것이다.

　수리시설물에 대한 관리에 있어서도 그동안 도시 내 상하수도망이 지역적으로만 구축되었고, 물 부족 상태에서 효율적으로 관리되지 못한 경우도 많아, 기후변화로 인한 재해예방을 위해 하천유역관리를 고도화하고, 친환경적이며, 자연과 순응할 수 있는 저영향개발Low Impact Development, LID 방식이 많이 보급되고 있다.

기후변화와 메가시티의 발달로 인해 수재해의 위험이 증내됨에 따라 도서·해안 및 산간 등에서도 가용한 수자원을 안정적으로 확보하고, 도시 내 물 순환을 통해 물 관리를 효율화·지능화하기 위한 지능형·분산형 물 관리 시스템Smart Water Grid System, SWGS 관리방식이 보편화될 것으로 보인다. 한편, 하천수의 부족으로 향후에는 해수를 이용한 수자원기술이 더욱 발달할 것으로 보이는데, 해수담수화 기술이 대표적이다. 우리나라는 해수담수화 기술의 세계 최고 기술 보유국이지만, 핵심 원천 기술의 외국 의존도는 아직 높은 편이다. 따라서 정부에서는 이를 극복하기 위해 연구개발지원을 꾸준히 하고 있는데, 2013년에는 세계 최대 규모의 역삼투압 해수담수화 플랜트를 부산 기장군에 설치하여 시험운용 중에 있다. 향후에는 다양한 에너지원을 결합한 하이브리드 형태의 해수담수화 플랜트 기술개발이 가속화될 것이다.

구조시스템의 미래

토목공학에서 대표적인 구조시스템은 교량과 터널이라고 볼 수 있다. 교량과 터널은 막힌 곳을 뚫고, 장애물을 건너서 지역을 소통시키기 위한 기능을 가지고 이를 가장 경제적인 구조로 본래의 기능에 충실하면서도 기술진보가 이어져 오고 있기 때문에 가장 기본적이고 오래된 사회기반 인프라로서 구조시스템의 기본이라고 할 수 있다. 이전까지 구조시스템은 중후 장대한 형태로 발전해 왔으나, 미래 구조시스템은 규모나 크기를 통한 매크로 이노베이션Macro-innovation보다는 최첨단 기술이 적용된 마이크로 이노베이션Micro-innovation이 이루어질 것으로 전망된다.

구조시스템 중 대표적인 교량구조물의 경우에는 좀 더 길게, 가볍게, 경제적이면서 아름다운 구조시스템을 추구하면서 기술의 발전을 이루어 왔고, 터널의 경우에는 좀 더 넓은 단면을 좀 더 길게, 좀 더 깊이, 보다 안전하게 유지하기 위한 방향으로 기술의 혁신이 이루어져 왔다. 그림²는 한강상에 펼쳐질 수 있는 미래 교량의 디자인을 소개한 그림이다. 향후에는 이와 같이 기존 교량의 기능을 다

2 **하이브리드 형태의 미래 교량 모형**
(출처: Magnusson, J. (2007). A Beautiful Tommorrow for Structural Engineering? The Compass 42(2), Oct, Issue.)

양하게 확장할 수 있는 하이브리드 형태의 교량 디자인을 구상해 볼 수 있을 것이다.

미래의 구조시스템은 재료기술혁신, 비정형적인 설계, 재난으로부터 회복할 수 있는 탄력성resilience, ICT 기술혁신 그리고 구조시스템의 장기 내구수명 등에 의해 주도될 것이다. 구조물의 재료에 대한 발전은 예를 들면, 나노기술연구, 재료과학을 통해서 일어나고 있는데, 지속 가능성, 경제성, 미관, 내화성, 내구성 등의 측면에서 구조물 설계의 새로운 방향을 제시할 것이다. 특히, 최근에는 운동역학을 이용하여 환경에 반응하는 키네틱구조물Kinetic Structure기술이 개발되고 있으며, 다양한 센서를 통해 작동되도록 설계되고 있다.

매그너슨Magnusson은 지난 50년 동안 재료적인 측면에서 강도의 증대는 대단히 광범위하게 발전했는데, 강재의 경우 40%, 철근은 50%, 콘크리트의 경우는 100% 정도의 강도가 향상되었다고 한다. 이러한 재료혁신은 계속될 것이고, 스테인리스 스틸, 섬유 보강fiber-reinforced 폴리머, 이 밖에 다른 재료들이 강구조 또는 콘크리트 구조물에 적용될 것이다. 콘크리트의 경우는 초고성능 콘크리트Ultra High Performance Concrete, UHPC, 전례 없는 압축강도와 인장강도를 갖는 반투명 콘크리트, 자기치유형 콘크리트self-healing Concrete를 개발하는 노력을 지속적으로 하고 있다. UHPC는 재료의 결정구조가 훨씬 조밀하고 공극이 줄어들어 내구성이 좋아져서 경량화가 가능하고 강도가 증가하게 된다. 하지만 재료비가 상승하게 되어 아직까지는 제한적인 활용이 있을 뿐이다. 미래에는 건설재료분야의 경우 강도의 급격한 증가뿐만 아니라 콘크리트 기둥, 전단벽, 강재기둥 및 트러스 등에서 단면의 감소를 통한 경제적인 재료의 사용 및 FRPFiber Reinforced Plastic의 기술 발전도 같이 이루어질 것으로 전망된다.

토목공학은 앞에서 살펴본 바와 같이 전통적인 토목공학의 기술적 역할 외에 미학적이고 사회적인 요구를 동시에 고려할 정도로 다양한 기술들과의 융합이 중요해지고 있다. 특히, 나노기술NT, 바이오기술BT, 정보통신기술ICT, 인지과학CT 등 NBIC으로 대표되는 첨단기술High Tech과 토목공학기술이 어떻게 호응하느냐는 향후 토목공학기술의 진화에서 가장 결정적인 요소로 작용할 것이다. 일반적으로 토목공학의 구현을 위해서는 설계, 시공, 유지관리의 사이클을 갖게 되는데, 기술융합이 이루어지더라도 본질적인 토목공학의 활동이 달라지지는 않을 것이다. 다만, 이러한 프로세스를 얼마나 효율적이고 효과적으로 처리할 수 있느냐에 따라 새로운 기술융합이 보다 보편화되고 가속화될 것이다.

앞 절에서 살펴본 바와 같이 21세기 첨단기술의 발전과 더불어 미래의 토목공학에는 어떤 미래가 펼쳐질지 쉽게 단언할 수는 없다. 다만 분명한 것은 과학기술의 급속한 발달, 특히 인터넷과 스마트기술의 보급은 문명의 기본구조를 근본적으로 변화시키고 있으며, 미래문명을 주도하기 위한 토목공학은 많은 변화가 필요한 실정이다. 기술의 흐름을 고려해 볼 때, 토목공학은 역사 속에서 경험했던 바와 같이 여전히 개인과 사회공동체의 가치를 구현하기 위해 가장 최적화된 기술을 결합하여 이를 공간 속에 구현하고 새로운 가치창출을 통해 인류 문명의 발달에 기여하는 역할을 지속적으로 펼쳐나갈 것으로 보인다. 특히, 이전의 개별 시스템의 기술발전과 달리 21세기에는 많은 시스템이 복합적으로 작동하고 각 시스템 간의 연계와 협력을 통해 통합적인 해결방안을 모색하는 방향으로 진화될 것으로 보인다. 특히 SOS System of Systems의 형태로 물리적 공간과 사이버 공간 및 사회적 공간의 접점 속에서 스마트도시 smart city, 스마트인프라 smart infastructure를 구축하기 위한 다양한 첨단기술과의 융복합기술개발이 지속적으로 이루어질 것이다.

토목공학과 ICT·자동화기술

토목공학의 다양한 분야 중에서 시공기술 영역이 자동화기술을 가장 많이 수용하게 된다고 볼 수 있는데, 현장 근로자의 감소, 현장시공보다는 공장생산의 비중이 늘어 가고 있는 현실을 고려해 볼 때, 재료과학, 컴퓨터와 정보기술, 자동화, 프로젝트 관리, 재료공급에 신기술을 어떻게 활용하느냐에 따라 시공의 생산성이 달라질 것이다. 토목공학자들은 시공단계를 향상시키기 위해 컴퓨터 시뮬레이션과 같은 ICT 기술을 적극 활용하는 추세인데, 시공기술자가 시공의 어느 단계에서도 프로젝트의 상태를 살펴볼 수 있는 3차원 가상현실 Virtual Realization 및 증강현실 Augmented Realization 기술이 보다 많이 적용될 것이다. 또한 건설시공 현장에서는 건축, 공학, 시공 AEC 시스템이 결합된 형태로 프로젝트가 진행되는 경우가 더욱 많아질 것이다. 시공 과정에서는 각 단계별로 설계, 시공, 유지관리 담당 기업들의 독창적인 시스템이 적용될 것이며, 성공적인 건설을 위해 자체적으로 효과적이고 창의적인 팀을 구성하여 시공현장과 사무실이 서로 연계되는 협업체계를 구축해 나갈 수 있도록 다양한 소프트웨어 공학이 이용될 것이다.

BIM과 디지털시뮬레이션 기술을 결합한 가상현실기술은 AEC 관련 산업에서 각 단계별로 성공적인 결합을 위한 효율적인 도구로 사용될 것이다. 시공과정과 각 프로세스별 활동은 시뮬레이션과 해석적인 모델링 기법을 이용하기 위해 모니터링되거나 최적화시키게 될 것이다. 최근에는 시공의 효율성을 위해 동시공학Cocurrent Engineering을 이용하거나, 시공단계의 효율을 높이기 위한 린 시공Lean Construction 등이 채택되는 경우도 증가하고 있다. 하지만 건설산업의 특성상 시공시스템이 주로 현장의 여건에 의해 좌우되는 경우가 적지 않기 때문에 제조업에서 적용될 수 있는 자동화Automation된 건설생산체제가 정착되기에는 한계가 있다. 그동안 시공을 자동화하기 위해서 로봇기술을 종종 접목시켰지만, 아직은 로봇기술Robot Technology의 초기 단계이기 때문에 건설시공과 연계된 기술개발 사례는 드문 실정이다. 건설산업에서 요구되는 자동화 및 로봇기술은

건설자동화 및
건설로봇의 개념도
(출처: 연세대학교,
첨단건설로봇기술개발 기획연구,
2014, 국토교통과학기술진흥원)

제조업의 자동화 기술과는 차이가 있으며, 별도의 긴설시공기술 특성에 맞는 특화기술개발이 지속적으로 필요하게 될 것이다. 건설산업이 고부가가치 산업으로 발전하기 위해서 미래에는 건설자동화 Construction Automation와 건설로봇을 사용하는 기술이 더욱 활성화될 것으로 전망한다. 하지만 건설로봇의 경우 공간상에서 위치인식기술과 동작에 대한 센싱기술이 중요할 뿐만 아니라 로봇으로 인한 시공안전성이 검증되어야 하며, 경제성까지 따져보아야 하기 때문에 기술이 보편화되기까지는 상당한 시간이 걸릴 것으로 예상된다. 현시점에서는 특수조건에 적합한 로봇기술 또는 공장제작형 로봇기술이 주로 개발될 것으로 전망되는데, 이를 스마트팩토리Smart factory라고 부른다.

기존의 시스템을 대체할 수 있는 자동화 시스템 개발과 아울러서 근본적으로 생산방식의 변화를 줄 수 있는 3D프린팅 기술, BIM 기술 등이 보다 다양한 형태로 접목될 것이다. 예를 들면 3D프린팅은 콘크리트나 다른 재료를 사용하여 시공의 효율성과 토목공학시스템의 전반적인 지속 가능성을 강화시킬 수 있을 것이다. 그리고 시공 기술자와 관리자들은 역시 초기 비용, 생애주기 비용, 환경적 지속 가능성, 경제발전주역, 고객, 이해관계인의 커뮤니티에 대한 영향 등으로 인해 보다 넓은 범위의 시공프로젝트 메커니즘을 구축하게 될 것이다. 최근에는 초대형 구조물의 시공 정밀도를 높이기 위해 리모트센싱, GPS를 이용한 시공기술도 개발 및 적용되고 있다. 또한 구조물의 효율적인 유지관리를 위하여 영상 조사 장비, 프로그램 개발, 드론을 이용한 복합 적용에 대한 연구가 활발하게 이루어지고 있다.

토목공학과 3D프린팅 기술

최근 3D프린팅 기술은 미래제조업을 대체할 수 있는 꿈의 기술로 각광받고 있다. 3D프린팅 기술을 이용하여 조그만 부품을 쉽게 제작하기도 하고, 의료분야에서는 인체관절을 대체하는 데 3D프린팅 기술을 도입하고 있다. 미국 해군은 함대에 필요한 부품부터 음식에 이르기까지 3D프린팅을 이용하면서 기술개발에 박차를 가하고 있다. 이들은 재료의 사용을 줄이면서 시간을 절약하는 효율적인 제조방법을 도입하여 시범적용을 늘려나가고 있으며, 최근에는 프로젝트 '컨투어 크래프팅Contour Crafting'을 통해 건축기술개발에도 박차를 가하고 있다. 콘크리트를 사용하여 2,500ft^2 면적의 빌딩을 하루만에 건축해 낼 목적이며, 궁극적으로는 달 탐사 시 3D프린팅 기술을 적극 활용할 계획이다. 중국의 3D프린팅 업체인 '윈선'은 5층 빌라를 6일 만에 축조함으로써 중국에서의 3D프린팅 건설시장을 선도하고 있다. 향후에 주택시장에서의 변화를 예고하는 부분이기도 하며, 토목공학에서도 프리캐스트화 교량 또는 구조물에 3D프린팅이 광범위하게 적용될 수 있을 것으로 전망된다. 3D프린팅 기술이 지속적으로 발전되면, 달에 우주기지를 건설하는 날도 머지않을 것으로 기대한다.

미국 NASA의 달나라에서의
3D프린팅 시공모형도

토목공학과 나노기술

나노기술은 재료를 원자단위까지 세분화해서 적용할 경우 기존의 재료적인 특성과 전혀 다른 새로운 형태의 물성과 특성이 나타나는 현상을 바탕으로 발전되어 왔다. 따라서 나노기술을 개발할 수 있는 공정과 생산체제 구축은 여러 분야에서 중요하게 다루어지고 있다. 토목공학에서도 나노기술은 특히 토목재료의 형태를 다양하게 보완할 것으로 기대된다. 나노기술은 원재료의 색상, 탄성, 강도, 전도성 등 다양한 특성을 변화시킬 수 있기 때문에 복합재료나 절연재료, 의약품 등에 적용되고 있다. 또한 나노재료는 생화학적인 재료들과의 결합능력이 탁월하기 때문에 다양한 형태로 공산품에 적용되고 있다. 토목공학에서도 나노기술이 활용될 수 있는데, 주로 강재, 콘크리트, 유리재료 등에 적용 가능하다. 특히 나노입자들은 페인트와 같은 코팅 재료에 적용될 수 있는데, 자기치유 특성이나 절연을 통한 부식방지기능이 토목재료에 유용하게 결합될 수 있다. 강재의 경우 부식에 취약하기 때문에 용접부의 피로방지를 차단할 수 있도록 표면을 강화시키는 나노기술, 균열을 감소시키는 코팅기술 등이 토목공학의 재료수명을 2배 이상 연장시켜 줄 수 있다.

콘크리트는 여러 가지의 혼화재와 물, 시멘트를 활용하여 콘크리트를 합성하게 되는데, 나노실리카, 나노티타늄 재료 등을 결합하여 강도를 증가시키거나 공극을 감소시켜 장기 내구성을 증진시킬 수 있을 것이다. 또한 물 투과를 근본적으로 차단하면 철근의 부식방지가 가능하며, 염해로 인한 피해도 줄일 수 있을 것이다. 또한 자체정화기능을 갖게 되면 콘크리트의 재료적인 경쟁력은 상당할 것으로 기대된다. 미국 표준연구소NIST는 2009년에 콘크리트의 수명을 2배까지 연장하는 기술특허를 취득한 바 있는데, 미국의 주요교량 1/4이 노후화되어 대대적인 보수가 필요한 현 시점에서 나노기술을 이용한 구조체 내부의 손상을 보완하고, 균열을 방지하게 된다면 엄청난 경제적인 손실을 줄일 수 있을 것으로 전망하고 있다.

토목공학과 미래 혁신기술

세계적인 컨설팅 기업 맥킨지Mckinsey는 2013년에 세상을 바꿀 혁신적인 기술Disruptive Technology 12가지를 발표한 바 있는데, 사실 미래 토목공학의 기술적 범위를 고려하면, 차세대 게놈 기술을 제외한 거의 대부분의 기술이 토목공학과 연계된다는 것을 알 수 있다. 다시 말하면, 앞으로 하이테크와의 기술융합을 통해 지속적인 기술발전을 도모한다면 토목공학의 미래는 밝다고 할 수 있다. 만약 이러한 모든 기술이 상용화된다면 어떤 세상이 펼쳐질까? 독일의 세계적인 기업 지멘스Simens에서는 이러한 기술이 적용된 미래를 예상하며 센서들이 가득한 아프리카의 도시에서 벌어질 수 있는 상황을 가정하고 시나리오를 제시한 바 있다(「2060년 센서들의 도시(City of Sensors)」396p). 이 짧은 글 속에서 복잡한 내용을 모두 풀어 낼 수는 없지만, 혁신적인 여러 기술들을 수용해서 전개될 미래 토목공

맥킨지의 12가지 혁신적인 기술

Mobile Internet
모바일 인터넷

Automation of knowledge work
지식노동 자동화

The Internet of Things
사물 인터넷

Cloud technoligy
클라우드기술

Advanced robotics
첨단 로봇

Autonomous and near-autonomous vehicles
자동차 간 교신기술
Next-generation genomics
차세대 게놈기술

Energy storage
에너지 저장기술

3D printing
3D프린팅기술

Advanced materials
첨단 재료기술

Advanced oil and gas exploration and recovery
첨단 오일탐사 및 채취

Renewable energy
신재생에너지

학의 모습은 어느 나라가, 어느 기업이, 어느 기술자가, 무엇을 선점하느냐 또는 어떻게 개척하느냐에 따라 분명 달라질 수 있을 것이다. 토목공학은 앞으로도 여전히 미래 문명을 선도하는 학문분야로 역할을 다하고 있겠지?

눈이 번쩍 뜨이는 **토목 이야기**

『2060년 센서들의 도시(City of Sensors)』

울리히 크로이처(Ulrigh Kreutzer)
– [Pictures of the future, SIEMENS, spring 2014]에서 인용 –

2060년 어떻게 우리는 인프라가 위험에 노출되기 전에 발생하는 문제를 해결할 수 있을까? 아프리카 짐바브웨 어느 도시에서 토목엔지니어로 종사하는 루뭄바 에웨사Lumumba Ewesa의 경우를 예로 들어 상상해 볼 수 있다. 루뭄바는 도시의 운영관리 책임자로서 도시의 인프라에 발생하는 제반 상태를 실시간으로 점검하고 이를 관리하는 임무를 맡고 있다. 그가 관리하는 도시 인프라에는 지능형 수자원 네트워크, 담수화시설, 도로, 파워플랜트, 공공건물들이 해당되며, 그 모든 인프라는 지능형 센서로 연결되어 있다. 이 센서들은 미리 잠재적인 위험을 인식하고 그에게 적절히 조치할 타이밍을 알려 준다. 이를 위해 각 인프라의 작동상황을 파악하기 위한 소형 드론Miniature Drone을 사용하고 있다. 진단 이후에는 부품교체 팀이 3D프린팅을 사용하여 보수한다.

불과 50년 전 사바나에서 주석지붕의 오두막으로 이루어졌던 지역이 거대한 첨단도시로 변모했으며, 앞으로는 도시 내 발생하는 모든 사고를 빅데이터를 이용하여 사고가 발생하기 전에 결함과 문제를 미리 예측하고 대응하는 일까지 가능하게 될 것이다.

01 미래에 예상되는 지구환경의 변화에 대응하기 위하여, 다양한 분야와 함께 개발하여야 할 토목공학 기술은 어떤 것이 있을까?

> **힌트** 미래 사회 전망

02 우리나라는 1980년대 이후 정보통신 분야에 대한 국가 차원의 투자를 통해 통신, 스마트폰, 반도체 등에서 세계적인 경쟁력을 확보하고 있다. 반면, 토목공학은 여전히 전통적인 산업 형태를 유지하고 있는데, 미래 기술경쟁력을 확보하기 위해서 토목공학분야 중에서 가장 많이 활용될 것으로 기대되는 분야는?

> **힌트** 교량분야, 수자원 분야, 지반분야 등 다양한 토목공학 분야에 대해서 검토

03 미래 사회에는 다양한 시스템이 연계되고, 복잡한 구조를 갖게 될 것이다. 효율적인 사회시스템 구축을 위해서 가장 밀접하게 협력하게 될 시스템들은 어떤 것들이 있을까?

> **힌트** 물, 에너지, 통신, 교통 중 가장 협력이 요구되는 시스템들을 검토

04 4차 산업혁명 기술의 발달과 더불어 토목공학 분야에도 하이테크를 접목하여 기술이 발전할 것으로 기대된다. 특히 인공지능 기술을 이용하면, 단순하고 반복적인 노동 분야의 일자리는 줄어들 것으로 전망된다. 토목공학 분야에서 인공지능이 가장 활용되기 쉬운 분야와 인공지능이 적용되기 힘든 분야는 어떤 분야일까?

> **힌트** 빅데이터가 생성되고, 데이터를 패턴화하기 쉬운 분야일수록 인공지능 접목이 용이함

05 3차원 공간정보기술을 활용한 구조물 설계, 3D모델링을 이용한 3D프린팅 기술이 확산되고 있다. 교량, 터널 등의 토목구조물과 빌딩, 주택 등의 건축구조물 중에서 3D모델링 기술을 이용하여 설계 및 시공하기에 유리한 분야는 어떤 분야이며, 그 이유는 무엇이라고 보는가?

> **힌트** 3D모델링은 기하학적인 구조가 단순할수록 유리함

06 인류의 역사에서 토목공학이 만들어 온 기술을 바탕으로, 미래의 토목공학이 만들어 갈 기술은 어떤 것이 있을까?

> **힌트** 토목공학의 새로운 기술로서의 궁극적인 선택은 그것이 지닌 가치, 사회적 요구, 그리고 보다 나은 생활에 대한 이해와 조화를 이루는지에 대한 여부에 따라서 결정

07 과거 소설과 만화 속에 등장한 미래가 오늘날의 현실 속에서 재현되기도 한다. 최근 30년 동안 TV, 영화, 인터넷 등에서 상상으로 표현된 것들이 현실로 다가온 것들에 대해 조사하라. 그리고 자유롭게 의견을 제시하시오.

힌트 토목공학과 사회시스템의 진화, 하이테크를 이용한 토목공학의 미래

08 토목공학에서 인류를 위하여 만들어진 역사적인 유물들이 길게는 천 년 이상 유지되는 것들을 보고, 인류를 위하여 만들어진 또는 새롭게 만들어 갈 토목구조물의 오랜 수명을 확보하기 위한 방법은 무엇이었나? 새로운 방법이 있다면 무엇일까?

13장

토목엔지니어는
무슨 일을 하나요?

토목엔지니어는 사람들이 살아가는 데 꼭 필요한 물과 공기와 같은 일을 한다. 우리의 일상을 보면 아침에 일어나서 불을 켜고 세수를 한다. 전기는 발전소에서 만들어지는데 원자력발전소, 수력발전소, 조력발전소, 풍력발전소 등이 있고 이 전기를 가정에까지 연결하려면 송전선, 송전탑 등을 세워야 하고 세수하는 물은 댐을 만들거나 강에서 물을 끌어다가 정수장에서 깨끗하게 처리한 후에 상수관을 통해 집으로 올 수 있게 해야 한다. 세수한 물은 하수관으로 흘러가고 하수처리장에서 처리한 후에 강이나 바다로 흘러가게 하거나 재사용하도록 한다. 일상에서 많은 사람들은 **BMW**^{bus, metro, walking}를 이용한다. 집을 나서면 토목엔지니어가 하는 일을 더 많이 알 수 있다. 우리가 걷는 도로는 그냥 포장만 하면 되는 것이 아니고 사람들의 움직이는 경로를 생각해서 도로계획을 세우고 차나 사람이 다녀도 평탄성을 유지하게 도로 설계를 하고 장비를 활용해서 도로를 건설해야 하는 것이다. 보도나 도로 밑에는 많은 지하 시설물들이 있다. 상수관, 하수관, 전기, 가스관 등이 지나가는데 파손되지 않도록 적당한 깊이에 묻혀 있다. 버스를 타면 교량을 지나가게 되고 때로는 터널을 지나가기도 한다. 지하철을 타면 땅속 깊은 곳에 공간이 필요하고 지하수 때문에 거의 대부분 물에 잠긴 콘크리트 터널 박스를 우리는 매일 이용한다. 이 또한 토목엔지니어가 설계하

고 시공하고 관리하는 것이다. 길을 가다가 지도를 보거나 길 찾기 앱을 활용하는데 이는 공간정보에 기반하고 실내에서의 위치도 알려 주는 기술들이 이용된다. 비행기를 타면 공항이 필요하고 배를 타려면 항만이 필요하고 기차를 타려면 철도가 필요하다. 이렇게 우리가 살아가는 삶의 모든 부분에서 토목엔지니어는 수없이 많은 역할을 하고 있기 때문에 오히려 그 중요성을 인식하지 못하거나 당연한 것으로 여기지만 하루라도 이러한 기술자가 없다면 우리 삶이 어떻게 될지 상상하기 힘들 것이다.

토목엔지니어의 직업

토목엔지니어가 하는 일을 에머슨의 말을 인용하면 "길이 인도하는 데로 따라가지 말고 길이 없는 곳으로 가서 자국을 남겨라."가 적절할 듯하다. 사람의 삶을 다루고 지구 환경을 상대로 하는 일이기 때문에 정해진 틀보다는 유연성과 다양성이 토목엔지니어가 하는 일의 특징이다. 우공이산愚公移山의 고사에서는 우공의 꾸준한 노력에 감탄한 옥황상제가 대신 산을 옮겨주었지만 토목엔지니어는 실제로 운하를 만들고 산을 뚫고 길을 만드는 일을 한다.

토목엔지니어는 다양한 환경에서 일을 하게 되는데, 시공사 contractor, 설계 및 컨설팅 회사consultant, 정부나 지자체로부터 인프라에 관한 전반적인 사항을 대신하는 공사PMC, 건설에 소요되는 자재나 장비 등을 공급하는 전문회사, 언론의 건설전문기자, 금융 분야의 투자사업 및 기술·위험도 평가, 로스쿨에서 변호사 자격을 취득 후 건설관련 분쟁 전문가로서도 일할 수 있다. 건설 산업 전반에 걸친 컨설팅, 입찰 및 계약과 관련한 분야에서 일하고 최근에는 자원

초기 토목엔지니어의 도전

개발, 해양과 해저 개발, 우주공간의·개발에까지도 토목엔지니어의 지식과 경험을 필요로 하고 있다.

우리 주변의 시설물들을 건설하려면 어떻게 시작해야 할까? 교통이 좋지 않거나 물이나 전기가 필요하면 어떻게 만들 수 있는지, 어떤 성능을 가져야 하는지를 투자하는 정부나 민간투자자의 요구수준을 듣고 관련된 사항들을 조사한 후 판단하여 계획해야 한다. 땅속은 지층이 어떻게 이루어져 있는지? 바람이나 강우 등 기후조건은 어떤지, 어떤 힘을 받고 얼마나 튼튼하고 오래가야 하는지를 정해야 하는데, 이것이 건설의 시작단계인 계획 부분이다. 요즘은 3차원 모델을 활용하는 첨단 기술을 이용할 수 있어서 미리 현재의 상태를 만들고 어떤 과정을 거쳐 최종적으로 원하는 시설물을 만들 수 있는지 간단하게 설계하게 된다. 정부가 투자하는 공공사업은 규모가 크기 때문에 몇 천억 원에서 몇 조 원에 이르는 예산이 사용될 수 있다. 따라서 사전에 이 사업이 꼭 필요하고 적절한지 평가하는 타당성 검토를 하게 된다. 그리고 주변에 사는 사람이나 자연환경에 미치는 영향은 없는지를 평가해야 하고, 시설물이 생겼을 때 교통에 미치는 영향이나 기본시설인 상하수도, 전기 등이 부족하지 않을지도 검토해야 한다. 이런 일들은 실제 건설이 시작되는 시기보다 상당히 오래전에 계획되기 때문에 토목엔지니어는 앞으로 우리 주변이 어떻게 바뀔지를 미리 알 수 있는 기회가 생긴다.

건설산업은 건설 프로젝트를 수주해야 실제 일이 진행되기 때문에 수주를 위해서 발주처를 파악하고 발주자의 요구사항에 맞게 제안서를 만들고 비용을 평가하여 입찰에 참여하는 업무가 있다. 자동차 한 대를 팔기 위해 자동차 회사나 영업사원이 들이는 노력을 생각해 보면 몇 천억 원이 넘는 혹은 그 이상의 규모를 가진 사업을 수주하기 위한 경쟁과 노력이 어떨지는 상상할 수 있을 것이다. 세계 건설시장을 생각해 보자. 전 세계를 누비면서 수주할 수 있는 대형 프로젝트를 발굴하고 정보를 수집하여 의사결정을 할 수 있도록 하는 역할을 토목엔지니어들이 하고 있다. 아프리카나 남미의 오지에까지 진출해서 댐을 기획하고 도로나 철도를 어떻게 놓을지 제안하는 일을 하는 엔지니어는 전문적인 지식에 기반을 둔 판단 능력과 수주 가능성을 높일 수 있는 설득력이 있어야 한다.

여기까지는 실제 건설이 시작되기 전의 업무들이고 건설이 시작되면 프로젝트의 각 단계별로 관리, 감독, 공사의 진척사항을 모니터링하고 관리하는 업무가 진행된다. 오랜 기간 동안 현장을 관리한 엔지니어의 경험을 들어 보면 "불가능해 보이고 막막해 보이는 일들이 시간이 지나면서 해결된다. 늘 쉬웠다면 재미가 없었을 것이다."라고 이구동성으로 말한다. 요즘은 반드시 현장에서만 이러한 일이 일어나지 않고 해외 현장을 국내에서 원격으로 관리하는 시스템을 활용할 때도 있다. 현장에서 중요한 다른 업무로는 법적 규제를 만족시키고 일하는 사람들의 건강 및 안전을 책임지는 업무가 있다. 크게 구분하여 주로 사무실에서 일을 하는 기획/계획, 설

PMI(Project Management Institute)의 CDP

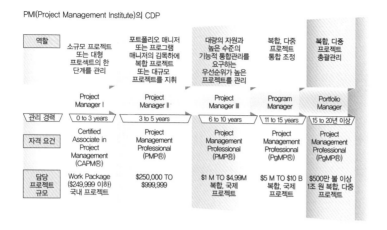

역할	소규모 프로젝트 또는 대형 프로젝트의 한 단계를 관리	포트폴리오 매니저 또는 프로그램 매니저의 감독하에 복합 프로젝트 또는 대규모 프로젝트를 지휘	대량의 자원과 높은 수준의 기능적 통합관리를 요구하는 우선순위가 높은 프로젝트를 관리	복합, 다중 프로젝트 통합 조정	복합, 다중 프로젝트 총괄관리
	Project Manager I	Project Manager II	Project Manager III	Program Manager	Portfolio Manager
관리 경력	0 to 3 years	3 to 5 years	6 to 10 years	11 to 15 years	15 to 20년 이상
자격 요건	Certified Associate in Project Management (CAPM®)	Project Management Professional (PMP®)	Project Management Professional (PMP®)	Project Management Professional (PgMP®)	Project Management Professional (PgMP®)
담당 프로젝트 규모	Work Package ($249,999 이하) 국내 프로젝트	$250,000 TO $999,999	$1 M TO $4.99M 복합, 국제 프로젝트	$5 M TO $10 B 복합, 국제 프로젝트	$500만 불 이상 1조 원 복합, 다중 프로젝트

계, 견적/입찰과 같은 일이 있고, 현장에서 주로 근무하는 프로젝트 관리, 안전관리, 구매관리, 공정관리와 같은 일이 있다. 시설물은 건설되면 100년 가까운 생애주기 동안에 관리가 지속적으로 되어야 하기 때문에 시설물 관리를 하는 운영 및 유지관리 업무가 최근에는 늘어나는 추세이다. 타 분야에 비해 장기적인 토목사업의 특성상 토목엔지니어의 가치도 경력에 따라 달라지게 된다. 한 사람의 판단이 미치는 영향이 크기 때문에 전문적인 지식과 다양한 경험이 토목엔지니어의 능력을 판단하는 기준이 된다. 한 분야에서 오랜 경험을 쌓은 엔지니어는 종합적인 판단능력이 생기고 이에 따라 규모나 난이도 측면에서 중요한 위치에서 일을 하게 된다.

실제 건설 프로젝트를 하지는 않지만 새로운 재료, 공법, 장비, ICT 기술을 개발하는 것도 토목엔지니어의 일이다. 토목은 사람이 살아가는 대부분의 주변 환경을 다루기 때문에 이에 대한 정보를 활용한 새로운 비즈니스도 늘어나고 있다. 모바일, 레이저 스캐너, 쿼드콥터를 비롯한 무인항공기, 로보틱스, 스마트 센싱도 토목의 새로운 영역으로 대두되고 있다.

우리의 삶을 미리 계획하는 일

사람이 살아가는 공간과 시설물들을 '사회간접자본 시설'이라고 한다. 많은 시간과 비용이 들고 우리가 살아가는 데 미치는 영향이 매우 크기 때문에 정치적 혹은 사회적인 합의 과정이 길게 필요하다. 그래서 국토계획이나 교통 시설물, 댐 등은 10년 이상의 긴 시간에 걸쳐 사전에 검토하고 계획하는 것이 일반적이다. 우리나라의 국토종합계획은 10년 단위로 이루어진다. 인구의 변화, 국토이용과 공간 구조, 국토기반시설을 검토해서 향후의 여건 변화에 미리 대처할 수 있도록 하는 노력이라고 볼 수 있다. 아파트 단지를 개발할 때는 국가가 당연히 허가해 주는 것이 아니고 물, 전기, 가스, 상하

제4차 국토종합계획(2011~2020)의
30대 선도 프로젝트

수도, 학교 등 제반 여건을 판단해서 수용 가능한 수준에서 인구수를 결정해둔다. 국가간선도로망계획과 국가철도망계획을 만들어서 미래 교통 물류와 삶의 변화에 대비한다. 토목엔지니어는 우리 삶의 미래를 미리 계획하고 타당성을 검토하는 일을 하는 것이다.

최근 저개발 국가를 지원하는 사업의 큰 일환으로 국가 인프라 건설이 한창이다. 이때 토목엔지니어들이 경험이 부족한 국가를 대신해서 사업을 계획하고 현지의 여건을 파악하여 시공까지 지원하고 있다. 도전적인 시도는 여건이 열악할수록 좀 더 적극적이고 혁

 토목샘샘 현장 인터뷰

미국의 공공시설국 관리 매니저

Dr. Lim은 미국에서 시의 공공시설국 지표수 관리 매니저로 일하고 있다. 토목공학을 전공하고 석사과정 졸업과 동시에 건설사에 입사했는데 수자원에 대한 공부를 더 하기 위해 미국으로 유학을 하게 된다. 박사과정에서 하는 연구가 시애틀 시의 도시수문 개선을 위한 LIDLow Impact Development 프로젝트의 컴퓨터 분석 및 효과 실험이었다. 이때 미국의 토목기사와 같은 EITEngineer in Training를 취득하고 경력을 인정받아 기술사인 PEProfessional Engineer를 취득하였다. 학위 후에 엔지니어링 컨설팅 회사와 URS 등에서 프로젝트 엔지니어로 경험을 쌓게 된다. 회사를 다니면서 하는 일이 주로 시나 공공기관의 프로젝트라서 미국 공무원에 대한 관심을 갖게 되었고 취업 후 지표수 관리 매니저로 일하고 있다. 그는 시의 우수관리 시설 계획 및 건설, 유역 계획, 배수시설 인허가, 배수설계 및 연구 등을 책임지고 있다. 기본적으로 시의 물환경 보호 및 홍수 방지 등, 도시에서의 수질(비점오염, 점오염 관리)과 수량(홍수 등)을 관리하는 업무를 맡고 있다. 토목공학의 모든 분야가 도전과 창의적인 사고를 필요로 하고 어떤 때는 힘들 때도 있지만 그 결과로 생기는 시민의 안전과 편리함을 생각하면 큰 보람을 느낀다.

학교에 있을 때 기초가 되는 전공 공부를 열심히 해야 합니다. 각종 역학이나 수학은 기본이고, 화학이나 생물학, 지질학, 컴퓨터 같은 분야를 더한다면 다른 엔지니어들이 갖지 못한, 숲을 보는 안목을 지닐 수 있다고 생각합니다. 미국에서 연세가 많으신 엔지니어 분들이 현업에서 일하시는 것을 볼 때, 토목분야는 다른 분야에 비해 일할 수 있는 기간도 긴 것 같습니다. 멀리 바라보고, 인생을 길게 설계하고, 많은 것을 경험하고 공부하다 보면, 원하는 곳에서 좋은 조건으로 보람을 갖고 일할 수 있다고 생각합니다.

두바이의 인공섬 프로젝트 (출처: NASA)

신적인 아이디어를 내게 만든다. 두바이와 같은 사막지역에서 바다를 이용해서 땅을 만들고 쾌적한 삶의 공간을 창출하는 일을 하는 것은 역사를 만드는 일이기 때문에 보람있고 긍지를 가질 수 있다.

미래 인프라에 필요한 기술을 만드는 일

토목 시설물은 많은 사람들의 삶과 안전에 직접적인 영향을 미치기 때문에 기술의 주기가 길고 보수적인 접근이 필요하다. 기본적으로 100년을 견디는 대상을 설계하고 만들고 유지하는 것은 쉬운 일이

아마존의 드론을 위한 슈퍼하이웨이 계획 (Amazon)

아니다. 환경에 대한 이해, 재료, 장비, 시공기술 등 종합적인 기술
이 필요하기 때문이다. 최근의 인프라는 오래 견디는 내구성, 탄소
배출을 적게 하는 방안, 대규모화, 기계 혹은 무인 시공, 센서 기술
을 활용한 안전 관리 등 전통적인 기술영역과 첨단기술 영역을 동
시에 활용하고 있다. 지금 건설하는 도로가 앞으로 100년 사용된다
고 가정하면 어떤 교통수단이 사용하게 될지 상상해야 한다. 무인
자동차는 코앞에 있고 무인 항공 혹은 하늘을 나는 자동차도 실현

첨단 건설기술 개발을 하는 연구자

Dr. Kim은 건설회사의 연구소에 입사하여 활발한 활동을 하고 있다. 한국에서 토목구조공학을 전공하면서 학사부터 공학
박사학위까지 받고 토목구조기술사도 취득하였다. 현재 건설회사 연구소에서는 주로 3가지 분야(기술개발, 기술지원 및
개발기술의 상용화)에서 활동하고 있다. 기술개발은 다시 두 가지로 나누어 연구하고 있는데, 첫 번째는 수주하려고 하거
나 수주한 프로젝트의 시공에 필요한 기술들을 개발하는 것이고, 두 번째는 앞으로 수주를 염두에 두고 있거나 미래 건설
수요를 대비하여 필요한 기술을 개발하는 것이다. 예를 들면, 향후 노령화가 급속히 진행되면 건설현장도 인력시공에서
기계화시공이 필요하기 때문에 교량의 필요한 자재 등을 미리 만들어 두고, 현장에서는 조립만 하여 교량을 완성하는 공
법을 준비하는 것이 있다. 잘 설계되고 계획되어 있어도 현장에서는 예측하기 어려운 문제들이 많이 발생하는데, 기술 자
원은 이를 기술적으로 신속하게 해결해야 하는 매우 중요한 일이다. 필요한 경우, 현장에 직접 근무하면서 이론과 실험으
로 개발된 기술들이 실제 현장상황에 잘 적용이 가능한지도 확인하고, 현장에서 발생하는 여러 제약 상황을 파악하여 연
구개발에 반영하여, 기술의 활용도를 높이는 데 피드백하기도 한다. 개발기술의 상용화는 현장지원을 통해 얻어진 아이디
어 등을 활용하여 신기술·신공법을 개발하고 이것이 범용적으로 사용될 수 있도록 하기 위해 검증하고 보급하는 일이다.
이러한 3가지 업무 외에도 개발기술의 논문발표, 특허 및 건설신기술 취득, 수상 등 새로운 기술의 안정적인 사용을 위해
필요한 기술홍보 활동도 중요하다. 해외학회에도 주기적으로 참가하여 해외의 선진기술 동향을 파악하고, 선진 기술자들
과의 기술교류를 통해 미래 성장에 필요한 신기술 개발에 필요한 정보를 얻는 것도 게을리할 수 없다. 이와 같이 이론에
그치지 않고, 학교나 책에서 배운 이론을 직접 현장 프로젝트와 연계시키고, 이를 개선하기 위한 연구를 할 수 있는 활동
은 기업연구소만이 갖는 장점이라고 할 수 있다.

최근 들어 토목건설이 국내보다는 해외로 진출하는 경우가 더 많아지고 있기 때문에, 위에서 언급한 활동들의
범위를 해외까지 확대하기 위해서는 선진국의 시방서와 그 배경에 대한 해박한 지식, 해외 프로젝트와 관련된
법과 문화 등의 인문학적 이해가 필수적입니다. 또한 EPC공사가 점차로 늘어나면서, 공사관리 전반을 이해하
고 이에 필요한 기술적 대응을 위한 전 방위적인 소양을 갖추지 않으면 안 되는 상황입니다. 당연히 외국어와
새로운 기술에 대해 끊임없이 공부해야 할 것 같습니다.

될 것이니 비행기를 위한 하늘길이 있는 것처럼 도로 위에 가상의 하늘 도로도 만들어야 한다.

레이저 스캐닝, 무인항공기, 3차원 프린팅 기술이 벌써 건설분야의 미래 인프라에 필수적인 기술이 되고 있고, 건설 로보틱스, 모바일 장치도 활용되고 있다. 이러한 기술들은 앞으로 우리가 개척하려는 극지, 심해, 우주처럼 매우 열악한 시공 환경에서 사람을 대신할 기계가 안전하게 건설하기 위해 꼭 필요하다. 제품처럼 사용해보고 용도에 맞지 않으면 폐기할 수 없는 것이 인프라이기 때문에 미래 인프라를 위한 기술들은 사전에 오랜 기간 동안 준비되어야 한다. 토목엔지니어는 미래 인프라에 필요한 기술을 파악하고 개발하고 검증해서 필요할 때 사용할 수 있는 준비를 미리 해야 한다. 세계적으로 선두를 유지하고 있는 회사들은 이러한 미래 기술을 개발하는 연구나 실무진을 유지하고 있다.

100년 이상의 세상을 설계하는 일

공학을 한다는 것은 사람이 살아가는 데 필요한 모든 것들에 대한 적절한 숫자를 결정하는 것과 같다. 도로, 교량, 철도, 항만, 하수관, 상수관 등 모든 시설물은 적절한 크기, 재료, 상세 등이 정해져야 하는데 이러한 결정은 안전, 내구성, 환경 등 많은 것들을 만족시키는 전제조건을 갖추어야 한다. 하나의 시설물을 설계하기 위해서는 많은 지식과 경험이 필요하다. 그래서 대부분의 경우에 여러 전문가들이 함께 고민하고 토의하면서 시설물을 설계하게 된다. 창의성도 필요하고 공학적 지식도 충분해야 한다.

설계는 설계기준에 기반을 둔다. 설계 기준은 토목분야에서 오랜 기간 동안 연구·개발하고 적용해서 검증된 기술을 집약시킨 것이다. 설계자가 이 기준에 따라 설계하면 성능을 만족시킬 수 있다고 보는 최소한의 가이드라인인 것이다. 시설물 설계에서 요구되는 여러 가지 요구사항에 대해서 고려하고 검토해야 하는 사항들을 정리해둔 것이고 나라마다 다른 환경적인 특징도 반영하도록 하고 있다. 설계를 한다는 것은 투자자가 요구하는 사항, 설계기준을 만족시키는 작업, 만들 수 있도록 하는 도면, 설계자의 창의성이 결합된 작업이다. 경험이 많이 필요할 뿐만 아니라 설계에 관한 첨단 도구도 충분히 활용할 수 있어야 한다. 아이디어가 실제 건설되어 사

설계자의 설계 (Living Bridge, Lidija Grozdanic 2012)

람들이 이용하게 되면 토목엔지니어는 자부심을 느낄 것이다. 건
설 프로젝트가 대형화되고 일이 나누어지면서 서로간에 소통하는
것이 점점 어려워지고 있다. 그래서 최근에 3차원 정보모델 기반의
설계가 각광을 받고 있다. 이것은 설계자가 전체를 아우르는 마스
터 엔지니어가 되는 길로 다시 회귀하는 것을 의미한다. 향후 다양
한 지식을 빅데이터나 첨단 기술에 기반해서 창의적이고 실제 시공
가능한 시설물을 설계할 수 있는 날이 곧 도래할 것이다.

세상을 만드는 일

설계가 된 시설물은 입찰이라고 하는 과정을 통해서 시공사가 실제
만드는 일을 하게 된다. 이 일을 오랫동안 한 토목엔지니어의 말을

토목생생 현장 인터뷰

세계적인 설계회사에서 일하는 설계자

Dr. Lee는 한국에서 토목공학을 전공하고 미국으로 유학을 떠나 일리노이대학교에서 콘크리트 구조 공학으로 박사학위를 받았다. 이후 샌프란시스코에 있는 Arup Office에 교량엔지니어로 지원하여 현재 선임 교량엔지니어로 일하고 있다. 주로 교량을 설계하지만 다양한 형식의 토목구조물 설계도 하고 있다. 교량 이외에 도로나 철도를 위한 터널 구조물, offshore oil platform을 지지하기 위한 콘크리트 중력 구조물을 설계한 바 있다. 현재 근무하는 캘리포니아 지역은 미국에서 지진이 가장 강한 곳이기 때문에 구조물의 지진에 대한 응답을 고려한 최신 이론을 활용하여 구조물을 설계해야 하는 곳이다. 일을 하면서 느끼는 보람은 구조물을 설계할 때 지금까지 배운 거의 모든 지식들이 사용되고 그 결과로 사람들의 안전을 보장할 수 있다는 자부심이라 할 수 있다. Arup이라는 회사는 거의 전 세계에 사무실이 있어서 세계 다른 곳에서 이루어지는 메가 프로젝트들에 참여해 볼 수 있는 기회가 있거나 다른 지역에서 사용하는 설계 이론, 방법들을 회사 내부 네트워크를 통해 쉽게 배울 수 있다는 장점이 있다.

이런 일을 하고 싶은 예비 설계자들에게는 이런 얘기를 당부하고 싶습니다. 함께 일해 본 미국이나 유럽의 엔지니어들은 대학(원)에서 배운 기본기가 매우 탄탄하고 어떤 문제가 주어지면 설계기준의 해석에 매달리기보다는 원리부터 출발하는 경우가 많습니다. 이런 엔지니어들과 어깨를 나란히 하며 일을 하려면 원리에 충실한 기본기가 중요합니다. 물론, 의사소통을 위한 영어는 기본이라고 할 수 있습니다.

빌면 "하루도 같은 일이나 상황을 만나지 않고 매번 새롭다."고 한다. 설계자의 설계도 이해해야 하고 시설물을 만들기 위해 참여하는 많은 사람들과 소통하고 안전, 환경, 시간, 비용을 관리해야 한다. 최근에 중동에서 건설되고 있는 현장의 예를 들겠다. 이 현장에는 15,000명의 인력이 일을 하고 있는데 이들은 전 세계 26개국에서 왔다고 한다. 몇 천억 원 혹은 몇 조 원에 달하는 프로젝트를 직접 수행하는 토목엔지니어는 의사소통 능력도 뛰어나야 하고 매일 새롭게 주어지는 일에 유연하게 적응하고 해결해나가는 능력이 있어야 한다.

시공을 책임지는 토목엔지니어는 경험과 함께 사고의 유연성, 민첩성이 필요하다. 자연을 상대하는 일을 하고 설계나 계산과 다른 현지 상황을 자주 접하기 때문에 이에 적절하게 대응하는 것은 쉽지 않다. 오랜 경험과 끊임없는 학습을 통해서 체득한 기술이 기반이 되어 매일 새로운 문제를 해결해 나가는 일을 하게 되는 것이다. 이렇게 완성된 시설물은 100년 혹은 그 이상 지속될 것이라는 사실을 엔지니어는 이미 알고 있기에 여기에서 일의 보람을 느끼게 되는 것이다. 최근에 서남해 권역에 많이 건설된 해상교량 시공에 참여한 기술자들이 가족들과 그 길을 지나면서 자랑스러움을 금치 못했다는 경험담을 얘기하고 뿌듯해했다는 뉴스를 접했다. 그 교량들의 진출입 구간에 있는 교명판에는 시공 책임자의 이름이 동판에 새겨져 있다. 역사를 남기는 일을 토목엔지니어들이 하는 것이다.

최근의 사례를 하나 더 들면 우리나라 회사가 싱가포르에서 바다 아래 130m에 축구장 84개를 합한 크기의 유류 저장시설을 건설하는 사업을 했다. 해저 암반을 뚫고 암벽을 깰 때 쏟아지는 바닷물을 막는 일을 하면서 완성한 일이다. 2010년 1월 당초 예상보다 10

배 이상 많은 바닷물이 터널 안으로 밀려와 발파작업은 커녕, 시멘트로 물줄기를 막는 데만 다섯 달 가까이 허비할 정도였다고 한다. 해저 유류기지에서는 기름이 증발하면서 생기는 석유증기를 조심해야 하는데 석유증기가 시설물 안에 퍼지면 직원들이 질식할 뿐 아니라, 자칫 폭발로 이어질 수도 있기 때문이다. 이를 막기 위해 토목엔지니어들은 자연의 원리를 활용해서 인공수막^{Water Curtain} 공법을 도입했다. 저장탱크마다 30m 떨어진 곳에 수평으로 작은 터널

토목생생 현장 인터뷰

대규모 건설현장을 지휘하는 현장소장

조 소장님은 국내에서 구조공학으로 박사학위를 받고 강합성사장교 시공단계해석과 형상관리 프로그램을 개발하는 연구를 한 후에 시공회사에 입사해서 서해대교 프로젝트에 참여하였다. 이후 삼천포대교 가설 엔지니어링을 하고 국내에서 다양한 특수교량 설계를 하였다. 이후 고군산 연결도로 단등교 소장을 거쳐서 현재 브루나이에 있는 순가이교 현장을 지휘하고 있다. 시공사에서 하는 설계는 프로젝트를 수주하기 위한 설계도 있고 특수 구조물의 가설을 위한 가설 설계도 있다. 현장소장은 실무 엔지니어와 역할이 많이 다른데, 프로젝트 전반에 대한 기술적 판단도 중요하지만 계획된 공사를 잘 수행하기 위해 대관업무, 대민업무, 내부 조직구성과 운용, 본사와 업무 협의, 협력업체 선정 및 관리, 수주 정보수집 및 영업 등 다양한 업무를 현장 조직이 수행할 수 있도록 하는 역할을 한다. 프로젝트 전반이 유기적으로 돌아갈 수 있게 운용하는 것이 가장 큰 역할이다. 현장 시공경험과 기술로 무장된 국내 기술자들이 프로젝트를 수행할 때 기술적인 부분을 선도하고 있는 것을 보면 뿌듯함을 느낀다.

기술적으로 전문분야가 있다는 건 좋은 일입니다. 그러나 기술은 학교에서만 배우는 것이 아닙니다. 학교에서는 기본기를 닦고 많은 것들은 업무를 실제 수행하면서 배우게 됩니다. 만사에 호기심을 갖고 고민하고 궁리하는 기술자가 많은 것을 얻습니다. 건설업이 제조업인가? 토목분야는 공공서비스업이 아닌가? 하는 생각을 해 보았습니다. 수많은 조직이 모여서 수행하여야 하고 상충하는 이해관계를 균형감 있게 조정하여야 합니다. 다른 의견에 귀를 기울일 줄 알아야 설득도 가능합니다. 현장에선 무엇보다도 소통하고 의견을 모아서 하나로 만들어 일사분란하게 움직여야 합니다. 현장에는 다양한 분야에서 많은 일들이 일어납니다. 혼자서 모든 걸 경험하고 판단할 수는 없습니다. 많은 경우 경험 많은 협력업체 소장님의 의견이나 작업 반장님의 의견에서 답이 나옵니다. 또한 그들이 판단할 수 없는 기술적인 분야는 후배들의 의견에 의존해야 합니다. 그리고 서로를 설득하고 합의하여 방향을 정해 나갑니다. 귀를 열어야 양질의 많은 정보를 모을 수 있고 많은 정보와 판단력으로 좋은 결정을 할 수 있습니다. 간혹 실력을 갖춘 후배들이 다른 이의 경험에 귀를 기울이지 못해서 조직을 충분히 활용하지 못하는 것을 볼 때면 안타까운 마음이 들 때가 있습니다.

(폭 5m, 높이 6m)을 만들고 이곳에서 다시 10m마다 지름 10cm의 구멍을 수직으로 70m까지 뚫어 물을 채우는 방법이다. 그러면 저장동굴 주위로 수압이 가해져 저장동굴의 내용물을 안전하게 가두고, 터널 주변의 암반 사이로 물이 모세혈관처럼 퍼져 석유증기를 가두게 된다.

안전하고 빠르고 오래가도록 만드는 일

우리 주변의 모든 시설물들은 수명이 있기 때문에 사람들이 안전하고 편리한 삶을 영위하기 위해서는 '관리'하는 일이 중요하다. 사람들이 모두 잠들고 교통수단이 끊어진 밤에 안전한 지하철을 관리하기 위해 깜깜한 터널 속으로 들어가서 균열이 있는지 물이 새는지를 점검하고 필요한 경우에는 보수하는 일을 하는 기술자들이 있다. 시설물을 운영하고 유지·관리할 때 설계하고 만들 때의 기록들을 이해하고 적절한 대책을 세울 수 있는 유능한 토목엔지니어는 반드시 필요하다. 인류의 문명이 유지되는 한 토목엔지니어는 언제

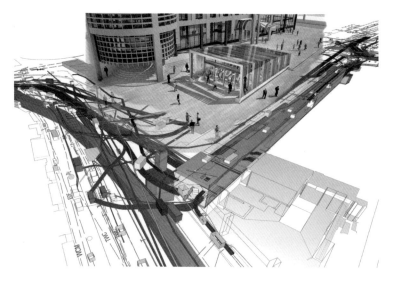

시설물의 3차원 유지관리
(런던 크로스레일)

나 필요한 이유이기도 하다.

　　선진국이나 우리나라와 같이 오래된 시설물이 많아질수록 운영과 유지관리 단계에 많은 기술자가 필요하고 안전을 위해서 첨단 기술을 활용할 수밖에 없는 여건들이 늘어나게 된다. 성수대교나 삼풍백화점 붕괴와 같이 시설물의 유지관리에 소홀하게 되면 많은 사람들이 그 피해를 보게 된다. 미국의 사례를 보더라도 매년 붕괴되는 교량이 늘어나고 있고 이를 관리할 수 있는 사람이 부족해서 센싱 기술이나 쿼드콥터와 같은 무인항공, 레이저 스캐닝과 같은 최신 기술을 사용하고 있다. ICT 기술이 건설산업에 사용될 때 콘텐츠를 이해하는 토목엔지니어의 주도적인 역할이 필요하다. 클라우드 컴퓨팅이나 웨어러블, 로보틱스도 토목공학에 대한 이해에 기반해서 사용되어야 효과를 볼 수 있기 때문에 토목엔지니어의 역할이 중요하다.

사람들과 함께 세상을 변화시키는 일

건설산업이 사람들의 삶과 밀접하게 연결되어 있어서 토목엔지니어가 방송, 신문과 같은 언론 매체에서 전문기자로 활동하는 사례가 많아지고 있다. 매일 신문이나 방송에서 건설과 관련한 기사가 많기 때문에 전문 용어를 이해하고 기술적 기본 지식이 있는 기자가 필요하게 된다. 같은 이유로 인해서 기업 대출을 하는 은행이나 사업의 리스크 관리를 위한 보험사 등 금융회사에도 토목 분야 전문가가 채용되는 사례가 있다. 석박사 출신의 높은 전문지식이 필요한 경우에 해당한다.

　　건설산업이 환경이나 교통, 물류 서비스와 연관성이 높아서 이

와 관련된 시민단체나 연구소 등에서도 토목엔지니어가 진출하고

활동을 하고 있다. 지방 자치제가 시작되면서 정치분야에도 토목엔

지니어의 진출이 증가하고 있는 추세이다. 건설산업이 가지는 사회

적, 경제적 영향이 크기 때문에 이에 대한 이해는 정치분야에서도

중요하다. 복지 서비스에 많은 재원이 소요되면서 사회간접자본에

토목생생 현장 인터뷰

재보험사의 기술보험 심사역

현재 스위스재보험에서 기술보험 심사역Engineering underwriter을 맡고 있는 조 부장은 대학원에서 지반을 전공하고 감리업무를 시작으로 엔지니어링 회사 및 건설회사에서 오랫동안 엔지니어링 업무를 수행하였다. 금융과 관련된 일을 해 보고 싶은 생각에 감정평가사 자격증을 취득한 후 몇 년간 감정평가 업무와 엔지니어링 업무를 병행하기도 했다. 우연히 스위스재보험에서 10년 경력의 엔지니어를 지반전문가 영역에서 모집해서 지원하게 되었다. 기술보험심사역은 기술보험의 보험계약조건을 검토하고 이에 따른 보험료를 산정하는 업무를 말한다. 기술보험Engineering Insurance이란 건설공사 또는 설비조립공사(주로 플랜트 공사) 수행 시 발생할 수 있는 여러 가지 사고에 따른 손해의 위험을 대비하기 위해 발주자나 건설사가 가입하는 보험을 의미하며, 국내에서는 '건설공사보험'으로 불리기도 한다. 현재 한국은 200억 이상의 정부공사 등에 있어서 의무적으로 가입토록 하고 있다. 다른 보험과는 달리 기술보험의 경우, 심사역 및 관련 업무수행자(중개사, 컨설턴트, 보험회사 영업담당자 및 손해사정 담당자, 감정인)들에게 해당 건설공사의 기술적 특징 및 공사 방법 등 전문적 지식을 필연적으로 요구하기에 보험업계에서는 경력있는 기술자를 필요로 하고 있다. 최근 국내 보험회사 및 중개법인 등에서 토목 기술자의 채용을 조금씩 늘려가고 있는 상황이지만 그 수요는 아직 많지 않은 것으로 알려져 있다. 외국의 경우에는 경력 많은 기술자들이 보험사 및 재보험사, 중개법인 및 관련 컨설턴트회사에서 일하는 것을 볼 수 있으며, 건설업계와 금융(?)업계 간의 이동이나 동일한 업계라도 국가 간의 이동이 상대적으로 용이한 환경을 보여 주고 있다. 이 업무의 장점으로는 다양한 프로젝트를 접해 볼 수 있다는 점과 거시적인 시각으로 보게 된다는 점, 그리고 기술적인 부분 외에도 경제적인 부분(회계적인 측면뿐만 아니라 안전 측면을 포함하는 개념으로서 경제성)을 고려한 시각을 가지게 된다는 점 등이 있다.

공학의 개념에 충실하도록 기술 그 자체만 공부할 것이 아니라 경제적인 마인드를 가지라고 하고 싶네요. 비록 지금은 학생 또는 현장의 사원이나 기사로 근무하기에 프로젝트 전체를 생각할 필요가 없다고 느낄 지 모르지만 항상 "만약 내가 발주자로서 주어진 사업비(예산)을 가지고 어떻게 프로젝트를 수행할까?"를 한번씩 생각해 본다면 주어진 업무나 공부 속에서 조금씩 새로운 마인드와 시각을 가지게 될 것이며 이러한 것들은 분명히 여러분의 훌륭한 자산이 될 것이라 믿습니다. 두 번째로는 외국어(영어) 공부를 열심히 하라는 얘기를 하고 싶습니다. 한국에는 훌륭한 기술자들이 많음에도 언어의 장벽으로 인해 국내시장을 벗어나기 힘듭니다. 영어를 사용하는 국가의 기술자들은 시장 경기의 변화에 따라 지역간 경계를 넘나들기가 쉽습니다. 실제로 아시아 내에서 홍콩과 싱가폴은 일정 정도 대체와 보완의 관계를 가지고 있으며, 홍콩에 일이 없으면 싱가포르에서 직장을 구하거나 홍콩의 경기가 좋으면 홍콩으로 모이기도 합니다.

투여되는 예산이 줄어들게 되는데 사회 인프라는 쉽게 만들고 대체하기가 어렵기 때문에 잘 짜여진 계획 속에서 효율적인 투자가 지속적으로 이루어지도록 하는 전문가가 의사결정을 많이 하는 정치분야에 필요하다.

우리 나라가 하는 해외원조사업에 한국국제협력단 KOICA가 있다. 교육, 의료분야와 함께 인프라 계획/설계/건설을 지원하는 사업이 중요한 축을 이루고 있는데, 먹는 물, 도로, 철도, 댐 등을 계획하고 원조자금을 통해 건설하고 운영 관리하는 기술을 전수하는 기관이다. 이때 토목엔지니어가 주도적인 계획, 설계, 시공분야에서 일을 하게 된다. 수많은 국제 기구에서도 건설분야의 전문적인 지식과 의사소통능력을 갖춘 기술자의 활동 영역이 존재한다.

대학에서의 공부

대부분의 대학에서 토목공학과는 공과대학의 시초가 되는 학문단
위이다. 토목공학에서 분화된 전공이 많이 존재하고 서로 연관된
학문 영역이 매우 넓다. 토목엔지니어는 수학, 과학적 지식에 기반
하고 디자인할 수 있어야 한다. 특히, 정신적으로 큰 그림을 그릴
수 있어야 하고 창의성과 팀의 일원으로서 일하는 능력, 높은 책임
감을 갖고 다양한 사람들과 의사소통할 수 있는 능력을 갖추어야
한다. 최근에는 정보통신기술, 경제/경영, 지형 및 지질에 대한 지
식이 도움이 될 수 있고 센싱, 컴퓨팅, 로보틱스 등의 새로운 영역
의 지식을 배울 필요가 있다.

토목엔지니어로서 출발은 대학에서 학부 과정을 이수하면서 시
작하는 것이 일반적이다. 최근에는 전문성과 실무 능력을 강조한
공학인증 프로그램인 ABEEK에 따라 전문지식을 공부하도록 과정
을 운영하는 대학이 늘고 있다. 미국에서의 ABET와 유사한 이 프
로그램에 따라 졸업하면 국제적으로 학력과 기술자 자격에 대한 상
호인정을 하기 때문에 국제화된 건설분야에 적합한 토목엔지니어
로 출발할 수 있게 된다.

대학에서의 교육에서 물리, 수학 등 과목에 기반하고 역학 및
이에 기반한 설계과목을 배우게 된다. 물에 관해서는 수리/수문학

과 해양공학이 있고 고체역학에 기반한 구조공학, 토질역학에 기반한 지반공학을 배우게 된다. 전산에 관한 내용과 함께 건설경영 및 건설관리 분야와 도시와 관련된 상하수도를 비롯한 환경공학이 전공과목으로 구성되어 있고 이외에도 창의설계나 종합설계와 같이 실무를 배울 수 있는 기회가 제공된다. 토목엔지니어가 하는 일의 대부분이 사회적 이슈가 되고 공학문제를 해결하기 위해 최신 정보, 연구 결과, 적절한 도구를 활용할 수 있는 능력 양성이 아주 중요하다. 건설은 지역 특성에 대한 이해가 중요하다. 지역의 문화와 역사를 이해하고 역학적 특성과 지역 주민의 요구사항을 잘 반영해야 하며 복잡한 환경에 대처하는 준비가 대학에서 이루어질 필요가 있다. ABEEK에서 바라는 능력이 아래와 같이 10가지 제시되어 있는데 이를 참고하면 토목엔지니어가 되기 위해 필요한 소양을 이해할 수 있을 것이다.

1 수학, 기초과학, 공학의 지식과 정보기술을 공학문제 해결에 응용할 수 있는 능력

2 데이터를 분석하고 주어진 사실이나 가설을 실험을 통하여 확인할 수 있는 능력

3 공학문제를 정의하고 공식화할 수 있는 능력

4 공학문제를 해결하기 위해 최신 정보, 연구 결과, 적절한 도구를 활용할 수 있는 능력

5 현실적 제한조건을 고려하여 시스템, 요소, 공정 등을 설계할 수 있는 능력

6 공학문제를 해결하는 프로젝트 팀의 구성원으로서 팀 성과에 기여할 수 있는 능력

7 다양한 환경에서 효과적으로 의사소통할 수 있는 능력

8 공학적 해결방안이 보건, 안전, 경제, 환경, 지속 가능성 등에 미치는 영향을 이해할 수 있는 능력

9 공학인으로서의 직업윤리와 사회적 책임을 이해할 수 있는 능력

10 기술환경 변화에 따른 자기계발의 필요성을 인식하고 지속적이고 자기주도적으로 학습할 수 있는 능력

토목공학의 대상이 아주 넓기 때문에 학부과정에서 설계나 시공 능력을 갖추기는 힘들다. 건설 프로젝트를 관리하는 영역과 전문 기술영역에서 특화된 지식을 갖추는 영역으로 나누어 생각해 볼 수 있다. 토목공학 전반에 걸친 기본을 갖추면 대학원 과정에서 심화된 전공영역에서 연구를 하던가 취업을 통해 실무자로서의 경험을 쌓아서 전문적인 토목엔지니어가 되는 길을 갈 수 있다.

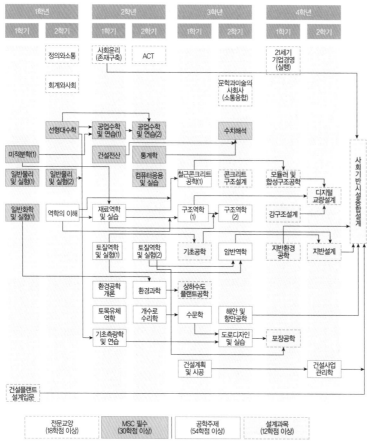

ABEEK의 이수체계도 예시 토목공학 공학인증 프로그램 이수체계도

토목엔지니어는 무슨 일을 하나요?

실무 경력 관리

토목엔지니어가 선택하는 직업에는 공공사업의 발주자로서 정부부처나 한국도로공사, 한국철도시설공단, K-water(한국수자원공사), LH공사(한국토지주택공사)와 같은 정부투자기관 및 공사가 있으며, 주로 건설 프로젝트의 계획, 설계관리, 시공관리, 운영 및 유지관리를 담당하게 된다. 시공을 담당하는 시공사는 건설 프로젝트의 종류에 따라서 EPCengineering, procurement, construction를 모두 담당할 수 있으며, 기획, 설계, 견적, 자재구매, 입찰 및 계약, 공사관리(안전, 환경, 노무관리, 공기관리, 원가관리 등), 운영 및 유지관리 업무로 나뉜다. 최근에는 해외 건설의 비중이 매우 높아 국제적인 토목엔지니어로서의 경력관리에도 관심을 가져야 한다.

건설 프로젝트의 계획, 설계, 감리를 담당하는 설계 혹은 컨설팅 회사는 주로 사무실 업무를 한다. 발주자를 위한 설계가 주된 역할이고 노후 시설물의 평가, 유지관리 업무 등이 새롭게 대두되는 영역이다. 설계 분야는 역학이나 다양한 규정이나 법규에 익숙해야 하고 다양한 첨단 설계 도구를 활용할 수 있어야 한다. 국제적인 설계자가 되기 위해서는 창의적인 설계 능력과 함께 의사소통 능력이 뛰어나야 한다.

토목엔지니어가 필요한 영역으로 중공업 분야를 포함한 물산업, 전기산업, 가스 등의 플랜트 산업이 있다. 표준화된 영역을 벗어나서 대규모 프로젝트가 되고 위치적인 특성이 해양이나 극지 등 어려운 여건일수록 토목엔지니어의 중요성이 높아진다. 물, 지반, 콘크리트, 환경 등 특정 분야의 전문 엔지니어로 역할을 하거나 전체 프로젝트를 관리하는 관리자로서의 역할을 할 수 있다.

자격 및 소통 능력 관리

토목엔지니어의 지식, 기술과 자세는 서로 다른 여러 수준의 능력과 유용성에서 존재할 수 있는데, 자격을 갖춘 전문 토목엔지니어가 되기 위해서는 다음의 세 가지 단계로 구분할 수 있다.

Level 1 인지 단계

이 단계는 엔지니어가 어떤 개념에는 친숙한 수준이지만 추가적인 전문가의 조언없이 문제를 규정하고 해결하는 지식은 부족하다. 즉, 엔지니어가 어떤 계획이 그것을 개선하거나 대안을 제시하는 전문가가 없으면 시공이 심각하게 어려움을 알 수 있는 단계이다.

Level 2 이해 단계

이 단계는 어떤 개념이나 주제를 이해하는 것인데, 여기에서 이해란 추상적인 지식 이상의 것을 요구한다. 예를 들어 전문가적이고 윤리적인 책임감에 대한 이해를 가진 엔지니어는 실무를 통해서 제기되는 윤리적인 문제들을 구체화하고 의사소통할 수 있어야 한다.

Level 3 능력 단계

이 단계는 어떤 특정 시스템을 설계할 수 있는 엔지니어가 시스템을 책임지고 설계에 필요한 모든 사항들을 규정하고 적절한 기술적인 해결책들로 목적을 달성할 수 있는 상태이다.

　

토목엔지니어로서 자격은 법령에 의해서 국가가 관장하는 '국가 자격'과 '민간 자격'이 있다. 토목기사와 같은 건설과 관련된 대부분의 자격은 국가 자격이고 세부적으로 기술사, 기사, 산업기사, 기능사로 구분된다. 해외에서의 건설 프로젝트가 증가하면서 미국의 FE^{Fundamentals of Engineering}이나 PE^{Professional Engineer}, 영국의 Chatered Engineer 등을 취득하는 사례도 늘고 있다. 기사는 4년제 학부 졸업생에 대해서 공학적 기술이론 지식을 가지고 설계 및 시공 등의 분야에서 기술업무를 수행할 수 있는 능력을 갖추고 있는지를 시험하여 주어지는 자격제도이다. 기술사는 전문적인 응용 능력을 필요로 하기 때문에 일정 기간 이상의 경험을 요구하고 전문 분야별로 기술사를 부여하고 있다.

건설분야는 팀 워크가 필수적으로 요구되기 때문에 주어진 환경에서 유연한 능력이 요구된다. 물리를 포함한 수학 및 기술적 능력도 필요하고 설계, 계획, 프로젝트 관리를 위한 능력, 세부적인 기술 사항들을 살피면서도 전체 프로젝트를 볼 수 있는 능력이 중요하다. 특히, 의사소통으로 대화와 문서에 대한 능력이 중요하고 협상이나 조언을 하면서 이끌어 가는 리더십이 요구된다.

토목엔지니어로 성장하기 위해서는 기반기술 이해 및 응용, 창의적인 미적설계, 윤리 및 비판적 사고, 의사소통, 문화와 법체계 이해, 경영 및 재정기획, 신기술 영역 이해 및 활용 능력을 가져야 한다.

정보가 자산이 되고 클릭 수가 기업의 가치를 결정하는 21세기 사회에서 수학, 물리학, 화학, 역학, 재료공학과 같은 기반기술과 구조, 지반, 환경공학 등의 전문 기술의 명확한 이해는 구글 검색이나 네이버 지식으로 해결할 수 없다. 우리가 지금까지 경험해 보지 못한 지구온난화와 이에 따른 대형 재난, 환경 공해, 인구 고령화, 인프라의 노후화 및 예산 부족, 양극화 등의 문제는 토목엔지니어가 꾸준한 자기 계발을 통해 축적한 기반기술과 전문기술의 확실한 이해에 바탕을 두고 해결책을 제시해야 한다. 오늘날 주어지는 사회적 요구사항들은 하나의 학문 분야로는 감당하기 어려운 복잡성을 가지고 있고 여러 분야의 학문적 연구에 의한 융복합적 해결책을 필요로 하고 있다. 따라서 토목엔지니어는 기반기술, 전문기술, 관련된 전문지식과 응용 기술 등 기존의 학문 체계를 넘나드는 통섭적 문제 해결 능력을 가져야 한다 .

국가가 성장을 중심으로 개발을 하는 시기에는 경제성과 안전성을 주로 보고 도로, 교량, 건물 등 시설물의 기능적인 요구사항이 주된 관심사였지만 앞으로는 시설물이 단순한 안전성, 내구성 등의 정해진 기준 이외에도 사람들이 살아가는 삶의 환경을 좋아지게 만들 수 있는 미적 창조성이 새로운 요구사항으로 등장하고 있다. 토목엔지니어가 이러한 건설 분야의 고부가가치화의 핵심적인 전략으로 창의적인 미적 설계 능력을 가져야 한다. 3차원 설계 기법 등이 점차 확산되고 비정형 설계가 유행하는 추세를 감안한 교육이 필요하다.

건설 산업에서 탄소배출량 감소나 친환경 혹은 지속 가능성에 주목하고 있는 것은 지금까지의 일반적 인식의 범주를 벗어나야 할 시점에 있기 때문이다. 토목엔지니어는 사람들의 삶의 질을 높이고 생태의 균형을 해치지 않으면서 경제에 기여할 수 있도록 인문학적인 소양을 갖춰야 한다. 윤리 의식과 비판적 사고 능력을 갖추고 전문가로서의 식견을 갖추게 되면 우리사회가 만나게 될 미래의 삶의 모습에 대한 합리적인 의사결정자로서의 역할을 할 수 있을 것이다. 고대에는 물을 다스릴 수 있으면 황제가 될 수 있었지만 미래에는 이러한 복잡한 사회 현상을 이해하면서 합리적이고 현실적인 해결책을 제시할 수 있는 토목엔지니어가 주요한 사회 이슈에 대한 의사결정자가 될 수 있을 것이다.

토목엔지니어가 갖춰야 하는 능력 중에 가장 중요한 것은 의사소통능력이라고 할 수 있다. 기술적인 경험과 지식이 있어도 이에 익숙하지 않은 일반인들이 이해할 수 있는 언어와 방식으로 소통할 수 있어야 사회간접자본 시설물을 위한 여러 가지 정책 결정과정에 참여하고 사회에 공헌할 수 있는 가능성이 높아진다. 지금까지 건설산업에 관련된 의사결정에서 토목엔지니어의 합리적인 판단이 제대로 반영되지 못하여 많은 낭비적인 요소와 불합리한 결론에 도달한 사례를 보아도 의사소통능력이 갖추어야 하는 중요한 자질이고 이는 교육과정이나 실무과정에서 꾸준하게 훈련되어야 한다. 건설산업이 사회 체계의 일부이고 영향을 미치는 영역이 많아서 그 사회의 문화와 법체계에 대한 이해가 있어야 한다. 특히, 국제화된 건설시장을 감안하면 그 지역에 대한 이해에 바탕을 둔 기술Glocalization이 필요하다.

건설 프로젝트가 복잡한 환경에서 이루어지거나 규모가 대형화되어서 이와 관련한 다양한 계약 방식, 금융 조달 방식, 협업의 국제화가 이루어지고 있다. 따라서 토목엔지니어가 배워야 하는 내용도 많아지고 있다. 민간 투자 기반의 개발 사업 등에서는 기획 단계에서 금융 조달을 고려해야 하고 설계/시공/운영을 모두 포괄하는 형태의 사업 관리 능력이 요구된다. 물산업이나 신재생에너지 사업의 경우에는 초기에 타당성을 검토하고 지역사회를 설득하여 환경이나 혜택을 이해시킬 뿐 아니라 금융조달을 해서 설계/시공을 한후에 운영을 하게 된다. 운영과정에서 물이나 전기의 사용자에게서 받는 요금으로 사업비를 회수하는 구조가 되는데 장기간에 걸친 사업계획, 금융 지식, 환경, 법체계, 지역의 문화에 대한 이해가 필요하다.

많은 학생들이 처음 토목공학에 대한 생각을 할 때 가지는 이미지는 흙먼지 날리는 현장에서 직접 땅을 파고 철근을 배근하거나 콘크리트를 타설하는 장면일지도 모른다. 하지만 현재 엔지니어가 이러한 일을 직접하는 경우는 없으며, 주로 관리 차원에서의 품질관리, 설계관리, 사업관리, 인력관리, 안전관리 등을 한다. 배우는 과정에서는 직접 체험하는 것도 매우 중요하다. 우리 주변에 변해 가는 기술 변화를 보면 앞으로 토목엔지니어가 하게 될 일의 환경은 많이 달라질 것이다. 모바일, 센서 기반의 사물인터넷, 건설

로보틱스, 드론 등이 필수적으로 사용되게 될 것이고 가상현실이나 증강현실이 아이언맨의 주인공이 설계하듯이 실현될 것이다. 토목 엔지니어는 이러한 신기술영역에 대한 이해와 응용력을 언제나 갖춰야 한다.

미래의 토목엔지니어들이 갖춰야 하는 지식과 기술들을 획득하고 새로운 변화를 지속적으로 수용하기 위한 교육 과정은 다음과 같이 정리할 수 있다.

1 학사 또는 전문학사를 받는 학부 과정
2 대학원 혹은 동등한 정도의 과정
3 정규 과정과 병행 혹은 과외의 활동
4 자격을 받기 이전의 기술적인 경험

학사 또는 전문학사 학위를 위한 과정들은 기술자의 성과들을 배우고 가르치는 것을 시작하는 수단일 것이고 21세기의 자유로운 교육에 적합한 지식, 기술, 태도 등을 넓고 깊게 습득할 수 있도록 갖춰야 한다. 좀 더 전문적이고 준비된 토목엔지니어가 되기 위해서는 대학원 과정이나 잘 갖춰진 학위 이후의 경험은 필수적이다 (ASCE, 2003).

미래학자 토마스 프레이는 2030년까지 20억 개의 일자리가 사라질 것으로 예측하고 무고용 기업people-less이 늘어날 것으로 예상했다. 건설과 관련해서 예를 든 내용에는 무인 자동차 시대가 열리면 무인자동차 전용 고속도로 건설, 운영을 위한 인프라가 필요할 것으로 예측했다. 이러한 부분들은 IT기술이나 로보틱스로 해결하기 힘든 영역에 속한다. 다가올 미래에는 머리, 손, 마음을 모두 사용하는 직업이 각광받을 것으로 예상된다.

최근의 이슈가 되고 있는 빅데이터의 경우에도 이를 활용해서 할 수 있는 일에 가장 중요한 분야가 도시 계획 담당자이다. 현재의 문제점과 시민들의 선호도를 파악하고 교통량을 줄이거나 에너지 효율을 높이는 일 등에 적용할 수 있다. 컴퓨터나 IT 관련 기술의 진보가 많은 직업을 소멸시키겠지만 건설 분야에서는 이를 활용한 직업 영역이 대두될 것이다. 예를 들면 프로젝트 전체를 관리하고 컨설팅하는 PMCproject management consultancy 분야의 업무를 담당하는 토목엔지니어는 건설 업무 전반에 대한 기술적 이해와 더불어 법률, 경제/경영, 행정 능력과 이해와 소통 및 조정능력인 인문학적인 능력을 동시에 가진 통합적 사고력을 가진 사람이어야 한다. 이는 컴퓨터가 대체하기 힘든 영역으로 볼 수 있다.

일본의 건설업체 오바야시구미는 최근 2050년까지 상공 9만

토목엔지니어는 무슨일을 하나요?

6,000km에 이르는 우주 엘리베이터를 건설하겠다고 밝혔다. 이는 지구에서 달까지 거리의 약 1/4에 해당한다. 우주산업이 성장할 것으로 예상되기 때문에 많은 사람과 물자를 경제적으로 운송할 수 있는 기술로 우주 엘리베이터가 구상되었고 여러 가지 기술적 난제가 있음에도 건설 분야에서 이를 해결하기 위한 노력이 이어지고 있다.

해저공간에 대한 개발 구상도 많은데 시미즈 건설에서 제시한 2030 해저도시 구상은 바닷속 3,000~4,000m 깊이까지 소용돌이 모양의 건축물로 이어진 미래 심해도시를 만들겠다는 프로젝트이다. 심해도시의 중심은 수면 위에 떠 있는 지름 500m의 원형 구조물인 블루가든이 있고 여기서 거대한 나선형 모양의 구조물이 연결되어 해저까지 이어진다는 것이다. 해수의 온도차를 이용한 해양 발전, 침투막에 의한 해수담수화, 해저 광물자원 채굴, 심층수 활용 양식업 등 첨단 기술이 총동원되어야 실현 가능한 시설물이라 할 수 있다.

미국 토목학회에서 제시한 2025 비전 보고서에 보면 다음의 여러 영역에서 토목엔지니어의 역할을 강조하고 있다. 계획/설계/시공/운영 단계에서 토목엔지니어는 전문가, 기술자 등으로 이루어진 여러 영역의 사람들을 이끄는 역할을 한다. 두 번째는 환경을 지키는 역할로 새로운 기술을 도입해서 지속 가능한 삶의 환경을 지키는 역할을 하게 된다. 이를 위해서는 토목엔지니어는 가장 최신의 혁신적 기술을 시도하는 개척자가 되어야 하고 다영역 지식을 소통하고 파트너를 이루어 전략적 방향을 제시하는 역할을 하게 된다. 건설 산업에서 가장 핵심적인 사항이 리스크를 관리하는 것이다. 수없이 많은 불확실성 속에서 이를 관리하는 역량을 토목엔지니어가 갖추기 때문에 미래에 자연재해나 주요 사업에서의 이해관계자 조정 역할을 통해 리스크를 관리하는 주된 역할을 하게 된다. 마지막으로는 우리가 당면한 문제 해결이나 여러 기회에 대한 정책 토의에서 공공 정책 결정의 리더 역할을 수행하게 된다. 사람들의 삶의 질을 결정하는 일은 쉽지 않은 복잡함을 갖고 있기 때문에 전문 지식과 이해 조정, 리스크 관리 능력을 갖춘 토목엔지니어의 역량이 중요하다.

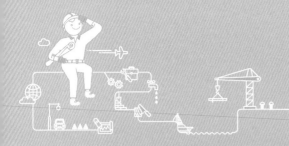

토목엔지니어는
무슨 일을 하나요?

01 미국 토목학회(ASCE)와 영국 토목학회(ICE)의 토목공학 직업에 대한 범위와 경력관리에 대한 방안을 조사하고 스스로의 경력 이력의 계획을 수립하여 작성하시오.

> **힌트** www.asce.org, www.ice.org.uk

02 미국 토목학회에서 제시한 Body of Knowledge의 내용을 조사하여 토목 엔지니어로서 갖춰야 하는 소양에 대해 정리하고 이를 어떻게 확보할 수 있을지에 대한 방안을 제시하시오.

> **힌트** https://www.asce.org/Civil_Engineering_Body_of_Knowledge/

03 토목분야에서 일컫는 엔지니어의 자격에 대한 종류를 국내외적으로 조사하고 높은 수준의 엔지니어가 될 수 있는 경력 사항의 요건들은 무엇인지 비교·조사하시오.

> **힌트** 미국의 PE, 영국의 Chatered engineer 등의 자격과 학력/경력의 의미

04 해외의 job recruiting site를 검색하여 토목 엔지니어에는 어떤 종류가 있고 엔지니어의 수준별로 요구되는 경력이나 자격이 어떠한지를 조사하고 자신의 목표를 설정하고 그 준비를 어떻게 할 수 있는지를 제시하시오.

05 강원도에 가면 석회암 동굴 그리고 제주에 가면 용암 동굴과 멋진 자연 동굴을 볼 수 있다. 자연 동굴과 사람이 굴착하는 터널과의 가장 큰 차이는 무엇일까? 그리고 사람이 굴착하는 터널에는 어떤 방법이 있는지 설명하시오.

06 국내에서 도로, 철도 등 기반 인프라의 계획은 5년 단위로 수행하는데 이러한 국토 인프라의 장기계획에는 어떠한 것들이 있는지를 조사하고 두 개를 선정하여 계획의 주요사항을 정리해서 작성하시오.

07 건설분야의 미래 기술로 고려되고 있는 AI, IoT, 3D printer, 스마트시티 등의 기술 영역에 대해서 조사하고 이를 구체적으로 도입하여 효과를 얻을 수 있는 방안을 제시하시오.

08 우리나라와 해외에서 우주 분야의 토목 기술에 대한 자료를 조사하여 제시하시오.

색 인

ㄱ

가뭄 73, 226
가치사슬 357
강 158
강변 저류지 215
강철 52
거더교 143
건설관리 329
건설산업 395, 407
건설시장 점유율 62
건설 프로젝트 403
건설 프로젝트의 계획 339
건전도 모니터링 166, 168
경부고속도로 21
계류시설 114, 263
고대의 상수도 46
고령화 366
골든게이트교 36, 56, 138
공간정보 320
공원하천 213
공정관리 345
광안대교 15
광파거리측정기 308
괴테 84
교각 170
교대 148
교량 14, 33, 138
교량형식 142
구조미학 162
국토종합계획 397
그린테크놀로지 29
기본설계 단계 342
기초 177
기후변화 231
깊은기초 177

ㄴ

나노기술 386
내비게이션 18
농다리 43
뉴딜정책 22

ㄷ

다이옥신 106
대기오염 93, 97
대륙붕 246
댐 214, 224
데크 149
도로 13, 125
도류제 261
도수로 220
도시재생 38
돌제 261
돌핀 264

ㄹ

라이트 형제 120
랜드마크 161
로마제국 32, 47
로봇기술 383
리비아 대수로 67
리비히의 법칙 62

ㅁ

마리아나 해구 244
마추픽추 48
만리장성 47
말뚝 178
망간단괴 249
매립가스 298
매립지 297
멀티케이블 153

무인자동차 420
물 관리 238
물 관리 시스템 378
물 부족 91, 208, 368
물 순환 237
물 안보 235
미래 사회 365
미래의 교량 172
미래의 물 전망 91
미래 인프라 399
미래 인프라시스템 370
미래터널 191

ㅂ

바이오가스 플랜트 294
발전소 286
발전 플랜트 284, 289
발주 331
방사성 폐기물 199
방재 78
방조제 260
방파제 114, 260
백스테이 155, 164
보강토 202
복원력 238
복합시스템 371
부르즈 칼리파 64
부산항대교 159
부유식 터널 171
비대칭 사장교 164
비파괴검사 167
비행기 120
빅데이터 420

ㅅ

사막화 102
사면 붕괴 74
사업 타당성 검토 340
사장교 152
사진측량 317
산사태 74, 229
산성비 95
삼각측량 307, 308
상수 84
상수도 보급률 221
상시계측 167
생태하천 213
서울월드컵경기장 338
서해대교 168
설계기준 402
설계시공일괄방식 332
섶다리 43
세계의 주요 하천 211
소파블록 265
쇄파 244
수돗물 85
수로교 30, 48, 147
수에즈운하 23, 58
수정궁 54
수중교량 171
수질오염 89
수표교 34
순환수 290
스마트시티 37, 373
스마트 워터 그리드 222
스마트터널 218
스마트하이웨이 375
스모그 97
스커트 석션 기초 181
스헬더 해일장벽 82
시드니하버교 160
실시설계 단계 342
싱크홀 79
쓰나미 76, 81, 259

ㅇ

아치교 146, 163
아카시카이쿄교 152
아피아가도 32, 46, 125
안벽 263
안전 348
압축력 156
액상화 현상 192
앵커리지 149
얕은기초 177
에코브릿지 29
에펠탑 54
엘니뇨 현상 232
엠파이어스테이트빌딩 334
역삼투식 291
연안류 245, 260
연철 144
열차제어 시스템 15
오리엔트 특급 열차 115
오작교 33, 34
우주 엘리베이터 421
운수산업 121
원가관리 346
원통형 쉴드 188
위치 정보 303
유라시아 횡단 25
유지관리 350
응력 143
의사소통능력 417
이순신대교 152, 169
이안류 245
이타이이타이병 87
인공수막 공법 405
인장강도 152
인천공항 124
인천대교 154, 180
임호테프 45
잉카의 도로망 125

ㅈ

자동차 130

장대터널 190
적조현상 271
전기철도 116
정약용 35
조력발전 253
조류발전 254
조셉 스트라우스 36
좌굴 155
주철 157
주케이블 149
지각 176
지간 143, 151
지구온난화 230, 234
지능형 교통시스템 375
지반조사 197
지오이드 305
지진 76
지하공간 193, 217
지하공간 개발 198
지하공동 196, 199
지하발전소 199
지하방수로 217, 218
지하수 222
지하 유류비축공동 198
지형공간 정보사회 303

ㅊ

철 157
철근콘크리트 51, 162
철도 116, 118
철도 궤도 119
청계천 복원 26
초고층빌딩 367
최초의 자동차 130
최초의 항공사 121
측량 19
측지 19

ㅋ

카나트 219
케이블 교량 164

케이슨 179
켄틸레버 158
콘크리트 50, 380, 386
기스톤 146

ㅌ
태풍 74
터널 14, 183, 217
터널 굴착 185
터널 단면형상 184
터널 설계 186
터널 시공공법 187
테제베 24
테트라포드 265
토목공학 14, 17, 284, 291,364
토목엔지니어 284, 291,364
토석류 229
토양 227
토양오염 100
토양정화 103
토털스테이션 312
통합 물 관리 238
트러스 155

ㅍ
파나마운하 23, 58
파력발전 256
폐기물 101, 194
폐기물 오염 104
폭설 75
품질관리 348
풍력발전 258
프리스트레스 145
플랜트의 분류 282
플랜트 토목 277
피라미드 45
피사의 사탑 182
피어 179

ㅎ
하상계수 214
하수도 86
하수재이용 92
하이드레이트 251
하이테크 387
하천의 형성 210
한계 지간길이 170
한국건설 63
한국 측지계 322
항만 266
항만시설 113
해령 246
해류발전 255
해상교량 66
해상 유류 유출 270
해수담수화 65, 291, 378
해수담수화의 역사 292
해수면의 상승 233
해안침식 260
해양 244, 249
해양오염 269
해양온도차 발전 257
해외건설 수주액 61
해저공간 421
해저열수광상 251
현수교 56, 148
현장타설말뚝 179
홍수 73, 223
화력발전소 284
황사 70, 94
후버댐 22, 57

3
3D프린팅 384, 385
3차원 가상현실 382
3차원 관측장비 319
3차원 측량 315
3차원 프린팅 401
3차원 해석 197

4
4차 산업혁명 353

A
AR 354

B
BIM 344, 367, 383

C
CM 328
CM시장의 미래와 전망 359
CM의 역할 333
CM 트랜드 변화 353

G
GIS 320, 376
GPS 309, 322, 377

I
ICT 380, 382, 396
ITS 376

N
NATM 공법 187
NSDI 323

T
TBM 공법 188

U
U-Smart City 201

V
VLBI 313
VR 354

참고문헌

국토교통부(2013) 2013년도 해외건설 추진계획.

국토교통부(2013) 해외건설현장 훈련지원사업 시행. 해외건설정책과.

국토교통부(2014) 14년 1분기 해외건설 수주 현황. 해외건설정책과.

국토교통부(2015) 도로현황조서.

국토지리정보원(2007) 알기쉬운 측량 및 지도.

국토해양부(2011) 수자원장기종합계획(2011~2020).

국회예산정책처(2012) 유기성폐자원 바이오가스화 사업평가.

국회입법조사처(2014) 해외건설 발전을 위한 정책과제. NARS현안보고서, 제252호.

권혁재(2010) 지형학(4판). 법문사

권형준(2010) 기후변화에 대응한 물 관리 제도 개선방안. K-water 정책 · 경제연구소, 14호, pp.74~92.

기상청 기후과학국 기후정책과 (2013) 기후변화 2013과학적 근거 : 정책결정자를 위한 요약보고서. 기상청.

김병일, 이승현, 김영욱, 조성민, 윤찬영, 조완제(2013) 기초공학. 문운당.

김병일, 조성민, 김주형, 김성렬(2015) 연약지반 개량공법. 씨아이알.

김영근(2013) 응용지질 암반공학. 씨아이알.

노관섭, 박근수, 백용, 이현동, 전우훈(2013) 건설문화를 말하다. 씨아이알

농촌진흥청 (2011) 기후변화와 우리 농업. 월간 상업농경영 통권 282호, pp.106~120.

대기환경연구회(1996) 대기오염개론. 동화기술

대한토목학회, 미래토목기술 전망과 대응, 2010.

류지영(2013) 유라시아 횡단철도 프로젝트-부산~유럽 10일 만에 주파 기대 커지는 '기차 실크로드'.
　　서울신문, 제 16면.

박상일(2010) 경부고속도로 개통 40주년에 즈음하여. 대한토목학회지, 제58권 제5호, p.11.

박성제(2005) 통합 수자원관리 구현을 위한 유역관리의 역할과 과제.
　　한국수자원학회 2004년 분과위원회 연구과업보고회.

샌드라 포스텔, 브라이언 릭터(2009) 가뭄과 홍수로 생명을 잇는 강. 최동진(역), 생명의강, 뿌리와이파리.

수도권매립지관리공사(2014) 수도권매립지통계연감.

오영민, 한정기(2012) 배는 어디서 자나요? - 항구, 그리고 항구를 지키는 방파제. 해양문고 21.

유복모, 유연(2011) 지형공간 정보학개관. 동명사.

유복모, 유연(2014) 측량실무개관. 박영사.

유복모, 유연(2015) 지형공간개선. 문운당.

이기봉(2014) 한국 해외건설 현황 및 경제력. 워터저널, 123호, pp.71~76

이동우, 김지수, 김영석(2007) 자연재해와 방재. 시그마프레스, p.152.

이이화(2004) 한국사이야기22. 빼앗긴 들에 부는 근대화바람. 한길사

이종형, 이의락, 최선호, 김성홍, 한은우(2014) 항만공학. 구미서관.

최병순, 국승욱, 김진한, 이동훈, 박철희(1999) 토양오염개론. 동화기술

코레일(1969) 철도건설사.

코레일(2011) 전기철도 건설역사.

하천복원연구회(2006) 하천복원 사례집. 청문각.

한국방재학회(2012) 방재학. 구미서관

한국상하수도협회(2013) 물 재이용시설 설계 및 유지관리 가이드라인.

한국지반공학회(2012) 지반기술자를 위한 암반지질공학. 지반공학특별시리즈, 씨아이알.

한국지질지원연구원(2008) 기후변화 대응 정책 수립을 위한 과학연구의 중요성 분석.

한국터널공학회(2002) 터널공학시리즈 1 - 터널의 이론과 실무. 씨아이알.

한국터널공학회(2007) 대형대단면 지하공간 창출을 위한 지하공간 건설기술 연구보고서. 국토해양부.

한국터널지하공간학회(2009) 지하대공간 구조물 설계 및 시공. 씨아이알.

한국해양수산개발원(2006) 파나마 운하 확장과 정책 시사점. 한국해양수산개발원 정책동향연구실, pp.6~7

한국행정연구원(2009) 위기관리의 협력적 거버넌스 구축.
　자연재해 및 국가위기 발생시 국가적 종합위기관리방안연구 1편.

한국환경정책평가연구원(2011) 물관리 취약성과 물안보 전략 (Ⅲ).

해양수산부(2014) 우리나라 해안선 길이는 지구둘레의 37%.

홍선욱, 심원준(1996) 푸른 바다를 위하여. 한국해양연구소.

환경부(2008) 국가 기후변화 적응 종합계획.

환경부(2013) 상수도통계(2012).

환경부(2014) 유기성폐자원 에너지 활용시설 현황 2013.

환경부(2014) 환경통계연감 2013.

환경부,한국환경공단(2014) 수돗물이 업그레이드 됩니다.

Andersen, K. H. and Hans P. Jostad(2002) Shear strength along outside wall of suction anchors in clay after installation. Proceedings of 12 International Offshore and Polar Engineering Conference.

ASCE(2003) Civil Engineering Body of Knowledge for the 21st Century.

ASCE(2009) The Vision for Civil Engineering in 2025.

B. Hofmann-Wellenhof, H. Lichtenegger, and J. Collins(2009) GPS 이론과 응용. 시그마프레스.

B.H.G. Brady, E.T. Brown(2006) Rock Mechanics for underground mining. 3rd. edition, Springer.

Chang S.P. and Choo J.F. (2009) The bridge evolution in the Future: Values of Bridge in the formation of cities. The Proceedings of IABSE China Workshop and Bridge Tour.

Chen W.F. and Duan L.(2014) Bridge Engineering Handbook - Fundamentals. 2nd Edition, CRC Press.

Davidson-Arnott, R.(2010) Introduction to Coastal Processes and Geomorphology. Bambridge University Press.

Denison E. and Stewart, I.(2012) How to read bridges. Rizzoli Inc.

Dimitrios Kolymbas(2005) Tunnelling and Tunnel Mechanics -A Rational Approach to Tunnelling. Springer.

Donald Hyndman, David Hyndman(2006) Natural Hazards and Disasters.

European Construction Technology Platform (ETCP)(2005) Challenging and Changing Europe's Built Environment.

Fahui Wang(2014) Quantitative Methods and Socio-Economic Applications in GIS. CRC Press.

Gilbert M.Masters, Wendell P.Ela(2009) 환경공학개론. 양오봉, 김병우, 최정우, 탁용석(공역).

GWP TEC.(2007) Climate Change Adaptation and Integrated Water Resource Management- An Initial Overview. Policy Brief 5.

Houdret, A.(2004) Water as a Security Concern: Conflict or Cooperation?. The 5th Pan-European Conference of International Relations, Hague.

ICE(2014) The Little Book of Civilization.

IPPR(2010) Water Security: Global, regional and local challenges.

Jie Shan, Charles K. Toth(2008) Topographic laser ranging and scanning principles and processing. CRC press.

John O. Bickel, Thomas R. Kuesel and Elwyn H. King(1996) Tunnel Engineering Handbook. 2nd. edition, Kluwer Academic Publishers.

John R. Jensen(2005) 원격탐사와 디지털영상처리. 시그마프레스.

Kamphuis, J.W.(2010) Introduction to Coastal Engineering and Management. 2nd edition, World Scientific.

Karen Arms(2005) Holt Environmental Science.

Kim, Y.C(2009) Handbook of Coastal and Ocean Engineering. World Scientific.

Koh H.M., Park W.S. and Kim, H.J.(2013) Operational monitoring of long-span bridges in Korea. The
    Proceedings of 6th International Conference on Structural Health Monitoring on Intelligent Infrastructures.

K-water(2014). 물과 미래(a). K-water, p.11.

K-water(2014). 물과 미래(b). K-water, p.19.

K-water(2014). 물과 미래(c). K-water, p.70.

Laurance, W. F.(2007) Forests and Floods. Nature, 449(27), pp.409-410.

Masui, N. et al.(2001) Installation of Offshore Concrete Structures with Skirt Foundation.
    ISOPE, Vol.2, pp.626~630.

Matthys Levy and Richard Panchyk(2000) Engineering the City ? How Infrastructure Works.
    Chicago Review Press.

PoWG(2010) Water Security: A Primer. Policy Report.

Swedish Water House(2005) Water, Climatic Variability and Livelihood Resilience: Concepts, Field Insights and
    Policy Implications. Policy Paper II, The Resilience and Freshwater Initiative.

UN Water(2010) Climate Change Adaptation: The Pivotal Role of Water.

UNECE(2009) Guidance on Water and Adaptation to Climate Change.

Van Gent, M.R.A.(2015) The new delta flume for large-scale testing. 36th IAHR World Congress.

W. Robert Nitske, Charles MOrrow Wilson(1965) Rudolf Diesel, Pioneer of the age of power.

국가기록원, http://www.archives.go.kr

국토교통부 공식블로그, http://korealand.tistory.com

국토교통부, http://www.molit.go.kr

대한항공, http://www.koreanair.com

메르세데스 벤츠코리아, http://www.mercedes-benz.co.kr

스마트워터그리드연구단, http://www.swg.re.kr

엔하위키미러, https://namu.wiki/w/엔하위키%20미러

위키백과, http://ko.wikipedia.org/wiki/자동차

위키백과, http://ko.wikipedia.org/wiki/철도

위키백과, https://ko.wikipedia.org/wiki/위키백과

철도역사박물관, http://www.railroadmuseum.co.kr

한국 브리태니커 온라인, 도로의 역사,

http://preview.britannica.co.kr/bol/topic.asp?article_id=b05d0250b001

한국관광공사, http://www.visitkorea.or.kr

한국등산안전협회, http://san114.tisoft.co.kr/

한국해양과학기술원, 알고 싶은 바다이야기, http://children.kiost.ac/kordi_child/?sub_num=581

항공정보포털시스템, http://www.airportal.go.kr

해양교육 포털, www.iloversea.or.kr

환경부, http://www.me.go.kr

Engineering News-Record, http://enr.construction.com

I love water(2013), http://www.ilovewater.or.kr

http://www.asce.org/pre-college_outreach/

http://www.ice.org.uk/What-is-civil-engineering

http://www.wikihow.com/Become-a-Civil-Engineer

자연과 문명의 조화 '토목공학' 개정판 집필위원

역할	성명	소속	직위	이메일
총괄기획/집필	김철영	명지대학교	교수	cykim@mju.ac.kr
총괄기획/집필	김병일	명지대학교	교수	bikim@mju.ac.kr
총괄기획/집필	문지영	(전) 단국대학교	강사	sieyoungmoon@gmail.com
집필	강부식	단국대학교	교수	bskang@dankook.ac.kr
집필	김동훈	인하대학교	교수	dhkim77@inha.ac.kr
집필	김상영	삼성건설	자문	ernest.kimm@gmail.com
집필	김영근	(주)건화	연구소장	babokyg@hanmail.net
집필	김영진	한국콘크리트학회	연구소장	kimcrete@naver.com
집필	김종오	한양대학교	교수	jk120@hanyang.ac.kr
집필	김호경	서울대학교	교수	hokyungk@snu.ac.kr
집필	박선규	성균관대학교	교수	skpark@skku.edu
집필	박재우	한양대학교	교수	jaewoopark@hanyang.ac.kr
집필	손홍규	연세대학교	교수	sohn1@yonsei.ac.kr
집필	송준호	서울대학교	교수	junhosong@snu.ac.kr
집필	신성원	한양대학교	교수	sungwshin@gmail.com
집필	심창수	중앙대학교	교수	csshim@cau.ac.kr
집필	유철상	고려대학교	교수	envchul@korea.ac.kr
집필	이동민	서울시립대학교	교수	dmlee@uos.ac.kr
집필	임윤묵	연세대학교	교수	yunmook@yonsei.ac.kr
집필	장봉석	K-water	연구원	concrete@kwater.or.kr
집필	조대연	KAIA	단장	doholcho@kaia.re.kr
집필	조원철	중앙대학교	교수	chowc@cau.ac.kr
집필	지석호	서울대학교	교수	shchi@snu.ac.kr
집필	최재성	서울시립대학교	교수	jaisung.choi@gmail.com
집필	한승헌	연세대학교	교수	shh6018@kict.re.kr

도움을 주신 분들 김재관(전 서울대 교수), 박만우(명지대 교수), 전지연(대한토목학회), 정은희(씨아이알)

자연과 문명의 조화
토목공학

초판발행   2015년 10월 26일
초판 2쇄   2016년 3월 24일
초판 3쇄   2017년 3월 20일
2판 1쇄   2018년 12월 21일
2판 2쇄   2020년 3월 10일
2판 3쇄   2021년 9월 15일

지 은 이   대한토목학회 '자연과 문명의 조화 토목공학' 출판위원회
펴 낸 이   대한토목학회 회장 김홍택
펴 낸 곳   도서출판 씨아이알

북프로듀싱   위원장 김철영, 간사 김병일·문지영
책임편집   정은희
디 자 인   김나리, 백정수, 장선숙
일러스트   씨디엠더빅
제작책임   김문갑

등록번호   제2-3285호
등 록 일   2001년 3월 19일
주   소   04626 서울특별시 중구 필동로8길 43(예장동 1-151)
전화번호   02-2275-8603(대표) / 팩스번호 02-2265-9394
홈페이지   www.circom.co.kr
I S B N   979-11-5610-719-4 (93530)
정   가   25,000원